# 基于可再生能源的发电技术及应用研究

贾建平◎著



中国水利水电出版社
www.waterpub.com.cn
·北京·

**内 容 提 要**


可再生能源包括风能、太阳能、海洋能、生物质能、地热能等，都是永不枯竭的绿色能源。作者对当前主流可再生能源发电技术进行了梳理，学术性与实用性并重，对可再生能源的开发和利用具有一定的指导作用。

本书主要阐述了利用各种可再生能源进行发电的基本原理和实现方法，主要内容包括风能发电技术、太阳能发电技术、海洋能发电技术、生物质能发电技术、地热能发电技术、可再生能源发电中的技术应用等。

本书结构合理，条理清晰，内容丰富新颖，可供可再生能源发电相关技术人员参考使用。



**图书在版编目(CIP)数据**

基于可再生能源的发电技术及应用研究 / 贾建平著

. —北京：中国水利水电出版社，2019.6 （2024.10重印）

ISBN 978-7-5170-7730-5

Ⅰ. ①基… Ⅱ. ①贾… Ⅲ. ①再生能源－发电－研究

Ⅳ. ①TM619

中国版本图书馆 CIP 数据核字(2019)第 112023 号

| | |
|---|---|
| 书 名 | 基于可再生能源的发电技术及应用研究<br>JIYU KE ZAISHENG NENGYUAN DE FADIAN JISHU JI YINGYONG YANJIU |
| 作 者 | 贾建平 著 |
| 出版发行 | 中国水利水电出版社<br>(北京市海淀区玉渊潭南路 1 号 D 座 100038)<br>网址：www.waterpub.com.cn<br>E-mail：sales@waterpub.com.cn<br>电话：(010)68367658(营销中心) |
| 经 售 | 北京科水图书销售中心(零售)<br>电话：(010)88383994、63202643、68545874<br>全国各地新华书店和相关出版物销售网点 |
| 排 版 | 北京亚吉飞数码科技有限公司 |
| 印 刷 | 三河市华晨印务有限公司 |
| 规 格 | 170mm×240mm 16 开本 17 印张 220 千字 |
| 版 次 | 2019 年 7 月第 1 版 2024 年 10 月第 4 次印刷 |
| 印 数 | 0001—2000 册 |
| 定 价 | 82.00 元 |

# 前　言

电力是现代人类社会和经济发展的重要基础，在国家能源战略以及能源终端消费中具有特殊地位。然而，火力发电会带来严重的环境问题，于是寻求清洁能源发电是人类长期的奋斗目标。进入 21 世纪，世界各国都积极重视可再生能源的开发和利用，一些国际组织和研究机构对可再生能源发电进行了深入的研究，发表了大量的研究报告，其共同的结论是可再生能源发电的应用前景广阔。

目前，我国电网规模已经是世界第一，但人均用电量与美国、日本等发达国家相比还有很大的差距。随着我国经济的快速增长，人民生活水平的不断提高，人们对电力的需求也必将越来越大，积极发展可再生能源发电，是我国能源战略的关键所在。鉴于此，作者特撰写本书，对可再生能源发电技术及其应用进行系统的研究。

全书共分 7 章：第 1 章对可再生能源及其发电技术进行了概述，为全书的讨论奠定了基础；第 2 章～第 6 章分别对风能发电技术、太阳能发电技术、海洋能发电技术、生物质能发电技术、地热能发电技术展开分析；第 7 章研究讨论了可再生能源发电中的主要技术及应用，具体包括功率变换技术和电能储存技术。

全书特色鲜明、强化应用、逻辑清晰、条理分明、重点突出、系统全面，兼顾国内外最新研究成果，既具有较强的学术性，又具有较高的实用价值。

在撰写本书的过程中，作者得到了同行业内许多专家学者的指导帮助，也参考了国内外大量的学术文献，在此一并表示真诚的感谢。作者水平有限，加之可再生能源发电是一门新兴的应用领域，新技术不断涌现，已有技术也在不断更新，书中难免有疏漏和不足之处，真诚希望有关专家和读者批评指正。

作　者

2019 年 1 月

# 目　　录

前言
第 1 章　能源与可再生能源 …… 1
1.1　能源及其分类 …… 1
1.2　能源与环境 …… 7
1.3　可再生能源的概念及发展 …… 12
1.4　可再生能源发电的意义 …… 16
1.5　可再生能源发电的基本特点和发展概况 …… 19
第 2 章　风能发电技术 …… 26
2.1　风及风能资源 …… 26
2.2　风能发电技术及其常见形式 …… 35
2.3　风力机及其原理与控制 …… 37
2.4　风力发电机及其最新发展 …… 56
2.5　风力发电机组的运行与控制 …… 65
2.6　风力发电机系统并网 …… 72
2.7　风力发电机组的低电压穿越 …… 80
2.8　风力发电场 …… 86
2.9　风力发电工程应用中遇到的问题及应用前景 …… 92
第 3 章　太阳能发电技术 …… 97
3.1　太阳辐射、太阳能及我国太阳能资源开发利用 …… 97
3.2　太阳能光伏发电基本原理 …… 104
3.3　太阳能光伏电池及最大功率点跟踪控制 …… 114
3.4　光伏发电的特点及存在的主要技术问题 …… 131
3.5　太阳能光伏发电系统的工程应用 …… 137

3.6 太阳能热发电技术 …… 148
3.7 风光互补发电系统及其应用 …… 157
3.8 太阳光发电的应用与发展 …… 162

**第 4 章 海洋能发电技术** …… 166
4.1 海洋能与我国海洋能资源开发利用 …… 166
4.2 盐差发电 …… 172
4.3 温差发电 …… 176
4.4 海流能发电 …… 182
4.5 潮汐发电 …… 186
4.6 波浪发电 …… 190
4.7 海洋能发电工程应用瓶颈及未来展望 …… 196

**第 5 章 生物质能发电技术** …… 200
5.1 生物质能与我国生物质资源开发利用 …… 200
5.2 生物质燃烧发电技术 …… 204
5.3 生物质气化发电技术 …… 207
5.4 沼气发电 …… 208
5.5 垃圾发电 …… 212
5.6 生物质能发电应用现状与存在的问题 …… 214

**第 6 章 地热能发电技术** …… 218
6.1 地热能及地热资源开发利用 …… 218
6.2 蒸汽型地热发电 …… 224
6.3 热水型地热发电 …… 226
6.4 干热岩地热发电 …… 233
6.5 地热能利用的制约因素和环境保护 …… 234
6.6 地热能发电工程应用中遇到的问题 …… 237

**第 7 章 可再生能源发电中的主要技术及应用** …… 241
7.1 可再生能源发电中的功率变换技术 …… 241
7.2 可再生能源发电的电能储存技术 …… 255

**参考文献** …… 261

# 第 1 章　能源与可再生能源

在人类的生存与发展过程中，能源是最主要基础物质之一。人类对能源的开发和应用推动了工业社会和现代文明的发展。广义上讲，自然界中的能源可以分为两大类型：一类是不可再生能源，另一类是可再生能源。地球上的可再生能源不仅储量巨大、用之不竭，而且不会对环境造成重大污染，但由于成本和技术因素的限制，其利用率却很低。相反，化石燃料等不可再生能源总有枯竭的一天，而且这些能源的使用也给人类带来了日益严重的环境问题。于是，开发利用可再生能源已经成为世界各国关注的焦点之一。目前，随着新技术的不断发展，人类在风能、太阳能、生物质能等可再生能源的开发利用方面已经取得了突破性的进展。相信在不久的将来，可再生能源终究成为人类生产和生活的供能主体。

## 1.1　能源及其分类

### 1.1.1　资源与能源

所谓资源，就是指在一定的时期和地点，在一定的条件下具有开发价值、能够满足或提高人类当前和未来生存和生活状况的自然因素和条件。在我们生活的地球上，自然资源一般包括气候资源、水资源、矿物资源、生物资源、能源等。

所谓能源，顾名思义，即指能量的来源。所谓能量，具体是指产生某种效果（变化）的能力。哲学认为，世界由物质组成，而运动则是物质的存在形式。物理学理论进一步指出，能量是物质运动的度量，是物质的一种属性。这就是说，物质和能量是构成客观世界的基础。人类经过长期的探索发现，物质是某种既定的东西，既不能被创造也不能被消灭，作为物质属性的能量同样也不能被创造和消灭，它只会进行形式转化，或者在物体间进行转移，而在转化和转移过程中，总量保持不变，这就是所谓的能量守恒定律。图 1-1 给出了自然界中各种不同形式的能量的相互转化关系。

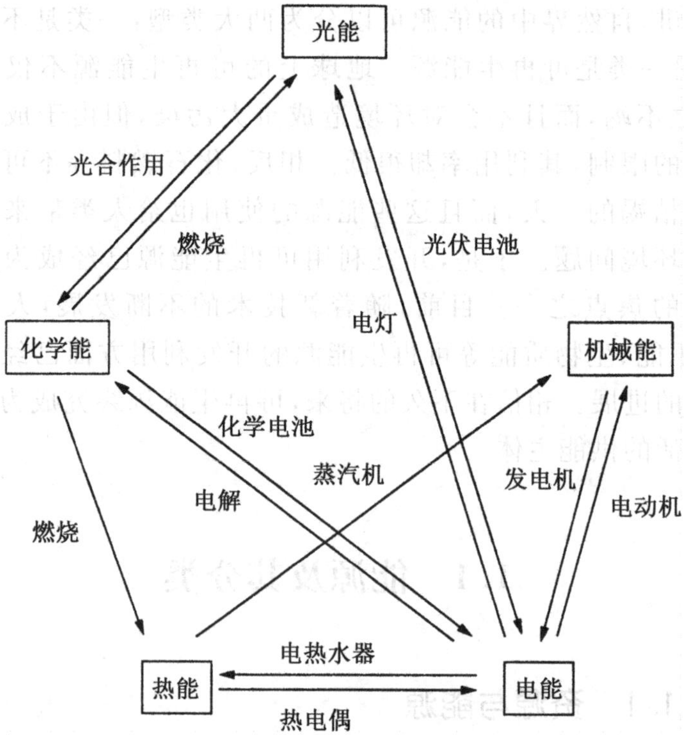


图 1-1　自然界中各种不同形式的能量的相互转化

能量与人类的生存和发展密切相关。人们打开电视欣赏节目，或是打开电灯照明；乘坐火车、飞机旅行，或是乘公交车上下班；用空调、冰箱制冷，或是用燃气、煤炭制热；从机电设备运行，到钢铁冶炼；从手机充电，到人造卫星升入太空，等等。人类的一切活动都离不开能量。能量形式有六种，分别是机械能、热能、电能、辐射能、化学能、核能。我们通常所说的能源，就是能够直接或间接地为人类提供这六种能量的自然资源，它包括我们所熟知的煤炭、石油、天然气、水能、风能、核能、太阳能、地热能、海洋能、生物质能等。

## 1.1.2　能源的分类

能源形式多样，分类方法也多种多样。在日常生产实践中，人们最常用的能源分类方法有以下几种：

（1）按照物理形态的改变层次分类。根据物理形态是否改变，可将能源划分为一次能源和二次能源。通常情况下，人们把直接从自然界取得、没有经过任何加工处理而直接利用的自然能源称为一次能源，如原油、原煤、天然气、核燃料、太阳能、潮汐能等；在一次能源的基础上进行适当的加工处理，使其物理形态发生改变的能源称作二次能源，如焦炭、柴油、煤气、煤油、氢能等。

（2）按照燃烧性能分类。根据能否作为燃料，可将能源划分为燃料型能源和非燃料型能源，其中，燃料型能源包括煤炭、石油、天然气、泥炭、木材等；非燃料型能源包括水能、风能、地热能、海洋能等。

（3）按照能量来源分类。根据能量来源的不同，可将能源大致划分为三大类。第一类是地球本身蕴藏的能源，如原子核能、地热能等；第二类是来自地球以外天体的能源，如太阳能以及由太阳能转化而来的风能、水能、海洋波浪能、生物质能以及化石能源（如煤炭、石油、天然气等）；第三类则是来自月球和太阳等天体对地球的引力，且以月球引力为主，如海洋的潮汐能。

（4）按照商业化水平分类。根据是否进入商品流通环节，可将能源划分为商品能源和非商品能源。前者是指作为商品流通环节并大量消耗的能源，目前主要指煤炭、石油、天然气、电力等常规能源；后者指不经过商品流通环节而自产自用的传统常规能源，如薪柴、秸秆等。

(5) 按照当前的开发与利用状况分类。根据目前开发与利用情况的不同,可将能源划分为常规能源和新能源两类。常规能源是指目前已被人们大规模开发利用的能源,如煤炭、石油、天然气、水能等,这些能源已经被人类长期开发使用,相关技术也十分成熟,都属于常规能源。新能源是指尚未被人类大规模开发利用的能源,如风能、太阳能、生物质能、地热能、海洋能、可燃冰等,这些能源有的是人类近些年才发现的,有的虽然很早就认识到,但是由于技术水平有限,尚未规模化、商业化应用。新能源是人类未来的主流能源,虽然其开发利用技术尚处于大规模发展阶段,但是已经受到世界各个国家和地区的普遍重视。

(6) 按照是否可再生分类。根据是否可再生,可将能源划分为可再生能源和不可再生能源。在自然界中,能够不断再生并能被人类持续开发利用的能源称之为可持续能源,可持续能源属于可再生能源,如风能、太阳能、生物质能等;在自然界中,同样存在一些能源,它们需要经过亿万年的演化才能形成,而且一旦被开发利用之后,短期之内无法再生,这样的能源属于不可再生能源,例如煤炭、石油、天然气等传统能源。本书是依照这种分类方法对能源进行分类的,并着重讨论可再生能源的发电技术及其应用。

(7) 按照对环境污染程度分类。根据对自然环境产生污染程度的不同,可将能源划分为清洁能源和非清洁能源。所谓非清洁能源,具体是指在开发利用过程中会对自然环境构成较大污染的能源,通常煤炭、石油、天然气等化石能源的开发利用都会对自然环境形成很大的污染,因此它们都属于非清洁能源;所谓清洁能源,具体是指在开发利用过程中,只会对自然环境构成较小污染甚至不会构成污染的能源,例如太阳能、风能等,这些能源在开发利用的过程中几乎可以做到无污染、零排放,因此它们都属于清洁能源。当然,这里提到的无污染以能源相对干净使用为前提。

在具体实践中,人们经常将上述分类方法交叉使用,以达到更好的分类、应用与监管目标。表 1-1 给出了人们常用的能源分类方法。

**表 1-1　能源的分类**

| 按状况分 | 按性质分 | 按一、二次能源分 | |
|---|---|---|---|
| | | 一次能源 | 二次能源 |
| 常规能源 | 燃料能源 | 泥煤(化学能) | 煤气(化学能) |
| | | | 余热(化学能) |
| | | 褐煤(化学能) | 焦炭(化学能) |
| | | 烟煤(化学能) | 汽油(化学能) |
| | | 无烟煤(化学能) | 煤油(化学能) |
| | | 石煤(化学能) | 柴油(化学能) |
| | | 油页岩(化学能) | 重油(化学能) |
| | | 油砂(化学能) | 液化石油气(化学能) |
| | | 原油(化学能、机械能) | 丙烷(化学能) |
| | | 天然气(化学能、机械能) | 甲醇(化学能) |
| | | 生物燃料(化学能) | 酒精(化学能) |
| | | 天然气水合物(化学能) | 苯胺(化学能) |
| | | | 火药(化学能) |
| | 非燃料能源 | 水能(机械能) | 电(电能) |
| | | | 蒸汽(热能、机械能) |
| | | | 热水(热能) |
| | | | 余热(热能、机械能) |
| 新能源 | 燃料能源 | 核燃料(核能) | 沼气(化学能) |
| | | | 氢(化学能) |
| | 非燃料能源 | 太阳能(辐射能) | 激光(光能) |
| | | 风能(机械能) | |
| | | 地热能(热能) | |
| | | 潮汐能(机械能) | |
| | | 海水热能(热能、机械能) | |
| | | 海流、波浪动能(机械能) | |

### 1.1.3 能源的质量评价

各种能源各有优点和不足，能源的品质反映了能源可利用的难易程度和对环境的友好性，主要从以下几个方面对能源品质的优劣进行评价：

(1) 能流密度。能流密度是指单位时间在单位空间或单位面积内，能够从某种能源获得的能量的大小。传统的化石能源、核能和水能一般能流密度大，而各种可再生能源一般能流密度较小。太阳能的能流密度只有几百瓦，风能的能流密度为几十到几百瓦。因此，太阳能、风能等可再生能源的利用需要较大的接收面积。

(2) 存储量。作为可长期利用的能源，在地球上要有足够的存储量。化石能源是非可再生能源，地球上的存储量是有限的，总有枯竭的时候。太阳能、风能等可再生能源可以循环使用，不断得到补充，所以人类能源的供给最终将全部从可再生能源中获取。

(3) 能源供应的连续性和可存储性。这是指能源是否可以连续供应，需要能量时能否马上提供及不用时能否大量存储。一般常规能源容易存储，可再生能源随机性和波动性较大，难以存储；化石能源和核能则比较容易满足这两方面的要求。

(4) 能源品位。能源品位是指能转化为有用功成分的比重。从转化为功的能力和开发利用的难易程度考虑，能源的品位有高低之分，有较难转化为电能的低品位能源，如低温热能；也有较易转化为电能的高品位能源，如水能。电能作为二次能源，最容易开发和利用，是最高品位的能源。

(5) 运输费用与损耗。能源的资源分布与能源利用的需求分布往往不一致。能源从开发地点到使用地点的运输过程也需要能源消耗，所以运输的距离也是影响能源使用的一个因素。太阳能、风能、地热能等难以运输；化石能源和核燃料可以较远距离运输，但运输成本较大。

(6) 开发费用和设备成本。化石能源与核燃料的勘探、开采、加工、运输都需要投入大量的人力、物力，在开发过程中消耗的能量较高，成本费用也较大。风能、太阳能、潮汐能等可再生能源由大自然提供，在开发过程中能量消耗非常少，运行成本低，但由于风能、太阳能等可再生能源能流密度低，设备可利用率低，而且能量转化效率低，所以开发相同功率的能量，可再生能源的设备成本要比化石能源大得多。但随着科技的进步，可再生能源发电设备的价格正在快速下降，2012 年，每千瓦风力发电设备的成本已从上万元降到 3000 多元。

(7) 对环境的影响。能源的开发和利用过程中产生的污染已成为影响环境的最重要因素。如化石燃料燃烧过程中不但排放 $CO_2$ 等温室气体，还会排放有毒或腐蚀性的物质（如 $SO_2$、$NO_x$ 等）。核燃料存在铀放射性污染及废料处理的问题；水电站的建设会有淹没土地、影响水生动物生存、引发地震和妨碍灌溉与航运的风险。如果规划设计恰当，这些风险可以转化为有利的因素，可再生能源在开发利用阶段对环境的影响较小，所以可再生能源也称为清洁能源。

## 1.2 能源与环境

人类对能源的开发利用，在满足人们日益增长的物质需求、改善人们生活品质的同时，总是不可避免地给自然环境带来压力。尤其是常规能源的使用，其对生态环境造成的破坏更是巨大的。

### 1.2.1 常规能源对环境的影响

任何一种常规能源的开发利用都会给环境造成一定的影响，

而以化石燃料为代表的常规能源造成的环境问题尤为严重。接下来，我们讨论常规能源对自然环境造成严重影响的几个最重要的表现。

#### 1.2.1.1 大气污染

化石燃料的利用过程会产生 CO（一氧化碳）、$SO_2$（二氧化硫）、$NO_x$（氮的氧化物）等有害气体，不仅导致生态系统的破坏，还会直接损害人体健康。严重的大气污染不仅会破坏生态环境、危及人的身体健康，而且也会带来经济损失。据有关权威部门估算，欧盟每年因大气污染造成的直接或间接经济损失超过 100 亿美元，我国每年因大气污染造成的经济损失也有 120 亿元人民币，甚至更高。值得注意的是，由于大气污染的加剧，使得世界上许多城市出现了严重的雾霾现象，其中我国华北地区的部分城市雾霾尤为严重，严重危及当地居民的身体健康。

#### 1.2.1.2 温室效应

温室效应又称大气保温效应，也有学者称其为“花房效应”。大量的实验研究表明，大气中 $CO_2$ 的浓度增加一倍，地球表面的平均温度将上升 1.5～3.0℃，在极地则可能会上升 6.0～8.0℃，这将促使极地的冰川融化，进而导致海平面上升 20～140cm，给沿海的地区和国家带来巨大的经济损失。图 1-2 所示是 1775—2000 年全球大气中 $CO_2$ 含量的变化统计图。历史数据表明，由于大量化石燃料的燃烧，大气中 $CO_2$ 的浓度不断增加，每 100 万大气单位中的 $CO_2$ 含量，在工业革命前为 280 个单位，到 1988 年为 349 个单位，现在更高。因此，倡导低碳经济，尽量减少 $CO_2$ 的排放，对人类具有重大的发展意义。

#### 1.2.1.3 酸雨

化石燃料中往往含有大量的硫元素和氮元素，在燃烧的过程中会产生大量的 $SO_2$、$NO_x$ 等污染物。这些气体污染物进入大气之后，通过大气的传输作用，可以弥漫于很大的空间之内，只要条件成熟，就可以形成区域性酸雨。酸雨对自然环境的危害极其巨大，它能够改变土壤的酸碱性，改变湖泊、水库的酸度，腐蚀农作物和树木森林，改变地区气候，腐蚀建筑材料，等等。总之，酸雨的形成可以给生态环境和人类基础设施造成难以估量的破坏，带来巨大的经济损失。

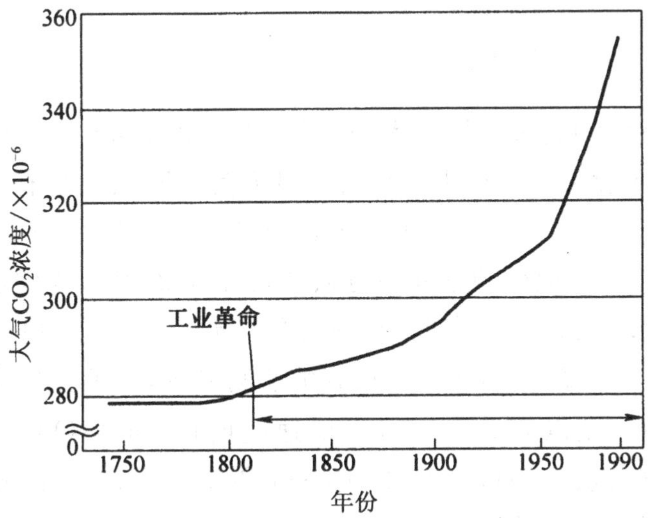


**图 1-2　1775—2000 年全球大气中 $CO_2$ 含量的变化**

### 1.2.1.4　热污染

人们一般认为，当今的环境污染是指有毒有害的化学物、粉尘、电磁波、放射物质等造成的污染，其实，除此之外，热污染也是一种严重威胁人类生存和发展的新的环境污染。所谓热污染，是指日益现代化的工农业生产和人类生活中排放的各种废热所造成的环境污染。当大量的排热进入到自然水域中时，就会引起自然水温升高，从而形成热污染。热污染首当其冲的受害者是水生物。由于水温升高，一方面导致水中的含氧量减少，水体处于缺氧状态；另一方面水温升高又会使水生物代谢率增高而需要更多的氧。这会严重破坏水系原有的生态环境结构，导致鱼类和水中的其他生物无法正常生长。同时,水温的升高也为某些藻类植物的生长繁殖提供了有利条件,不仅严重冲击水域原有的生态平衡,还会堵塞航道,给船舶的行驶造成严重不便。此外,水体水温上升给一些致病微生物造成一个人工温床,使它们得以滋生、泛滥,导致疾病流行,危害人类健康。资料表明,流行性出血热、伤寒、流感、登革热等许多疾病的发生,在一定程度上也与"热污染"有关。

#### 1.2.1.5 臭氧层破坏

臭氧($O_3$)是氧的同位素,它存在于地面10km以上的大气平流层中,吸收掉大部分太阳辐射中对人类、动物、植物有害的紫外光,为地球提供了一个防止太阳辐射的屏障。研究表明,臭氧浓度降低1.0%,地面的紫外辐射强度将提高2.0%,皮肤癌患者的数量也将增加。实验表明,化石燃料燃烧产生的$N_2O$对臭氧层具有极其严重的破坏作用。据有关监测显示,目前大气中的$N_2O$的浓度每年正以0.2%~0.3%的速度增长,而$N_2O$浓度的增加将引起臭氧层中NO浓度增加,NO和臭氧作用将生成$NO_2$和氧,最终导致臭氧层变薄。

#### 1.2.1.6 其他影响

大量事实证明,常规能源的开发利用所带来的环境问题远不止大气污染、温室效应、酸雨、热污染、臭氧层破坏这五种,例如,能源的开采、运输和加工过程也会对环境造成不良影响,给人类带来的损失同样十分严重。有关机构的权威统计数据表明,以往平均每开采1万t煤,会导致15~30人受伤,同时可能造成2000$m^2$土地塌陷,而全球平均每年塌陷的土地有200多平方公里。

另外,虽然核能的利用不会带来传统的污染物,但是核能的危险性与传统的化石能源相比有过之而无不及。一直以来,核废料的处理就是一个巨大的问题,如果处理不当,这些核废料所带来的放射性危害将无法估量，而且数百年都未必能够清除。同时，核能利用的安全问题也一直是悬在当今商业文明头顶上的一把利剑。2011 年 3 月 11 日，日本福岛因地震而造成的核泄漏事故，曾经一度引起了全球性恐慌，其对周边海域造成的破坏不言而喻。

### 1.2.2　世界能源与环境问题

随着世界人口的不断增长，人类对能源的需求越来越大。据有关统计表明，世界人口从 1900 年的 16 亿到 2017 年年底的 74.4 亿，增加了 4.6 倍，而能源消耗却增加了 18 倍还多，而且在持续增长中。由此可以看出，人类对能源的依赖越来越强烈。

目前，全世界石油、煤炭、天然气这些化石能源在世界能源消耗结构中所占的份额仍然很高，而我国比世界平均水平还要高很多。图 1-3 所示是有关部门给出的我国能源消费总量的统计和近期预测，可以看出，2015 年我国的能源消费总量约为 35.6 亿 t 标准煤，而到 2020 年，我国的能源消费总量将达 41.8 亿 t 标准煤。

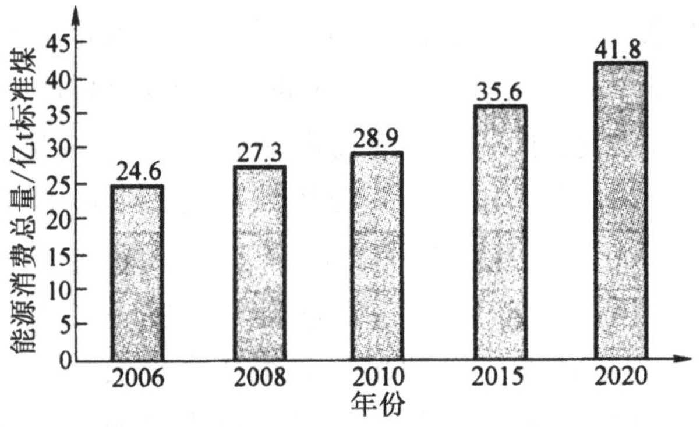


**图 1-3　我国能源消费总量的统计和近期预测**

由此看来，如果没有新的替代能源，按目前的消耗情况看，能源危机越来越严峻。同时，人类大量使用化石燃料，导致环境污染日益严重，生态平衡惨遭破坏，直接危及人类的生存与发展。

目前，世界各国政府和人民都深刻意识到问题的严重性，并逐步发展和建立能源可持续利用和减缓环境恶化的产业政策，可持续发展的概念已被世界上大多数国家认可。可持续发展，就是满足当代人的需求，又不损害子孙后代满足其需求的能力的发展。

## 1.3 可再生能源的概念及发展

### 1.3.1 可再生能源的基本概念

在能源领域，人们把水能、太阳能、风能、海洋能、生物质能等能够再生的、可供人类连续使用的能源称为可再生能源。与传统的化石能源相比，可再生能源具有储量大、分布广、便于就地利用、对环境危害轻等显著的优点。

随着科学技术的不断发展，近年来全球可再生能源的消费总量不断升高。在世界一次性能源消费中，可再生能源所占比例已达18%左右，而且增长速度也在不断提升。纵观21世纪全球能源布局，世界各国均把可再生能源的开发利用摆在了十分重要的位置。从国家来看，除水能以外的可再生能源发电装机容量最多的国家依次为中国、美国、德国、西班牙、意大利、印度、日本，这7个国家合计非水可再生能源发电装机容量超过世界的70%。目前，欧盟已经明确了其可再生能源发展计划，预计到2050年将可再生能源使用量提升到其一次能源消费总量的59%。美国虽然地大物博、能源丰富，但也深刻意识到了发展可再生能源的重要性，鼓励可再生能源生产的相关政策越来越有力；拉丁美洲、东南亚、中亚等地区的国家也都对发展可再生能源表示出了十分积极的态度。

就目前的技术发展情况来看，在所有可再生能源利用技术中，水能利用技术和生物质能利用技术最为成熟；风能利用技术与太阳能利用技术正在高速发展；地热能利用技术在一些地区也发展较快；海洋能利用技术目前尚不能大规模商业化应用，相关的技术难题还有待攻克，成本也需要进一步降低。

总之，可再生能源是当世界储量丰富、开发潜力巨大的能源，它必将成为人类未来的主要能源。但是，由于世界各国的研发能力不同，政府的支持力度也有所不同，可再生能源利用在世界各国的发展速度有所差异，但加强可再生能源的发展布局却已成为世界各国的共识。

## 1.3.2　可再生能源的种类

广义上讲，可再生能源包括自然界一切可以再生、连续使用的能源，如大中型水电、小水电、太阳能、风能、生物质能、地热能、海洋能等，除常规化石能源和核能之外的许多能源类型都是可再生的，属于可再生能源的范畴。在这里，简要讨论几类最典型的可再生能源。

### 1.3.2.1　风能

本质上说，风能来源于太阳能，它是太阳能在一定条件下的一种转化形式。简单地说，地球表面不同的纬度与太阳的距离不同，接受太阳光照射的角度不同，而且接受太阳光照射的时间（包括时刻和时长）也不同，这就使得地球表面的温度分布不均匀，导致各地出现温差，进而使得不同地区上空的大气压强出现差异。在大气压强的作用之下，空气产生运动。流动的空气具有能量，风能就是流动的空气所具有的动能。对人类来说，风能是一种储量巨大、分布广泛、可再生的自然资源，它同时还具有零污染、零排放、无须运输等方面的优点。然而，这种能量也存在难以储存、能流密度低、不稳定等方面的缺点。因此，长期以来，风能一直不能被人类大规模应用。随着科学技术的不断进步，风能的利用也逐渐广泛起来。

### 1.3.2.2 太阳能

太阳能就是太阳光辐射所携带的能量，它是人类最主要的可再生能源。研究表明，每年大约有 $1.73\times10^{11}$ MW 的能量由太阳输出到宇宙空间，这部分能量中能够到达地球的部分约占总量的22亿分之一，即大约 $8.5\times10^{10}$ MW，相当于 $1.7\times10^{18}$ t 标准煤燃烧所释放的能量。这是地球巨大的能量来源，远远超过目前人类每年所消耗能量的总和，开发价值与发展空间都非常巨大。

### 1.3.2.3 生物质能

生物质能是一种人类尚未规模化使用的可再生能源，也是一种可再生、可循环利用的能源。生物质能主要包括自然界可用作能源用途的各种植物、人畜排泄物以及城乡有机废物转化成的能源。从其来源分析，生物质能是绿色植物通过叶绿素将太阳能转化为化学能储存在生物质内部的能量。据保守估计，地球上的植物每年通过光合作用固定的碳达到2000亿 t，其中所包含的能量约为 $3\times10^{21}$ J，是目前全世界每年消耗矿物能的20倍。

### 1.3.2.4 地热能

提起地热能，或许很多人觉得有些陌生。但是温泉是众所周知的，事实上，温泉就是地热能的“天然利用”。地热能是地球内部的熔融岩浆所具有的热能和放射性物质衰变所产生的热能的总和。目前，科学界关于地热能的产生根源尚有争议。但是，地热能的储量是十分巨大的，利用价值十分可观。地热能具有分布广、洁净、热流密度大和使用方便的特点，全世界地热资源总量大约 $1.45\times10^{26}$ J，相当于全球煤热能的1.7亿倍。从资源储存形式的角度看，地热能可以分为四大类型，分别是水热型、地压型、干热岩型和岩浆型，其中，水热型又可以分为三大类型，分别是干蒸汽型、湿蒸汽型和聚冰型。从温度高低的角度看，地热能可以分为三种类型，分别是高温型、中温型和低温型。其中，高温型的温度一般高于 150℃，中温型的温度介于 90～149℃，低温型的温度低于 89℃。

#### 1.3.2.5　海洋能

海洋能是依附在海水中的能源，包括潮汐能、潮流能、海流能、波浪能、海水温差能和海水盐差能。这种能源具有储量大、无污染、可再生等方面的优点。估计全世界海洋能的理论可再生量为 $7.6\times10^{13}$ W，相当于目前人类对电能的总需求量。

#### 1.3.2.6　氢能

氢能是世界可再生能源领域产业中正在积极开发的一种二次能源。2 个氢原子与 1 个氧原子相结合便构成了 1 个水分子。氢气在氧气中易燃烧释放热量，然后氢分子便和氧分子起化学反应并生成了水。由于氢分子和氧分子结合不会产生 $CO_2$、$SO_2$、烟尘等大气污染物，所以氢能被看作未来最理想的清洁能源。

国际上的氢能制备原料主要来源于矿物、化石燃料、生物质和水，氢的制取工艺主要有电解制氢、热解制氢、光化制氢、放射能水解制氢、等离子电化学方法制氢和生物方法制氢等。氢能不但清洁干净、利用效率高，而且其转换形式多样，并且可以制成以其为燃料的燃料电池。在 21 世纪，氢能将会成为一种重要的二次能源，氢能发电也必将成为一种最具有产业竞争力的全新的发电方式。

### 1.3.3　可再生能源的特点

从可持续发展方面来看，可再生能源具有以下共性特点：

（1）可再生能源的年可开采量巨大。全球可再生能源每年可开采量是非常大的，其中太阳能为 25.533TJ，相当于 87Ttce；水能为 2.26TW，相当于 540Etce；风能和海洋能为 37.30TW，相当于 370Gtce；地热能为 640TW，相当于 60Etce；生物质能为 162GW，相当于 115Ztce，其中太阳能占绝大的比例。虽然可再生能源数量巨大，但是分布较分散，与化石燃料相比，它的能量密度低（单位质量或单位面积所能获得的能量少），有的是间歇性的、变化的，给收集或开采带来极大的不便。

（2）可再生能源对环境无影响或影响小。如风能、水能、太阳能、地热能等可再生能源开发利用过程中无污染物排放，不会对环境造成任何影响，甚至能为可持续发展带来额外效益。以生物质能为例，生物质在生长过程中所吸收的 $CO_2$ 基本等于燃烧时排放的 $CO_2$，实现了 $CO_2$ 的零排放。

（3）可再生能源分布广泛，可就地采用。可再生能源多种多样，分布极为广泛，在世界各个地方都有一种或几种可再生能源资源，人们可根据需要就地开采，就地使用。迄今为止，世界上欠发达地区还有 20 多亿人口尚无电可用，他们多数仍过着贫困落后、远离现代文明的日出而作、日落而息的生活；还有一些特殊的领域，如高山气象站、地震测报台、森林火警监视站、光缆通信中继站、微波通信中继站、边防哨所、输油输气管道阴极保护站、海上航标等，那里一般没有常规电源可用，开发可再生能源是解决供电问题的重要途径。开发利用可再生能源，对于偏远地区、山区、电网覆盖不到的地区和居民分散、落后贫困、交通不便的地区更为有利，既可以解决能源供给问题，又有利于增加劳动就业的机会，有助于改善那里居民的生活质量。

（4）可再生能源初始投资较高，但运行成本较低，一次性投资，长期受益。

## 1.4 可再生能源发电的意义

能源是人类赖以生存的基础，是现代社会的命脉。能源对于现代社会的重要性如同粮食对于人类的重要性。没有粮食，人类就不能生存;没有能源,现代社会将陷入瘫痪。因此,人类进化的历史也是一部不断向自然界索取能源的历史。伴随着能源的开发利用,人类社会逐渐地从远古的刀耕火种走向现代文明。从主要的能源使用情况来看,人类社会已经经历了薪柴时期、煤炭时期和石油时期三个能源时期,并正在步入可再生能源时期。

目前,煤炭、石油和天然气三大传统化石能源仍然是世界经济的三大能源支柱,而这三大支柱是不可再生的。根据世界上通行的能源预测,石油将在未来40年左右枯竭,天然气将在未来60年左右枯竭,煤炭也只能用100多年。可见,能源是现代社会的“粮食”,在不久的将来,目前占主体的化石能源将日益枯竭。

我国人口众多,能源形势更为严峻,并且2/3的能源消耗是污染极高的煤炭,人均能源拥有量仅为世界平均值的一半。另外,我国常规能源还具有以下特点:

(1) 能源分布极不合理,煤炭、石油、天然气主要集中在三北地区,水资源主要集中在南方地区,而人口密集、经济发达的东部沿海地区能源严重匮乏。因此,造成了我国“北煤南运”“西电东送”的不合理格局,既产生了大量的能源运输损耗,又增加了运输成本。

(2) 我国的能源结构不合理,煤炭比重过大造成严重环境污染,能源效率也很低下。

(3) 近年来,全球新增的能源消耗中,一半为我国的新增用量,已经引起了国际社会的高度关注,我国的能源压力正在日益增大。

因此,除了环境问题之外,日益枯竭的化石能源也是我国急需大力开发可再生能源的重要原因。

电能是迄今为止人类历史上最优质的能源,它不仅易于实现与其他能量(如机械能、热能、光能等)的相互转换,而且容易控制与变换,便于大规模生产、远距离输送和分配,同时还是信息的载体，在现代人类生产、生活和科研活动中发挥着不可替代的作用。全世界总发电量中，排名第一的是燃烧煤炭发电，这种方式造成的环境污染也是最严重的。因此，可再生能源发电便成为可再生能源开发利用的主要方式。

可再生能源不仅具有污染小、可循环使用、分布广泛等优点，而且不会有$CO_2$、$SO_2$、烟尘等污染物排放。另外，风力发电和太阳能发电等还不需要水，与需要大量水的火力发电相比，对于干旱缺水地区也是尤为突出的优点。总之，与常规能源发电相比，可再生能源发电具有多方面的优势。

对于世界各国的经济发展而言，发展可再生能源可以开拓新的经济增长领域。开发利用可再生能源，主要是基于当地的人力和物力，对促进地区经济发展具有重要意义，同时，快速发展的可再生能源产业也是一个新的经济增长领域。21 世纪初，国际上太阳能光伏发电、风力发电的年增长速度达 30% 以上，我国太阳能热水器的年增长速度也达到 20% 以上。发达国家和部分发展中国家已把发展可再生能源作为占领未来能源领域制高点的重要战略。据权威统计资料显示，2015 年，全球约有 770 万人从业于可再生能源领域，中国约有 340 万人从业于可再生能源领域。最新资料显示，截至 2017 年，全球连续 8 年绿色能源投资超过 2000 亿美元，风能、太阳能等可再生能源在发电领域的占比已经从 2007 年的 5.2% 大幅增至 12.1%。仅 2017 年一年，全球不包括大型水电在内的可再生能源领域总共就获得投资 2798 亿美元（约合 1.91 万亿元人民币）。我国目前正处于社会主义新农村建设的关键时期，积极发展农村可再生能源意义十分重大。

目前，我国在风力发电和太阳能发电方面都取得了巨大的成就，已经成为世界第一大光伏电池生产国，太阳能总装机容量也位居世界第一。其他诸如生物质发电、地热发电、海洋能发电等可再生能源发电形式也处于积极发展期。但我国的可再生能源发电在总发电量中占的比例很小，发展前景巨大。

# 1.5　可再生能源发电的基本特点和发展概况

与传统能源相比，可再生能源发电具有十分明显的优势，它没有或很少有污染，可以循环使用，分布广泛，随处可得。其中风力发电和太阳能光伏发电不需要水，对于干旱缺水地区也是尤为突出的优点。当然，可再生能源发电也有其缺点，如能流密度低、随机性强、间歇性强等，但这些缺点所带来的开发困难可以通过不断改进相关技术来克服。目前，可再生能源发电已经得到了世界各国的普遍关注，发展势头强劲，前景可期。

## 1.5.1　可再生能源发电的主流技术类型

目前，可再生能源发电技术类型主要包括风能发电技术、太阳能发电技术、生物质能发电技术、地热能发电技术、海洋能发电技术等。

### 1.5.1.1　风能发电技术

风能利用技术主要包括风力发电技术、风力提水技术、风力致热技术剖析等，其中风力发电技术是风能利用技术的核心技术，这是一门涉及空气动力学、自动控制、机械传动、电机学、力学和材料学等多学科的综合性高科技系统工程技术。目前，在风能发电领域，研究难点和热点主要集中在风电机组大型化、风力发电机组的先进控制策略和优化技术等。

### 1.5.1.2　太阳能发电技术

太阳能热利用的最基本方式就是采用一定的技术手段将太阳光辐射收集起来，通过一定的转化或转移手段，使之服务于人们的生产和生活。太阳能发电技术是太阳能利用的主流技术，它主要分为太阳能光-电转换技术和太阳能光-热-电转换技术两种。其中，太阳能光-电转换技术主要是应用光伏效应制造太阳能电池，然后将太阳能转化电能；太阳能光-热-电转换技术是首先将太阳能转化为热能，然后再采用热发电技术将热能转换为电能。

#### 1.5.1.3　生物质能发电技术

生物质能是未来可持续能源系统的主要成员，扩大其利用是减排 $CO_2$ 的最重要的途径，故而生物质能的开发利用在许多国家得到高度重视。生物质能发电是生物质能利用的主要途径，其主流技术包括生物质燃烧发电技术、生物质气化发电技术、沼气发电技术、垃圾发电技术等。

#### 1.5.1.4　地热能发电技术

地热能资源既可以直接用来热水、供暖、制冷等，也可以用来发电，具体作用要视其品质而定。一般情况下，只要当地热能的温度高于 150℃，即可将其用于发电。当然，温度低于 150℃ 的地热能也可以用来发电，只是效率不够理想而已。目前，主流的地热能发电技术包括蒸汽型地热发电技术、热水型地热发电技术、干热岩地热发电技术等。

#### 1.5.1.5　海洋能发电技术

海洋能作为一种特殊的能源，主要包括潮汐能、海水温差能、海水波浪能、海水海流能、海水盐度差能、海水潮流能等，所有这些形式的海洋能都可以用来发电。目前，潮汐能发电技术已经在很多国家被大规模利用，海水盐度差能发电技术、海水温差能发电技术、海水潮流能发电技术、海水波浪能发电技术等，也正在不断完善之中，有少数地区已经试探性地商业化。

### 1.5.2　国际可再生能源发电的发展现状及未来趋势

20 世纪 70 年代以来，可再生能源开发利用受到世界各国高度重视，许多国家将开发利用可再生能源作为能源战略的重要组成部分，并提出了明确目标，制定了鼓励可再生能源发展的法律和优惠政策，可再生能源得到迅速发展，成为各类能源中增长最快的领域。近10年来，光伏发电、风电等都保持较高的速度增长，可再生能源开发利用已成为国际能源领域的热点。如表1-2所示，给出了美国、德国、英国、法国、中国等世界主要经济体的可再生能源发展现状及未来目标。

表1-2　部分国家的可再生能源发展现状及未来目标

| 国家 | 2017年 | 2050年 |
|---|---|---|
| 美国 | 可再生能源发电比例接近20% | — |
| 德国 | 可再生能源发电比例为20%左右 | 可再生能源发电比例为50% |
| 英国 | 可再生能源发电比例为10%左右 | — |
| 法国 | — | 可再生能源发电比例为50% |
| 中国 | 可再生能源发电比例达到12% | 可再生能源发电比例达到30% |

根据RE21最新发布的全球可再生能源现状报告，2016年年底全球可再生能源发电装机达到2017GW，占全球发电总装机的30%，占总发电量24.5%。在2016年，全球可再生能源发电装机新增装机容量161GW，比2015年增长8.7%，创历史最高纪录。其中，太阳能新增装机达到71GW，而风电新增装机为51GW，这是2013年以来光伏新增装机首次超过风电。此外，水电新增装机为30GW，生物质发电新增装机9GW(历史最高纪录)，地热发电新增装机780MW。

就目前的情况来看，全世界可再生能源发电装机最多的前五个国家分别是中国、美国、巴西、加拿大和德国。如果不将水电计算在内，则可再生能源发电装机最多的国家分为中国、美国、德国、西班牙、意大利和印度。

美国能源信息管理局最新数据显示，2016年，美国新增并网可再生能源装机容量有望达到24GW，这是美国连续第三年实现新增并网可再生能源占新增并网总量的一半以上，尤其是风电和太阳能发电。根据统计来看,近60%的新增并网可再生能源装机容量是在2016年第四季度投入使用的。这部分是因为联邦政府、州政府或地方政府税收减免政策在2016年年底到期。

日本自福岛第一核电站发生事故以来,即加大力度鼓励企业进入可再生能源发电领域,以减少对核电的依赖。为此,日本政府出台了“可再生能源电力全量购入制度”,该制度规定:太阳能、风能和地热发电收购价格分别为42日元/(kW·h)、23.1日元/(kW·h)和27.3日元/(kW·h),为火力发电或核电价格的2~4倍。这一定价高于发电成本,给从事可再生能源开发的企业以较大盈利空间。根据日本政府规划,到2030年,可再生能源在一次能源中的比例达到25%~35%。

德国奉行弃核政策,德国的太阳能光伏产业始于“千屋顶计划”,到2004年年底已经实现“10万屋顶”太阳能光伏并网。在过去的十几年里,德国政府对太阳能光伏产业补贴超过1000亿欧元,造就了德国在太阳能使用领域的全球领先地位。德国政府利用征收能源税等措施,对太阳能、风力和生物质能源产业给予慷慨补贴,目前德国的可再生能源产量已占到能源总产量的1/4。但能源税也导致了德国能源价格高涨,德国电价现居欧洲之冠。根据德国2014年可再生能源改革草案,将在2025年之前将可再生能源的占比提高至40%~45%,到2035年进一步提高至55%~60%。德国太阳能产业发展重视技术创新,以技术提升整体竞争力。德国Fraunhofer太阳能研究所研制的多晶硅太阳能电池刷新了转化效率纪录,同时其超薄特性也有利于节约多晶硅用量。德国还积极参与推动空间太阳能发电技术,已走在太阳能发电领域的最前沿。

丹麦曾提出到2050年完全摆脱化石能源,全面依靠可再生能源,并制定了详细的实现路径,目前可再生能源发电量(主要是风力发电量)已经占到该国电力消费的50%左右,预计到2030年,其电力供应完全摆脱化石能源,2035年供热全部由可再生能源提供,2050年完全摆脱化石能源。

在国际能源署(IEA)提供的有关研究报告中可以看出,在2000—2030年中,可再生能源发电量在全球总发电量中的比例将持续增长,并且增长速度越来越快。同时,国际能源署(IEA)还指出,2000—2030年间,在所有可再生能源发电中,除水力发电之外,其他各类可再生能源的发电量的增长速度都将超过火力发电的增长速度。大约可以保持年均6%的增长,预计到2030年,全球除水电以外的可再生能源发电将达到全球发电总量的4.4%。其中,生物质能发电将是可再生能源发电的最主要来源,将占到80%。

就目前全球一次性能源的消费结构来看,可再生能源的消费比例仍然处于十分低的水平。原因主要有两个:一是部分国家对可再生能源利用尚不够重视;二是可再生能源利用的技术含量高、成本高。但是,随着科学技术的不断进步,可再生能源利用技术的成本必将持续下降,其与传统化石能源的竞争力将不断提升。据国际能源署(IEA)预测,到2030年以后,世界能源结构中,传统化石能源消耗量将逐步下降,到2050年,可再生能源将占到能源消费中的50%左右。

### 1.5.3 我国可再生能源发电的发展现状及未来前景

我国是一个常规化石能源相对贫乏的国家,人均占有量不到世界平均水平的1/2。因此,对于我国来说,大力开发和利用可再生能源是优化能源结构、改善环境、促进经济社会可持续发展的重要战略措施。我国地域辽阔,地形多变,蕴藏着极其丰富的可再生能源和巨大的开发潜力。与西方发达国家相比,虽然我国在可再生能源的开发利用方面起步较晚,技术较为落后,但近年来政府给予了高度重视,采取了一系列法律、经济和技术措施,促进了我国可再生能源发电产业迅速发展。“十一五”期间,我国出台了《中华人民共和国可再生能源法》,从法律上确立了可再生能源开发利用的地位,我国可再生能源的发展进入了一个新的历史阶段。“十二五”期间,我国在国家战略性新兴产业发展规划中进一步提出了重点发展的七大战略性新兴产业，包括节能环保产业、新能源产业、新能源汽车产业等。《能源发展“十三五”规划》已于2016年12月26日印发并实施，可再生能源的发展和利用将继续得到鼓励。2019年全国能源工作会议业已召开。在可再生能源发展目标方面，我国政府明确提出了2020年各项能源发展指标规定，其中非化石能源占能源消费总量比重达15%。表1-3给出了我国可再生能源发电产业的发展现状。

**表1-3　我国可再生能源发电产业的发展现状**

| 序号 | 能源类型 | 应　用 |
|---|---|---|
| 1 | 小水电 | 小水电 |
| 2 | 太阳能 | 太阳热水器 |
| | | 太阳灶 |
| | | 太阳房 |
| | | 太阳能电池 |
| 3 | 风能 | 独立型风力发电机组 |
| | | 并网型风力发电机组 |
| 4 | 生物质能 | 家用沼气池 |
| | | 生活污水净化沼气池 |
| | | 大中型沼气工程 |
| | | 秸秆气化 |
| | | 蔗渣发电 |
| 5 | 地热能 | 地热发电 |
| | | 地热直接利用 |
| 6 | 海洋能 | 潮汐发电 |

我国政府十分重视可再生能源发电技术的创新，积极支持可再生能源科技园区和产业园区的建设。北京未来科技城位于北京市昌平区，已经迎来了国家电网、华能集团、中国国电、神华集团、中国电子、国家核电、中国建材等十几家大型央企入驻，通过聚集一流人才、集成科技资源，在节能环保、高端装备制造、新能源、新材料和

新能源汽车等战略性新兴领域建设一批前沿科技研发机构。

可再生能源的开发利用，对于巩固我国能源供应基础、优化我国能源结构、促进我国生态环境的健康发展等具有十分重要的作用，是解决我国能源供需矛盾和实现可持续发展的战略选择。展望未来，我国在可再生能源发电方面将拥有以下发展机遇：

(1) 我国拥有丰富的可再生能源资源可供开发利用。

(2) 我国对可再生能源的需求量巨大，市场广阔。

(3) 我国可再生能源的发展适逢良好的发展机遇。

(4) 市场的巨大推动力将促进中国新能源与可再生能源的发展。

(5) 政府将一如既往、坚定不移地支持我国可再生能源产业的发展。

# 第2章 风能发电技术

风是人们最熟悉的一种自然现象，它无处不在。风能是一种间接的太阳能，它是一种储量巨大而且绿色环保的可再生能源。利用风力发电，既不会造成大气污染，又没有废水排放。并且只要风速达到一定程度，不管是山坡、平地、草原，还是河海岸边、海上湖中或是偏远野外强风无电的乡村、海岛，都可以建设风力发电设施，具有极高的经济开发价值。故而积极发展风能发电技术已经成为当今世界各国优化能源结构、实现可持续发展的重要途径之一。

## 2.1 风及风能资源

### 2.1.1 风及其形成过程

众所周知，我们生活的地球被一个数千米厚的空气层包围着，而空气相对于地面的水平运动就称为风。通常情况下，根据大气环流的尺度不同，可以将风分成三种，即大气环流、季风环流和局地环流。

#### 2.1.1.1 大气环流

大气环流是全球性的空气环流。研究表明，地球周围大气层的宏观运动是以下两种力影响的综合结果：

（1）太阳辐射加热了包围在地球周围的大气，然而不同纬度的大气所接受的太阳辐射强度不同，温度变化程度不同，于是不同纬度的大气之间就出现了大气压差，在大气压差作用之下，空气开始流动。在赤道或低纬度地区，太阳高度较小，太阳光近似直射，辐射强度大，而且太阳光照射时间较长，地球表面及其上空的大气接受的太阳光辐射总量较多，温度升高得较大；与此相反，在高纬度地区，太阳高度较大，太阳光为斜射，辐射强度较小，而且太阳光照射时间较短，地面表面及其上空大气接受的太阳辐射量较少，温度升高得较小。这样一来，高纬度的空气和低纬度的空气之间就会产生温度差，进而使得从赤道上空到南北极上空的大气中形成了气压梯度，在气压梯度的推动之下，空气做水平运动。理论上讲，其运动方向沿垂直于等压线的方向由高压地区流向低压地区。

(2) 地球永不停息地保持自转运动，给地球上空的大气施以与其自转方向相同的水平作用力，人们将这种力称为地转偏向力或者科里奥利力。在地转偏向力的作用下，地球北半球的气流向右偏转，而地球南半球的气流向左偏转。

图2-1所示是地球表面大气环流的形成与方向示意图。通过该图可以看出，在理想状况下，地球表面由三个大气环流圈包围，分别是赤道信风圈（赤道到纬度30°）、中纬盛行西风圈（纬度30°～60°）和极地东风圈（纬度60°～90°），这便是著名的“三圈环流”理论。当然，“三圈环流”只是理想状态下的环流模型，事实上，受到地形和海洋等因素的影响，如海陆分布的不均匀、海洋和大陆受热温度变化的不同、大陆地形的多样性，实际的环流比理想模型要复杂得多。

### 2.1.1.2　季风环流

季风环流是一种大范围的区域性环流，它的盛行风向或气压系统有明显的季节变化，这种在一年内随着季节的不同有规律地变风向的风称为季风。季风形成的主要原因是海陆热力差异。由于陆地热容量小，且不流动，因此陆地冷却和增热都比海洋迅速。冬季，陆地比海洋冷，大陆气压高于海洋，气压梯度力自大陆指向海洋，风从大陆吹向海洋；夏季则相反，陆地很快变暖，海洋相对较冷，陆地气压低于海洋，气压梯度力由海洋指向大陆，风从海洋吹向大陆。而在对流层的高层必然出现反方向的补偿气流，形成环流。

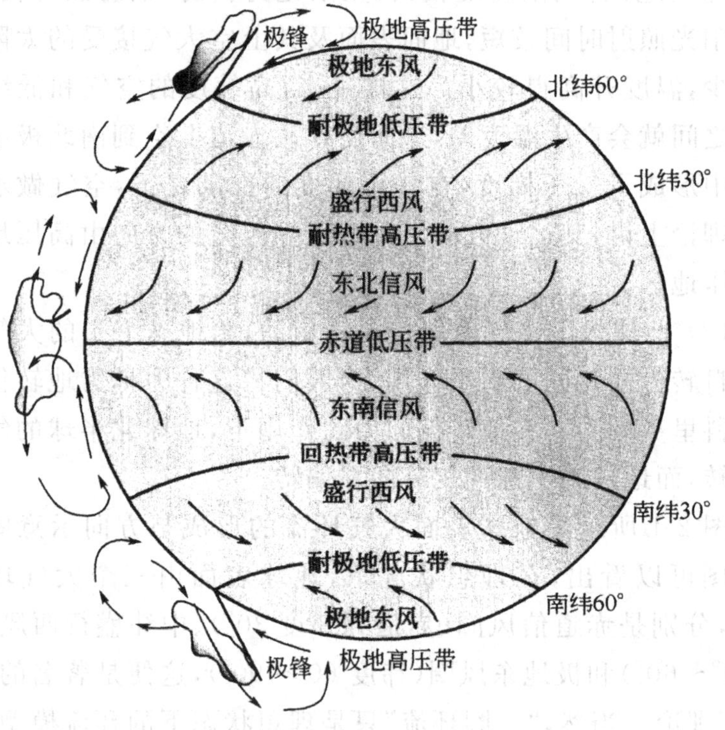


图 2-1　地球表面大气环流的形成与方向示意图

### 2.1.1.3　局地环流

地方性风则是小范围的局地环流。由于小范围内下垫面性质不同，常常形成局地环流，最常见的是海陆风和山谷风，详述如下：

(1) 海陆风。不同种类的物质热容量不同，海洋比大陆具有更高的热容量。当有太阳照射时（白天），陆地的温度要高于海面的温度，所以陆地上空的空气（热空气）的温度要高于海面上空的空气（冷空气）的温度。于是，在海岸线附近，海面上的冷空气就会向陆地流动，从而形成风，称之为海风。相反，当没有太阳照射时（黑夜），陆地的温度要低于海洋的温度，所以陆地上空的空气（冷空气）的温度要低于海面上空的空气（热空气）的温度。于是，在海岸线附近，陆地上的冷空气就会向海面流动，从而形成风，称之为陆风。通过上述讨论可知，由于昼夜交替变化，所以沿海地区的海陆风的方向也是交替变化的。

（2）山谷风。太阳光沿直线传播，在太阳光强度足够的白天，山坡朝阳面要远比低凹的山谷处接收的太阳辐射多，山坡朝阳面上空的空气（热空气）的温度要比山谷上空的空气（冷空气）的温度高，于是山谷内的冷空气就会向着山坡流动，从而形成风，称之为谷风。相反，夜间的时候没有太阳光照射，山坡和山谷的空气温度会降到同一水平，由于山坡上空的热空气温度降低的幅度较大，密度也随之增大，这样高密度的空气就会沿山坡向下流动，从而形成风，称之为山风。显然，山谷风与当地的地形是密切相关的。

### 2.1.2 风的描述

风是运动气流，是一种矢量，人们一般用风向、风速和风级三个参数来对其进行描述，具体如下：

（1）风向。在日常生活中，人们总是习惯于将风吹来的方向称作风向。如果风从南边吹来，则称南风；如果风从北边吹来，则称北风；如果风从东北方向吹来，则称东北风。在科学测量上，陆地风向通常采用 16 个方位，海面风向则采用 32 个方位。例如，在陆地上，将正北方向规定为 0°，沿顺时针方向，每隔 22.5°为一个方位；在海面上，同样将正北方向规定为 0°，沿顺时针方向，每隔 11.25°为一个方位。各种风向的出现频率通常用风向玫瑰图表示。在极坐标上，标出某年或某月 16 个或 32 个方向上各种风向出现的频率，因其形状像玫瑰花，所以称为“风向玫瑰图”。

(2)风速。风速具体是指风所对应的空气流动速度，即单位时间内空气沿水平方向移动的距离，常用单位有 m/s 或 km/h 等。在具体实践中，专门用于测量风速的仪器有多种，常见的有散热式风速计、旋转式风速计、声学风速计等。因为风是不稳定的，所以风速经常变化。故而，风速有瞬时风速与平均风速之分。一般地，人们把在一定时间内相同风速出现的时数占测量总时数的百分比称作风速频率。同时，把在求得平均风速的限定时间内最大风速与最小风速之差称为风速变幅。

(3) 风级。风级是根据风对地面或海面物体影响而引起的各种现象，按照风力的强度等级来估计风力的大小。目前世界上常用的风力分级为 0～12 级(在 1946 年，世界气象组织曾将风级由 13 个等级改为 18 个等级，但在实际中还是采用 0～12 级)。如表 2-1 所示，给出了按 13 个等级划分的风力级别及其特征，需要注意的是，表中所列风速是指平地上离地 10m 处的风速值，风级 $B$ 与风速 $v$(m/s)的关系为 $v=0.86B^{\frac{3}{2}}$。

**表 2-1 风力级别及其特征**

| 风级 | 名称 | 风速/(m/s) | 风移动的速度/(km/h) | 陆地地面物象 | 海面波浪 | 浪高/m |
|---|---|---|---|---|---|---|
| 0 | 无风 | 0.0～0.2 | <1 | 静，烟直上 | 平静 | 0.0 |
| 1 | 软风 | 0.3～1.5 | 1～5 | 烟示风向 | 微波峰无飞沫 | 0.1 |
| 2 | 轻风 | 1.6～3.3 | 6～11 | 感觉有风 | 小波峰未破碎 | 0.2 |
| 3 | 微风 | 3.4～5.4 | 12～19 | 旌旗展开 | 小波峰顶破裂 | 0.6 |
| 4 | 和风 | 5.5～7.9 | 20～28 | 吹起尘土 | 小浪白沫波峰 | 1.0 |
| 5 | 清风 | 8.0～10.7 | 29～38 | 小树摇摆 | 中浪折沫峰群 | 2.0 |
| 6 | 强风 | 10.8～13.8 | 39～49 | 电线有声 | 大浪白沫离峰 | 3.0 |
| 7 | 劲风(疾风) | 13.9～17.1 | 50～61 | 步行困难 | 破峰白沫成条 | 4.0 |
| 8 | 大风 | 17.2～20.7 | 62～74 | 折毁树枝 | 浪长高有浪花 | 5.5 |

续表

| 风级 | 名称 | 风速/(m/s) | 风移动的速度/(km/h) | 陆地地面物象 | 海面波浪 | 浪高/m |
|---|---|---|---|---|---|---|
| 9 | 烈风 | 20.8～24.4 | 75～88 | 小损房屋 | 浪峰倒卷 | 7.0 |
| 10 | 狂风 | 24.5～28.4 | 89～102 | 拔起树木 | 海浪翻滚咆哮 | 9.0 |
| 11 | 暴风 | 28.5～32.6 | 103～117 | 损毁重大 | 波峰全呈飞沫 | 11.5 |
| 12 | 台风(飓风) | >32.6 | >117 | 摧毁极大 | 海浪滔天 | 14.0 |

## 2.1.3　风能和风能密度

风是流动的空气，运动着的空气具有动能，这种动能就称之为风能。根据上述关于风的形成过程的讨论可知，太阳辐射是风能最主要的来源。研究表明，地球接收到的太阳辐射总功率为 $1.7\times10^{14}$kW，其中 1%～2%的能量到达地球表面后，转换成了风能。地球上风能具有蕴藏量巨大、分布广泛、清洁无污染等方面的优点，当然也有其局限性，如含能量低、不稳定、地区差异明显等。

一个地方风能的大小或一个地方风能的潜力，通常用平均风能密度来衡量，风能密度是气流垂直通过单位面积风能的功率大小。风速是变化的，根据物理学原理，对于风流经的某一给定面积 $S$(单位为 m，与风向垂直)，某一单位时间的风能的计算公式为

$$E=\frac{1}{2}mv^2=\frac{1}{2}\rho Sv^3, \tag{2-1}$$

式中：$E$ 为风能(W)；$\rho$ 为空气密度($kg/m^3$)，常温标准大气压力下，可取为 1.225$kg/m^3$；$v$ 为该单位时间内的风速(m/s)。风能密度是指单位时间内通过单位横截面积的风所含的能量，又称为风功率密度($P$)，其计算式为

$$P=\frac{E}{S}=\frac{1}{2}\rho v^3, \tag{2-2}$$

风功率密度 $P$ 与平均风速 $v$ 的三次方成正比，所以风速在风能计

算中是最重要的因素。

衡量某地风能大小，要根据其常年平均风能的多少而定，平均风能密度$\overline{E}$通常可以用直接计算法和概率计算法来计算。

直接计算法是将某地整年（或设定时间段）内每天24h测到的风速数据按某间距（如1m/s）分成各个等级风速$v_1,v_2,\cdots,v_i$，根据式(2-2)计算各等级风速对应的风能密度，然后再将其乘以各自在年内出现的累积小时数$n_1,n_2,\cdots,n_i$，最后把各个乘积结果相加再除以年（或设定时段）总小时数$n$，就可求出某地一年的平均风能密度，即

$$\overline{E}=\frac{\sum_{k=1}^{i}n_k\rho v_k^3}{2n}。\tag{2-3}$$

概率计算法就是通过某种概率分布函数拟合风速频率的分布，按积分公式计算得到平均风能密度。风速频率是指某地区风速分布情况，一般采用威布尔公式，风速$v$的概率分布函数为

$$f(v)=\frac{K}{C}\left(\frac{v}{C}\right)^{K-1}\mathrm{e}^{-\left(\frac{v}{C}\right)^K}\tag{2-4}$$

式中：$K$为形状参数；$C$为尺度参数。如果风速$v$在其上、下限分别为$a$与$b$的区域内，$f(v)$为$v$的连续函数，则积分形式的风能密度计算公式为

$$\overline{E}=\frac{\rho}{2}\frac{\int_a^b\left[\frac{K}{C}\left(\frac{v}{C}\right)^{K-1}\mathrm{e}^{-\left(\frac{v}{C}\right)^K}\right]v^3\mathrm{d}v}{\mathrm{e}^{-\left(\frac{a}{C}\right)^K}-\mathrm{e}^{-\left(\frac{b}{C}\right)^K}}。\tag{2-5}$$

空气的密度是影响风能大小的另一个重要因素。一般情况下，计算风能或风能密度是采用标准大气压下空气的密度，即$\rho=1.225\mathrm{kg/m^3}$。在海拔高的地区（海拔500m以上）和地形复杂的地区，空气密度的影响必须加以考虑。

### 2.1.4 地球风能资源分布

蕴含着能量的风是一种可以利用的能源，是可再生的过程性

能源。由于风是由太阳热辐射引起的，所以风能也是太阳能的一种表现形式。研究表明，到达地球的太阳能大约有 2%转化为风能，但其总量仍是相当可观的。有专家估计，地球上的风能大约是目前全世界能源总消耗量的 100 倍，相当于 1.08 万亿 t 标准煤蕴藏的能量。

世界气象组织曾对全球总的风能功率（即单位时间内获得的风能）进行了系统性的研究，得到的结果是，全球大气中蕴藏的风能总功率约为 $10^{14}$ MW，其中可被开发利用的风能约有 $3.5\times10^{9}$ MW。风能资源不但极为丰富，而且分布在几乎所有的地区和国家。然而，由于受季节、地理、气候等因素的影响，世界各地的风能资源分布并不均匀。地球的陆地表面约为 $1.07\times10^{8}\text{km}^2$，距地面 10m 高处（平均风速高于 5m/s）的面积约占 27%，其地域分布如表 2-2 所示。

**表 2-2　风能资源地域分布**

| 地　　区 | 陆地面积 $(\times10^3)/\text{km}^2$ | 风力为 3～7 级地区所占比例/% | 风力为 3～7 级地区所占面积 $(\times10^3)/\text{km}^2$ |
|---|---|---|---|
| 北美 | 19 339 | 41 | 7876 |
| 拉丁美洲和加勒比 | 18 482 | 18 | 3310 |
| 西欧 | 4742 | 42 | 1968 |
| 东欧 | 23 047 | 29 | 6738 |
| 中东和北非 | 8142 | 32 | 2566 |
| 撒哈拉以南非洲 | 7255 | 30 | 2209 |
| 太平洋地区 | 21 354 | 20 | 4188 |
| 中国 | 9597 | 11 | 1056 |
| 中亚和南亚 | 4299 | 6 | 243 |
| 总计 | 106 660 | 27 | 29 143 |

### 2.1.5 我国风能资源分布

我国地域广袤，风能不仅总储量丰富，而且分布也十分广泛。据有关研究估计，全国平均风能密度约为 $100W/m^2$，全国风能总储量约为 $4.8\times10^9MW$，陆上和近海区域 10m 高度可开发和利用的风能资源储量约为 $1.0\times10^6MW$，其中有很好开发利用价值的陆上风资源大约有 $2.53\times10^5MW$。

风能资源的利用取决于风能密度和可利用风能年累积小时数。按照有效风能密度的大小和 3～20m/s 风速全年出现的累积小时数，我国风能资源的分布可划分为 4 类区域，即丰富区、较丰富区、可利用区和贫乏区，如图 2-2 所示。风能丰富区、较丰富区、可利用区都有较好的风能利用条件，总计占全国总面积的 $\frac{2}{3}$ 左右，其中内蒙古、新疆、黑龙江和甘肃四省区的风力资源最为丰富。表 2-3 所示是我国气象总局给出的全国风能资源比较丰富的省份的风能资源估计数据。

**表 2-3 国家气象总局给出的全国风能资源比较丰富的省份的风能资源估计数据**

| 省份 | 风力资源（$\times10^4$）/kW | 省份 | 风力资源（$\times10^4$）/kW |
|---|---|---|---|
| 内蒙古 | 6178 | 山东 | 394 |
| 新疆 | 3433 | 江西 | 293 |
| 黑龙江 | 1723 | 江苏 | 238 |
| 甘肃 | 1143 | 广东 | 195 |
| 吉林 | 638 | 浙江 | 164 |
| 河北 | 612 | 福建 | 137 |
| 辽宁 | 606 | 海南 | 64 |

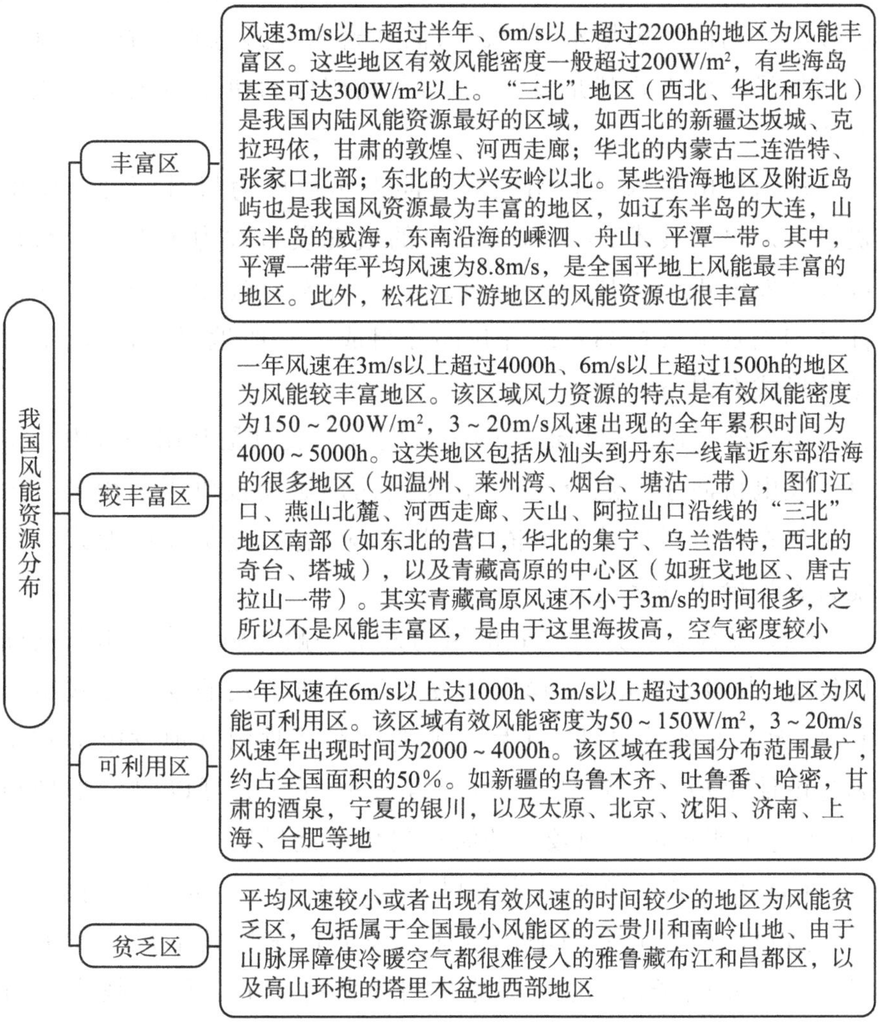
我国风能资源分布
丰富区
风速3m/s以上超过半年、6m/s以上超过2200h的地区为风能丰富区。这些地区有效风能密度一般超过200W/m²，有些海岛甚至可达300W/m²以上。“三北”地区（西北、华北和东北）是我国内陆风能资源最好的区域，如西北的新疆达坂城、克拉玛依，甘肃的敦煌、河西走廊；华北的内蒙古二连浩特、张家口北部；东北的大兴安岭以北。某些沿海地区及附近岛屿也是我国风资源最为丰富的地区，如辽东半岛的大连，山东半岛的威海，东南沿海的嵊泗、舟山、平潭一带。其中，平潭一带年平均风速为8.8m/s，是全国平地上风能最丰富的地区。此外，松花江下游地区的风能资源也很丰富
较丰富区
一年风速在3m/s以上超过4000h、6m/s以上超过1500h的地区为风能较丰富地区。该区域风力资源的特点是有效风能密度为150～200W/m²，3～20m/s风速出现的全年累积时间为4000～5000h。这类地区包括从汕头到丹东一线靠近东部沿海的很多地区（如温州、莱州湾、烟台、塘沽一带），图们江口、燕山北麓、河西走廊、天山、阿拉山口沿线的“三北”地区南部（如东北的营口，华北的集宁、乌兰浩特，西北的奇台、塔城），以及青藏高原的中心区（如班戈地区、唐古拉山一带）。其实青藏高原风速不小于3m/s的时间很多，之所以不是风能丰富区，是由于这里海拔高，空气密度较小
可利用区
一年风速在6m/s以上达1000h、3m/s以上超过3000h的地区为风能可利用区。该区域有效风能密度为50～150W/m²，3～20m/s风速年出现时间为2000～4000h。该区域在我国分布范围最广，约占全国面积的50%。如新疆的乌鲁木齐、吐鲁番、哈密，甘肃的酒泉，宁夏的银川，以及太原、北京、沈阳、济南、上海、合肥等地
贫乏区
平均风速较小或者出现有效风速的时间较少的地区为风能贫乏区，包括属于全国最小风能区的云贵川和南岭山地、由于山脉屏障使冷暖空气都很难侵入的雅鲁藏布江和昌都区，以及高山环抱的塔里木盆地西部地区

**图 2-2　我国风能丰富区、较丰富区、可利用区与贫乏区**

## 2.2　风能发电技术及其常见形式

风能的利用就是将风的动能转化为机械能，再转化为其他形式的能量。人类对风能利用由来已久，我国古代的甲骨文字中就有“帆”字存在，这说明我国起码在殷商时期就开始利用风帆推动

船舶前进。另据历史文献记载，我国的祖先早在公元前数世纪就已经学会利用风力提水、灌溉、磨面和舂米。进入现代社会，风能利用的最主要方式就是风能发电，即利用风力机来将风能转化为电能。

风力发电技术是利用风的动能来驱动风力机进而带动发电机进行发电的技术，实现风力发电的成套设备称为风力发电系统或风力发电机组。风力发电机组一般由风力机、发电机、支撑部件基础以及电气控制系统等几部分组成。一般地，风力发电最常见的形式有以下 3 种：

(1) 独立式。这种形式的风力发电一般只是利用一台中小型风力发电机向小型点位、一户居民或几户居民提供生活用电。为了确保在没有风的情况下依然可以供应电能，这类发电形式需要配备容量恰当的蓄电池。

(2) 混合式。这种形式的风力发电一般是将风力发电与柴油机发电、太阳能发电、生物质能发电等其他形式的发电形式结合起来，无须配备蓄电池，当无风或风力不足时用其他发电形式来满足电能供应。一般情况下，混合式风力发电可以向中小型单位、小村庄或距离陆地较远的海岛提供电能供应。

(3) 并网式。这种形式的风力发电需要并入常规电网运行，其建造目的就是向电网输送电能。我们通常所说的风力发电站或者风力发电场，使用的就是并网式发电形式。随着技术的进步，风力发电的成本越来越低，已经具备了同火力发电、水力发电等传统发电形式的竞争能力，并网式风力发电已然是未来风力发电的发展趋势。

如图 2-3 所示，给出了典型的并网型变速变桨距控制双馈风力发电机组的构成。

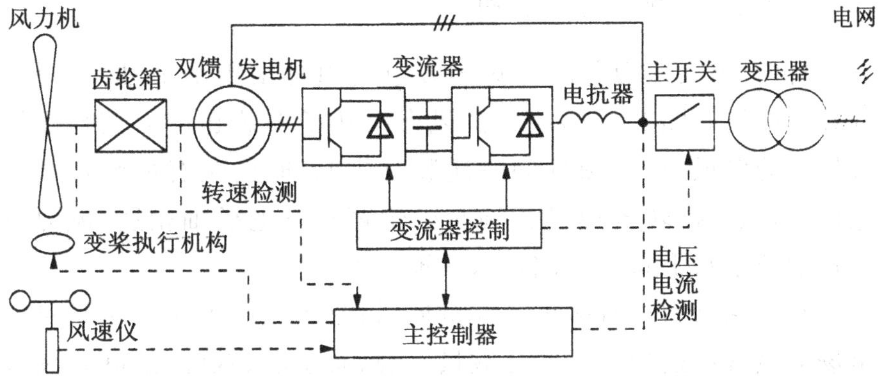


图 2-3　变速变桨距控制双馈风力发电机组的构成

# 2.3　风力机及其原理与控制

风力机俗称“风车”，是风力发电系统的核心部件之一，用来将可利用的风能转换为机械能。风力机主要包括风轮、塔架和对风装置。风轮是由轮毂及安装于轮毂上的若干叶片（也叫桨叶）组成，是风力机捕获风能的部件；塔架是为了使风轮能在地面上较高的风速中运行；对风装置是风向跟踪装置，使风轮总能处于最大迎风方向。

## 2.3.1　风力机的基本类型

100 多年来，世界各国研制成功了类型各异的风力机，它们有着不同的结构，性能也各异。例如，根据转子轴的位置，风力机可分为水平轴和垂直轴两大类。对水平轴风力机，依据风力机转子装在塔架的迎风侧还是下风侧，可分为迎风型和顺风型等；根据风力机的转速是否可以改变，可分为恒速风力机和变速风力机；根据风力机桨距角是否可以调整，可分为定桨距风力机和变桨距风力机。

### 2.3.1.1 水平轴风力机

目前，绝大多数并网型风力发电机组都采用水平轴风力机，其外形结构如图 2-4(a)所示。风力机转子安装在风力较强而湍流较小的塔顶，在塔顶部同时还装有机舱，舱内装有齿轮箱和发电机等，风力机转子通过转轴与齿轮箱和发电机轴相连，风力机的转轴处于水平状态，故名“水平轴风力机”。

水平轴风力机有多种不同机型，如图 2-4(b)所示给出了目前市场上最常见机型。就叶片数量来说，有单叶、双叶、三叶以及多叶等，目前在大容量风力机中最常见的是三叶。水平轴风力机的转子可安装在上风方向(也称迎风型)，也可安装在下风方向(也称顺风型)。顺风型的好处是可以自动对风，不需要偏航系统。但是，风要先经过塔架才吹到风轮，受塔影效应的影响较大。此外，实践经验表明，当风向突然改变时，风轮很难及时调整方向。因此，迎风型风力机更为常见。迎风型水平轴风力发电系统必须有偏航机构来转动风力机转子及机舱，正常运行时，使风力机转子正对来风方向，以便能捕获尽量多的风能。对于小容量的风力机，偏航系统很简单，但对于大容量的风力机，偏航系统是较为复杂的。

(a) 外形结构

图 2-4 水平轴风力机

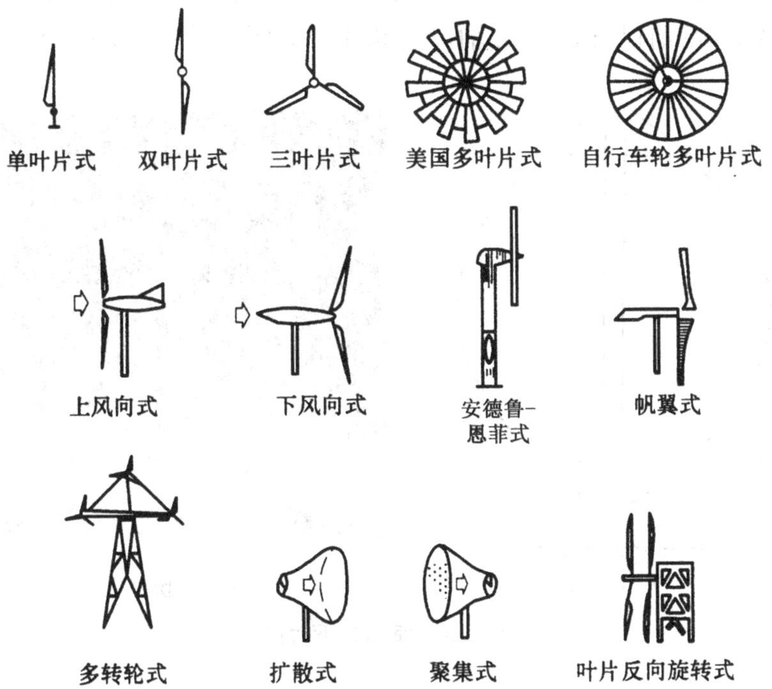


（b）常见机型

**图 2-4　水平轴风力机（续）**

### 2.3.1.2　垂直轴风力机

垂直轴风力机有多种翼型，达里厄型风力机是最典型的一种垂直轴风力机，其结构如图 2-5(a)所示。通过图 2-5(a)可以看出，这类风力机的转轴垂直安装，转子叶片绕转轴旋转，故名“垂直轴风力机”。垂直轴风力机有两个最突出的优点：一方面，它的发电机与传动系统可以放在地面，减轻了对塔架的要求；另一方面，它可以从任意方向的风中吸收能量，故不需要偏航对风系统，使系统得以简化。但是，垂直轴风力机也有十分明显的缺点：首先，这类风力机的安装高度受限，只能在低风速环境下运行，风能利用率较低；其次，虽然它的发电机和传动系统放在地面，但维护并不容易，常需将风力机转子移开；最后，它需要用拉索固定塔架，拉索在地面会延伸很远，占用较大地面空间，如图 2-5(b)所示。因此,在大容量并网型风力发电系统中,垂直轴风力机应用得很少,目前已知的垂直轴风力机最大功率一般不超过1MW。

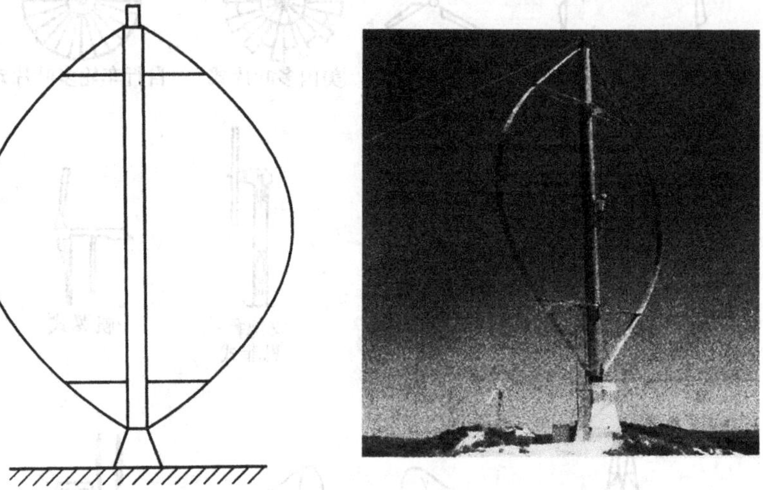

(a) 结构　　(b) 实物照片

图2-5　垂直轴风力机

### 2.3.1.3　恒速与变速风力机

恒速风力机是指在正常运行时其转速是恒定不变的。早期的风力发电机系统多采用感应发电机或同步发电机,定子绕组直接与电网相连。因此,发电机的转速由电网的频率所决定,无法调节,它虽然控制较简单,但风能利用率较低。

随着电力电子等技术的发展,出现了双馈异步发电机,通过控制转子绕组中电流的频率,可以在不同转子转速下仍保持定子绕组输出频率的恒定。因此,它允许风力机转速在较大的范围内改变,故称为变速恒频风力机。最近研发出的低速直驱永磁同步发电机就是典型的变速恒频风力机,因为它是由全容量电力电子功率变换器向外输出电能,其输出频率由逆变器决定,因此允许风力机转速在很大的范围内改变。变速风力机的主要优点有风能利用效率高、机械应力小、电能质量高、噪声低等。

需要特别指出的是,风力机是恒速还是变速并不取决于风力机本身,而是取决于与之相连的发电机。

#### 2.3.1.4　定桨距与变桨距风力机

早期的风力机多为定桨距风力机，其主要特点是桨叶与轮毂之间是固定安装，桨叶不可以绕其轴线转动，这类风力机结构简单、成本低，但功率控制性能差、风能利用率低。因此，定桨距风力机正在被变桨距风力机所取代。

变桨距风力机的桨叶相对轮毂可自由转动，从而改变桨距角。变桨距风力机的好处是很容易控制风力机从风中吸收的功率，因此，功率调节性能好，但它需要一套专门的变桨机构（有液压伺服和电伺服变桨机构），结构和控制都较复杂，成本较高。

### 2.3.2　风力机的工作原理

在了解风力机的基本类型之后，接下来我们分析其工作原理。从物理学的角度出发，其工作原理为：当有风吹到风力机的风轮平面时，风轮将会受到风的推力，进而形成转矩，转矩就会促使风轮转动，从而将风能转化为风轮的机械能。

#### 2.3.2.1　阻力和升力

物体在气流中受到的力来源于空气对它的作用。可以把物体受到的来自气流的作用力等价地分解到与气流方向一致和与之垂直的两个方向上，分解到两个方向的力分别称为阻力和升力。

如图 2-6 所示，设 $v$ 所指的方向为气流方向，阴影部分表示风力机的叶片的截面，其受到来自气流的作用力为 $F$，将力 $F$ 分解为两个分量，则与气流方向相同的分量 $F_D$ 称为阻力，与气流方向垂直的分量 $F_L$ 称为升力。

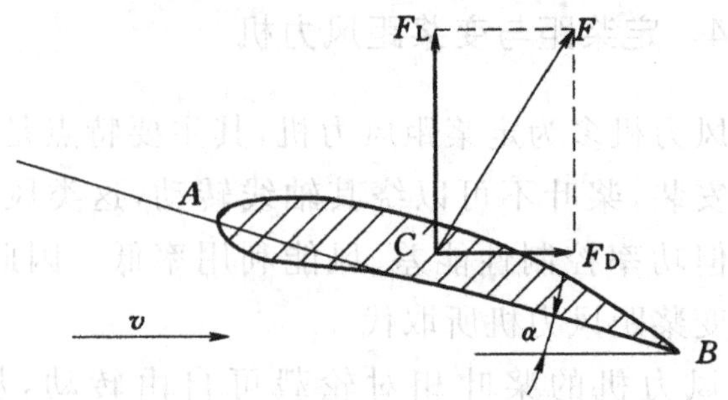


图 2-6　气流作用在物体上的力

通过以上分析可知，阻力是与气流在同一条线上的分量，当气流方向与叶片表面垂直时，叶片受到的阻力最大。升力是与气流方向垂直的分量，在空气动力学中该分量可促使飞行器飞离地面，因而被称为升力。在实际的应用中，升力也有可能是侧向力或者是向下的力。当物体叶片与气流方向的夹角为零的时候，升力最小。

研究表明，空气的压力与气流的速度有一定的对应关系，流速越快，压力越低，这种现象叫作伯努利效应。下面分析如图 2-7 所示叶片的伯努利效应，当其表面与气流方向的夹角较小时，由于气流的速度变化，在下游或下风的方向会形成一个低压区。升力在气流的垂直方向上起到了“吸气”或“向上提升”的作用。

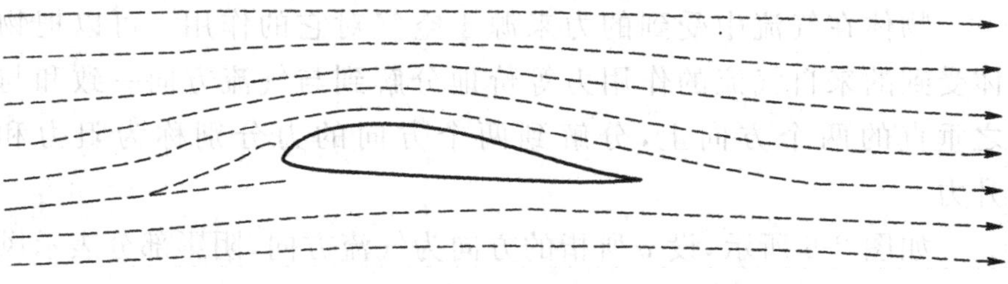

图 2-7　风力机叶片的伯努利效应

进一步研究表明，升力和阻力都正比于风能强度，处于风中的风力机的叶片在升力、阻力或者二者共同作用下，使风轮发生旋转，在其轴上输出机械功率。

### 2.3.2.2　翼型、攻角和桨距

在风力发电系统中，风力机大多采用类似飞机螺旋桨的叶片设计，叶片类似飞机机翼的型式称为翼型。翼型有两种主要类型：一种是不对称翼型，另一种是对称翼型。这两种翼型都具有明显凸起的上表面、被称为机翼前缘（面对来流的方向）的圆形的头部以及被称为机翼后缘的尖形或锋利的尾部。图 2-8 所示是最常见的不对称翼型的截面大致形状。

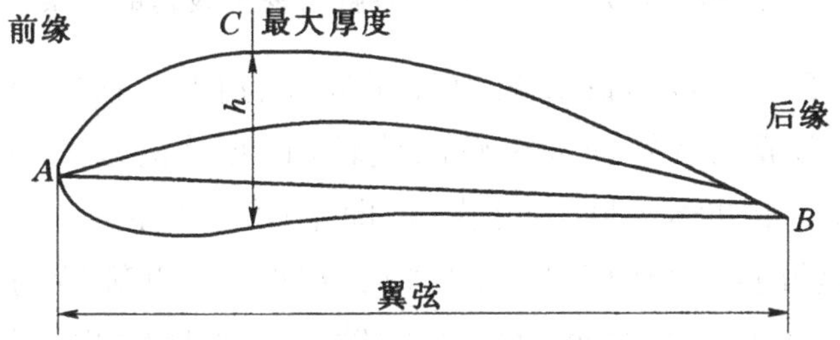


**图 2-8　常见不对称翼型的截面**

由于风力机叶片的翼型大都不是直板形状，而是有一定的弯曲或凸起，所以通常采用翼弦线作为测量用的准线。气流方向与翼型准线的夹角称为攻角，用希腊字母 $\alpha$ 表示（见图 2-6），当来流朝着翼型的下侧时，攻角为正。

在风力机设计实践中，获得适当的升力或阻力以推动风力机旋转是翼型设计的根本目的。对于如图 2-8 所示的翼型，上表面凸起部分的气流较快，造成上表面的空气压力比下表面明显要低，从而对翼型物体产生向上的“吸入”作用。如图 2-9 所示，给出了升力系数和阻力系数与翼型攻角的关系。一般地，攻角与叶片的安装角度有关。当风轮旋转时，叶片在垂直于气流方向上也与气流有相对运动，因而实际的攻角 $\alpha$ 与叶片静止时的攻角不一样。

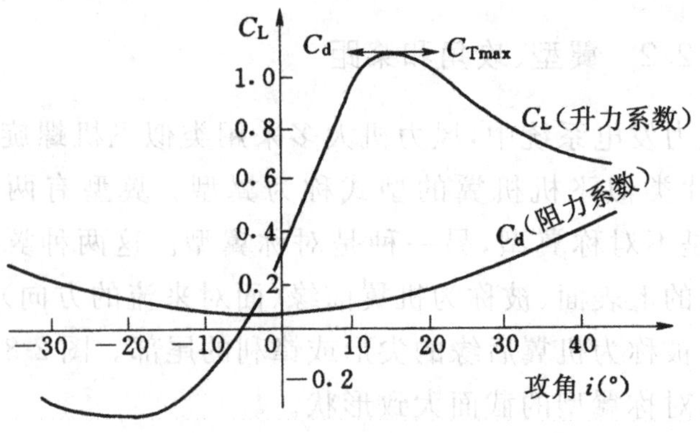


图 2-9 升力系数和阻力系数与翼型攻角的关系

如图 2-10 所示,设 x 轴为气流运动方向,y 轴以坐标原点为中心旋转形成的旋转面为风轮的旋转面,叶片的准线与风轮旋转面之间的夹角 $\theta$ 称为叶片安装角,即桨距或节距角。y 轴方向表示风轮旋转时叶片某横截面的移动方向。若以旋转的叶片为参考系,则气流与叶片之间存在与 y 轴方向相反的相对运动,考虑到气流沿着 x 轴方向的实际运动,于是气流相对于运动叶片的作用方向用 $W_r$ 表示。因此,对于同样的水平方向的风,叶片旋转时的攻角和叶片静止时的攻角有所不同。

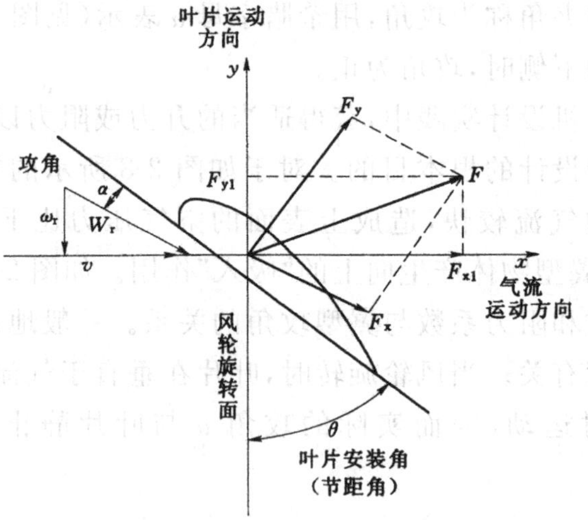


图 2-10 旋转叶片的受力

#### 2.3.2.3　风能利用系数和风力机的效率

理论表明，当接近风轮的空气的全部动能都被转动的风轮叶片所吸收时，风轮后的空气就会停止流动，但这显然是不可能的。因此，即使垂直通过叶轮（叶片和轮毂的合称）旋转面的风能也不能全部被叶轮吸收利用，所以风力机的风能捕获效率始终不可能达到1。也就是说，不管如何优化风轮设计，风能始终无法全部转化为风轮机械能。一般地，人们将风力机的风轮能够从自然风能中吸取能量与风轮扫过面积内未扰动气流所具有风能的百分比称为风能利用系数，用字母 $C_p$ 表示，即

$$C_p=\frac{P}{0.5\rho S v^3},\tag{2-6}$$

式中：$P$ 为风力机实际获得的轴功率（W）；$\rho$ 表示空气密度（$kg/m^2$）；$S$ 表示风轮扫风面积（$m^2$）；$v$ 表示上游风速（m/s）。一般地，$C_p$ 值越大，表示风力机能够从自然界中获取的能量百分比越大，风力机的效率越高，即风力机对风能的利用率也越高。科学家们经过长期的实验与理论研究，总结出了风能转化的贝茨理论，该理论表明，风力机的风能利用系数的最大理论值为0.593，实际值要远小于该值，为0.45左右。

对实际应用的风力机来说，风能利用系数主要取决于风轮叶片的气动设计和结构设计（如攻角、桨距角、叶片翼型）以及制造工艺水平，还和风力机转速有关。为了求得风力发电装置的总效率，除了要考虑风力机本身的转换效率以外，还要考虑风力机的其他损失，如传动机构的损失、发电机的损失等。

以典型的风力发电装置为例，若风力机效率为70%，传动效率和发电机效率均为80%，因理想风力机的风能利用系数为0.593，故装置的风能利用系数为

$$C_p=0.593\times0.7\times0.8=0.332。$$

#### 2.3.2.4　叶尖速比

在风力机设计理论中，人们把叶片的叶尖旋转速率与上游未

受干扰的风速之比称为叶尖速比，常用字母 $\lambda$ 来表示，即

$$\lambda=\frac{2\pi Rn}{v}=\frac{\omega R}{v}, \tag{2-7}$$

式中：$n$ 表示风轮的转速(r/min)；$R$ 表示叶尖的半径(m)；$v$ 表示上游风速(m/s)；$\omega$ 表示风轮旋转的角速度(rad/s)。

一般地，叶尖速比 $\lambda$ 反映了在一定风速下的风力机转速的高低。如图 2-11 所示，给出了风能利用系数 $C_p$ 与风力机叶尖速比 $\lambda$ 的对应关系。通过该图可以发现，当叶尖速比 $\lambda$ 取某一特定值时，$C_p$ 值最大，人们把与 $C_p$ 最大值对应的叶尖速比称为最佳叶尖速比。因此，为了使 $C_p$ 维持最大值，当风速变化时，风力机转速也需要随之变化，使之运行于最佳叶尖速。实践经验表明，对于任一给定的风力机，最佳叶尖速比取决于叶片的数目和每片叶片的宽度。

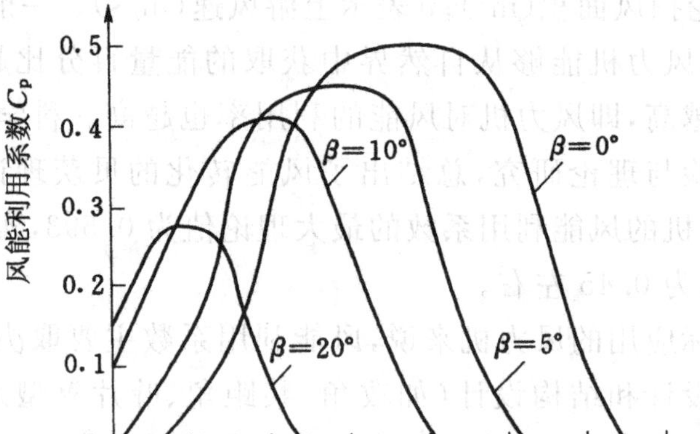


图 2-11　风能利用系数与风力机叶尖速比的对应关系

### 2.3.2.5　容积比

一般地，人们将用来表示扫掠面积中的“实体”所占的百分数称为容积比，也称实度。多叶片的风力机具有很高的容积比，因而被称为高容积比风力机；具有少量窄叶片的风力机则被称为低容积比风力机。

在风力设计时，为了有效地吸收能量，叶片必须尽可能地与

穿过转子扫掠面积的风相互作用。高容积比、多叶片的风力机以很低的叶尖速比与几乎所有的风作用；而低容积比的风力机叶片为了与所有穿过的风相互作用，必须以很高的速度“填满”扫掠面积。如果叶尖速比太低，有些风直接吹过转子的扫掠面积而不与叶片作用；如果叶尖速比太高，风力机会对风产生过大的阻力，一些气流将绕开风力机流过。

实践证明，具有与三叶片转子相同叶片宽度的二叶片风力机转子，其最佳叶尖速比要比三叶片的转子高$\frac{1}{3}$；具有与二叶片转子相同叶片宽度的单叶片，其最佳叶尖速比将是二叶片转子的 2 倍。对于现代低容积比的风力机，最佳叶尖速比为 6～20。由于多个叶片会互相干扰，故而总体上高容积比的风力机比低容积比的风力机效率低。在低容积比的风力机中，三叶片的转子效率最高，其次是双叶片的转子，最后是单叶片的转子。多叶片的风力机一般要比少叶片的风力机产生更少的空气动力学噪声。风力机从风中吸收机械能，等于风力机的角速度与风产生的力矩之积。对于一定的风能，角速度减小，则力矩增大；反之，角速度增大，则力矩减小。换句话说，高速风力机的输出功率大，扭矩系数小；低速风力机的输出功率小，扭矩系数大。如表 2-4 所示，列出了各类常见风力机的 $C_p$ 值和叶尖速比 $\lambda$ 的平均值。一般地，我们可以将风力机容积比、叶尖速比、扭矩与效率的关系归纳如下：

(1) 低速风力机容积比大，叶尖速比低，扭矩大，效率低。

(2) 高速风力机容积比小，叶尖速比高，扭矩小，效率高。

**表 2-4　各类常见风力机的 $C_p$ 值和叶尖速比 $\lambda$ 的平均值**

| 风力机类型 | $C_p$ | $\lambda$ | 风力机类型 | $C_p$ | $\lambda$ |
|---|---|---|---|---|---|
| 螺旋桨 | 0.42 | 5～10 | 荷兰式 | 0.17 | 2～3 |
| 帆翼 | 0.35 | 4 | 垂形 | 0.40 | 5～6 |
| 风扇式 | 0.30 | 1 | 旋翼 | 0.45 | 3～4 |
| 多叶式 | 0.25 | 1.5 | S形 | 0.15 | 1 |

### 2.3.3 风力机功率与工作风速的关系

一般地，一台风力机将所捕获的风能转变为机械功率输出的表达式为

$$P_m=C_pP_w=0.5C_p\rho A_1v_w^3, \tag{2-8}$$

式中：$P_m$ 表示风轮输出功率（W）；$C_p$ 为风能利用系数（表征风力机捕获风能能力的参数）；$\rho$ 表示空气密度（$kg/m^3$）；$A_1=\pi R^2$，表示风力机叶片扫过面积（$m^2$），其中 $R$ 为风力机叶片半径（m）；$v_w$ 表示风速（m/s）。

由式(2-8)可知，风力机的功率受 $\rho$、$v_w$、$R$、$C_p$ 等因素的影响。通常情况下，由于 $\rho$ 与 $v_w$ 无法控制，而叶片半径 $R$ 是固定不变的，故而要想获得最大风能捕获，就只能通过控制 $C_p$ 来实现。

一般地，人们把风力机功率最为理想时所对应的风速称为“设计风速”，并以此来作为确定风力机功率的依据。当然，风力机的实际输出功率会受到许多因素的影响，而且一般并不稳定。实际上，只有作用在风力机上力矩达到一定值时才能使得风力机启动，通常把这一力矩称为“最低扭矩”。决定风力机所受扭矩的因素主要有两个：一个是风力机叶轮的安装角，另一个则是风速。对于给定的风力机，其安装角是一定的，所以它必然对应一个最低工作风速，人们称之为切入风速。风力机的标准输出功率称为额定功率或正常功率，该功率对应的风速称为额定风速。为了防止风力机因功率过高而受损，每一台风力机都设有风速最高值，称为切出风速。如果风速达到切出风速，风力机将自动停止。介于切入风速与切出风速之间的风速称为有效风速，其对应的风能称为有效风能。为了便于研究与控制，人们定义了有效风功率密度，具体是指有效风能阶段的平均风速功率密度。

理论上讲，只要将额定功率增大，风力机就可以将含能量更大的高速风能转化为机械能。但是，必须考虑与风力机配套的发电机的额定功率。

总之,风力机不可能在任何风速下都以最佳的功率系数和叶尖速比工作。在固定的额定转速下,$C_p$ 值与 $\lambda$ 无关,由风速 $v$ 决定。

## 2.3.4　风力机的功率控制

图 2-12 所示是风力机的功率与风速之间的关系曲线,借助该图可以评估风力机的综合性能。显然,当风速小于切入风速,则风力机停机;当风速大于切入风速,则风力机启动,且输出功率近似风速的三次方增加,直至达到额定风速 $v_N$;当风速大于等于额定风速时,通过适当的措施限制风力机输出功率增加,使其保持在额定功率,以避免风力发电系统过载而损坏;当风速过大,超过切出风速时,风力机必须停机。从目前的实际应用情况来看,大型风力机的切出风速一般在 25m/s 左右。通常情况下,人们通过失速控制、主动失速控制、变桨控制来控制额定风速 $v_N$ 与切出风速。

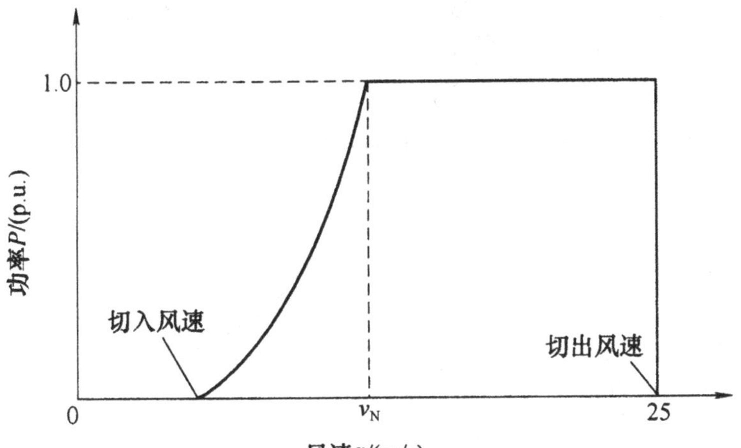


图 2-12　风力机的功率与风速之间的关系

### 2.3.4.1　失速控制

对于定速定桨距风力机,桨叶的桨距角是固定不变的。它利用叶片的气动特性,使其在高风速时产生失速来限制风力机功率。如图 2-13(a)所示,当风速由 $v_0$ 增大到 $v_1$,由于风力机叶片旋转线速度 $u$ 恒定,故而合成风速矢量与旋转平面的夹角 $\phi$ 增大；又因为叶素弦线与风轮旋转平面之间的夹角 $\beta$ 恒定（为了研究方便，在桨叶上取半径为 $r$、长度为 $\delta_r$ 的微元，称为叶素），故而攻角随之由 $\alpha_0$ 增大到 $\alpha_1$。一旦攻角 $\alpha$ 大于临界值，则叶片上侧的气流分离，形成阻力，对应的阻力系数增大，而升力系数有所减小，如图 2-13(b)所示。升力 $F_L$ 和阻力 $F_D$ 的改变导致作用在叶片上的轴向推力 $F_T$ 增加，切向旋转力 $F_R$ 略有减小，进而就会导致气动力矩和功率同时减小，这种现象就称为失速。

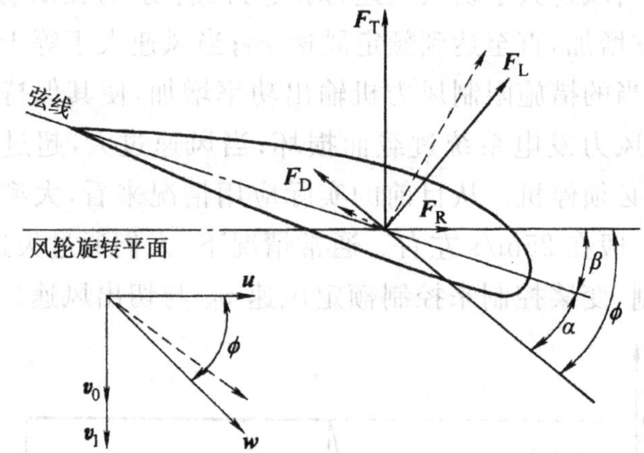


(a) 叶片受力

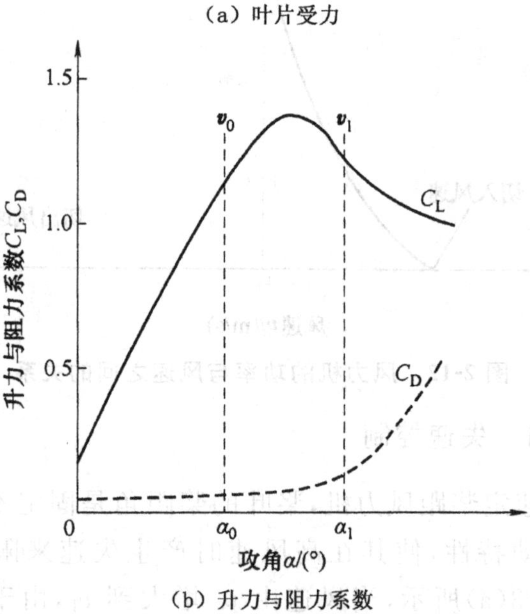


(b) 升力与阻力系数

**图 2-13 失速控制下的叶片受力及升阻力系数**

如图 2-14(a)所示，给出了失速控制的功率曲线。通过图 2-14(a)可以看出，实际功率曲线与理想功率曲线存在明显差异。这是由于风力机转速恒定，在额定风速以下区间，只能在某一个风速下使叶尖速比 $\lambda$ 有最佳值[见图 2-14(a)中的 $E$ 点]，输出功率等于理想功率，风能利用效率最大，在其他点叶尖速比 $\lambda$ 偏离最佳值，因此从风中吸收的功率均小于理想功率；而在额定风速以上区间时，由于失速调节性能较差，也只能在某一风速[见图 2-14(a)中的 $F$ 点]使风力机吸收的功率等于额定功率，而当风速小于或大于该风速时，输出功率均低于额定功率。

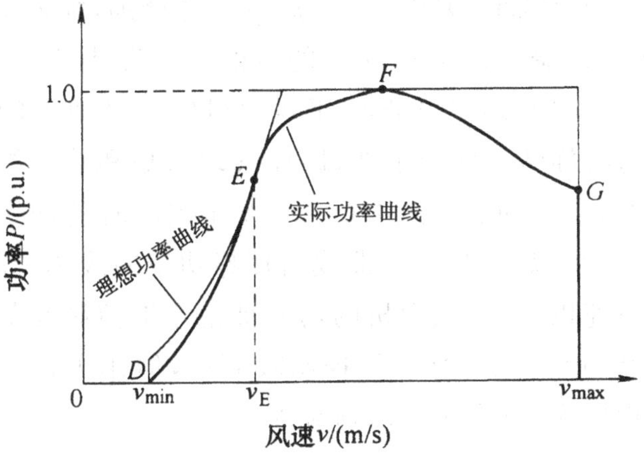

(a) 失速控制

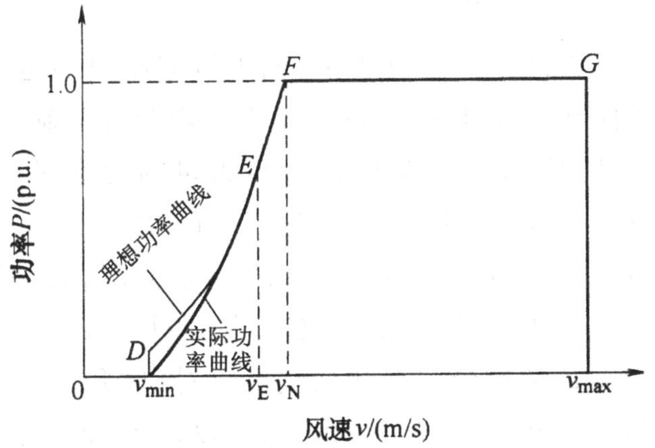

(b) 主动失速、变桨控制

图 2-14 不同控制方式下的功率曲线

综上所述，定桨距失速型风力机结构简单、造价低，但是功率调节性差、输出功率波动大、风能利用率低、气动荷载大。因此，人们逐步研发了变桨距风力机以取代定桨风力机。

#### 2.3.4.2 主动失速控制

一般地，当风速达到额定风速及以上时，人为地控制桨距角$\beta$使风力机加深失速的控制手段称为主动失速控制。如图2-13所示，当风速由$v_0$增大到$v_1$，由于风力机叶片旋转线速度$u$恒定，故而合成风速矢量与旋转平面的夹角$\phi$增大，此时通过执行机构使桨距角$\beta$减小，则攻角$\alpha=\phi-\beta$快速增加，加强了风力机的失速，达到快速调节风力机功率的目的。与失速控制类似，此时升力减小，阻力增加，导致作用于风力机转子平面上的轴向推力$F_T$增大，切向旋转力保持不变，因而气动力矩和功率维持在额定值。如图2-14(b)所示，给出了主动失速控制时的功率曲线。通过图2-14(b)可以看出，功率曲线与理想功率曲线吻合较好，尤其是在额定风速以上时，风力机的功率被稳定地控制在额定值。主动失速控制功率调节性能好、控制较简单，但作用在转子平面上的轴向推力增大、风力机气动荷载加重。

#### 2.3.4.3 变桨控制

变桨距风力机在运行过程中，如果风速超出额定风速，可通过变桨机构使叶片绕其轴线旋转，增大叶素弦线与旋转平面之间的夹角，即桨距角$\beta$，减小攻角$\alpha$，使风力机的功率保持不变。如图2-15(a)所示，设风速从$v_0$增大到$v_1$，由于风力机叶片旋转线速度$u$恒定，故而相对风速与旋转平面的夹角$\phi$增加，此时通过变桨机构使桨距角$\beta$增大，攻角由$\alpha_0$减小到$\alpha_1$，进一步通过图2-15(b)所示的阻力系数随攻角的变化曲线可以看出，升力系数减小，而阻力系数仍维持在较小数值。因此，可以认为，控制器通过调节升力$F_L$，使作用在转子平面上的切向旋转力$F_R$维持不变，从而保证了风力机的功率不变。同时，通过图2-15可以进一步看出，作用在转子平面上的轴向推力 $F_T$ 也减小。因此，变桨控制不仅可控制风力机的功率恒定，而且可减小风力机的气动荷载。变桨控制时的功率曲线与主动失速控制的功率曲线基本相同，如图 2-15(b)所示。

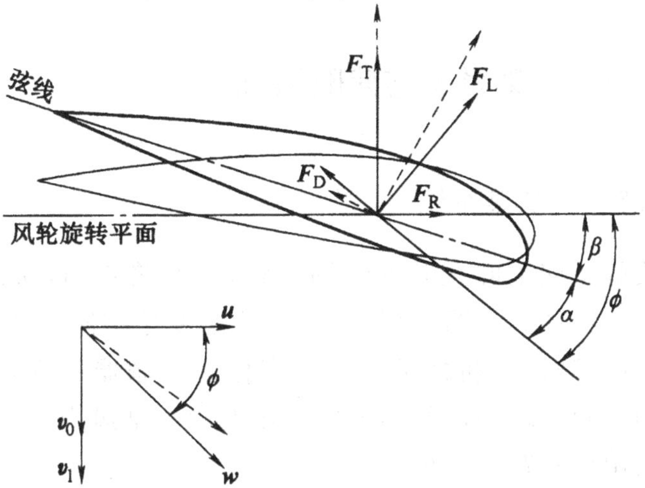


(a) 叶片受力

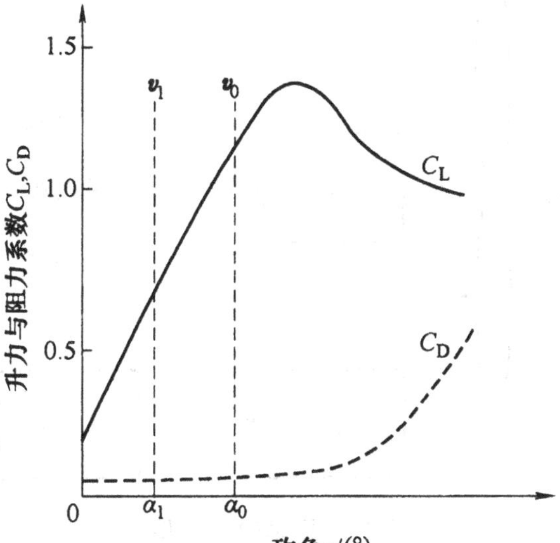


(b) 升力阻力系数

图 2-15　变桨控制下的叶片受力及升阻力系数

综上所述，变桨控制功率调节性能好、气动荷载小，但需要复杂的控制机构，增加了风力发电系统的复杂性。

最后有必要强调的是，主动失速控制与变桨控制虽然都是通过调节桨距角来调节风力机的功率，但它们的调节方向不同、调节频率不同，轴向推力的变化规律也有所不同。

## 2.3.5 变桨系统与偏航系统

### 2.3.5.1 变桨系统

变桨就是使桨叶绕其安装轴旋转，改变桨距角，从而改变风力机的气动特性。如图 2-16 所示，给出了变桨控制的基本原理示意图，通过检测发电机的输出电功率作为控制器的输入量，根据所设定的控制策略来调节桨距角。在现代大型风力发电机组中，一般都采用变桨距风力机。

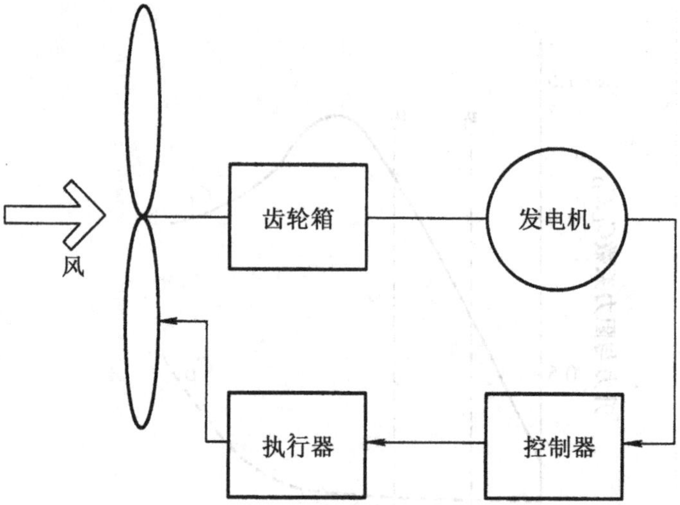


**图 2-16　变桨控制原理**

变桨系统就是一种桨距角调节装置，如图 2-17 所示，给出了典型三桨叶风力机变桨系统组成框图。一般情况下，变桨系统有液压变桨系统和电动变桨系统两种类型。

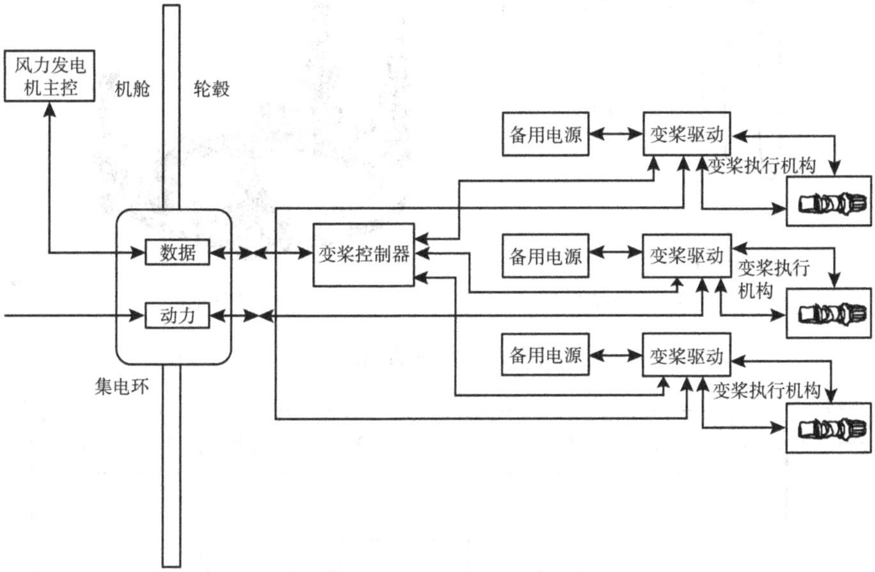


**图 2-17　变桨系统组成框图**

### 2.3.5.2　偏航系统

实践表明，风速的大小和风的方向随时间总是不断地变化，为保证风力机稳定工作，必须有一种装置使风力机随风向变化，保持风力机与风向始终垂直，把这种装置叫做偏航系统，也叫迎风装置。一般情况下，偏航系统有被动偏航系统和主动偏航系统两种类型，其结构如图 2-18 所示。其中，主动偏航系统本质上是一个自动控制系统，其组成框图如图 2-19 所示。需要特别注意的是，偏航系统有时也可用来调节风力机的功率，将风力机航向偏离风向一定角度，使风力机捕获的功率减小。

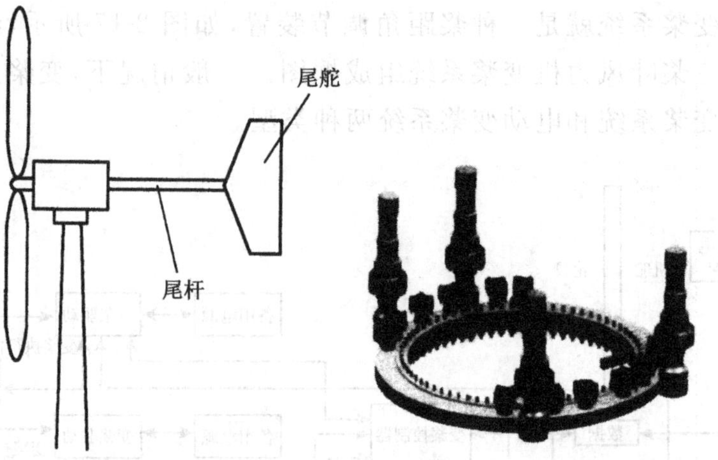


（a）被动偏航　　（b）主动偏航

图 2-18　偏航系统

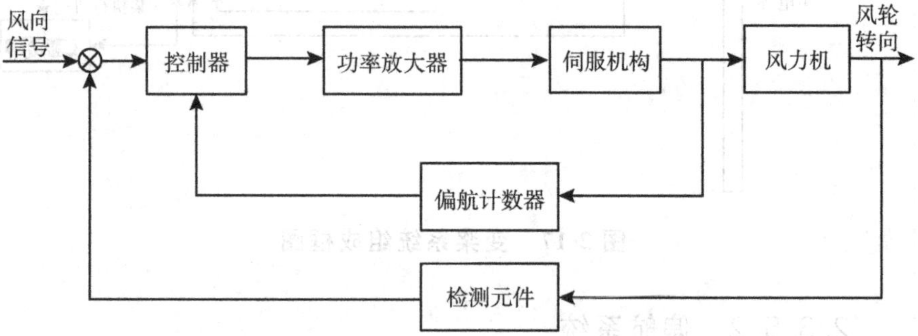


图 2-19　主动偏航系统组成框图

# 2.4　风力发电机及其最新发展

风力发电机是风力发电系统的另一核心部件，它的基本功能是在转动的风力机带动下运行，进而将风力机转化来的机械能转化为电能。

## 2.4.1　传统风力发电机

传统的风力发电机通过定子绕组直接并网或者向用户供电，

各种发电机的应用有所差别。过去小功率风力发电机普遍采用直流发电机(实际上在直流发电机内部先产生交流电,然后再通过电刷和集流环或者二极管整流桥把交流电转变成直流电),现在逐步被同步或异步交流发电机所取代。中大型风力发电机大多数均采用交流发电机。

一般地,同步发电机的效率要比直流发电机高,而且低转速下可以比直流发电机多发电,高转速时也能发电。使用同步发电机发电时,不仅可以提供自身磁场的电流,而且风轮的转速范围也较大。但是,通常需要复杂的并网控制系统,因而增加了成本,经济效益会受到影响。

在现代风力发电中,由于异步发电机具有结构简单、成本低廉、无须旋转连接部件、启动容易、并网便捷、无振荡等显著优点,故而受到广大风力发电厂的追捧。一般地,当异步发电机的转速与同步转速有百分之几的差别时也不会对并网构成严重影响,而且不需要太长的超载时间。当然,异步发电机也有其显著的缺点,那就是它不能自我提供励磁电流并且还吸收无功功率。可以采用电网侧并联电容器的方法补偿异步发电机吸收的无功功率,从而改善功率因数。异步发电机可以作为电动机来启动风轮。若风速低于起始风速,自动装置将使它与电网断开。这非常有利于启动力矩低的固定桨叶高速风轮。

送入电网的电要求是频率固定的交流电。各国电网对电压的频率都是有严格规定的。例如,美国工频是固定的60Hz,而在我国,工频是固定的50Hz。这里需要注意的是,接入电网的任何发电设备,其输出的交流电压频率应始终与电网电压的频率保持一致。

由于风能本身的波动性和随机性,传统风力发电机输出的电压频率很难一致满足电网的频率要求。目前风力发电机大多通过基于电力电子技术的换流器并网,同步发电机和异步发电机在并网方面的差别变得不明显了,而且还有一些新型的风力发电机被设计使用。

### 2.4.2 发电机中的电磁感应机理

各种类型的发电机都包含两大部分：一部分是静止不动的定子部分，另一部分是固定在发电机的轴上并可随其一同旋转的转子。发电机的定子和转子都由铁芯和绕组（金属导体制成的线圈或具有相同功能的其他结构）构成。绕组的作用是作为金属导体导通电流并形成磁场，或者在磁场中运动感应出电压和电流。铁芯的作用将定子或转子磁场约束在一定的空间范围内，以帮助定子和转子绕组完成电磁感应过程。

风力发电过程中，转动的风力机经传动机构带动发电机的转子旋转，由于发电机转子置于定子的磁场中，其上绕组的导体就开始做切割磁感线运动，于是便产生了感应电流。与此同时，转子上的绕组线圈中有电流通过时也会形成对应的磁场，相对于转子而言，定子的绕组线圈也在做切割磁感线运动，于是也会产生感应电流。在具体实践中，通常把定子绕组直接或间接地与电网相连，将定子绕组中感应出的电能送入电网。所以，定子绕组有时也称为电枢。

### 2.4.3 风力发电机的主流机型

直流风力发电机的应用已经很少，最常见的机型是恒速恒频的鼠笼式感应发电机、变速恒频的双馈感应式发电机和变速变频的直驱式永磁同步发电机。

#### 2.4.3.1 恒速恒频的鼠笼式感应发电机

恒速恒频式（CSCF）风力发电机是一种在有效风速范围内运行转速近似恒定、所产生交流频率近似恒定的发电机。一般情况下，这种风力发电系统中的发电机组多采用鼠笼式感应发电机组。

恒速恒频的鼠笼式感应发电机通过定桨距失速控制来实现转速恒定，进而输出频率恒等于电网频率的交流电。由于这类风力发电机的风轮转速必须保持在一个近似恒定的范围内，进而其转子的转速也只能随之保持近似恒定，故而不能保证叶尖速比保持最佳状态，其风能利用率一般较低。

#### 2.4.3.2　变速恒频的双馈感应式发电机

变速恒频式（VSCF）风力发电系统的主要特点是在有效风速范围内，允许发电机组的运行转速变化，而发电机组定子发出的交流电能的频率恒定。通常该类风力发电系统中的发电机组为双馈感应式异步发电机组。双馈感应式发电机结合了同步发电机和异步发电机的特点，其定子和转子都可以和电网交换功率，这也是其“双馈”之称的由来。

双馈感应式发电机一般都采用升速齿轮箱将风轮的转速增加若干倍，传递给发电机的转子转速明显提高，因而可以采用高速电机，体积小、重量轻。双馈变流器的容量仅与电机的转差容量相关，效率高、价格低廉。这种方案的缺点是升速齿轮箱价格贵、噪声大、易疲劳损坏。

#### 2.4.3.3　变速变频的直驱式永磁同步发电机

图 2-20 给出了变速变频式（VSVF）永磁风力发电系统中同步永磁发电机的组成结构图。永磁同步发电机的定子与异步发电机的定子相同，由定子铁芯和三相定子绕组组成，如图 2-21 所示。转子有永磁体产生磁场，定子绕组一般制成多相（三、四、五相不等），最常见的是三相绕组。三相绕组沿定子铁芯对称分布，在空间互差 120°角。当有三相交流电通入时，绕组产生旋转磁场。转子采用永磁体，目前最常用的永磁材料为钕铁硼。永磁体的采用不仅使得风力发电机的结构得以简化，而且提高了其可靠性，又没有转子铜耗，从而提高了发电机的效率。

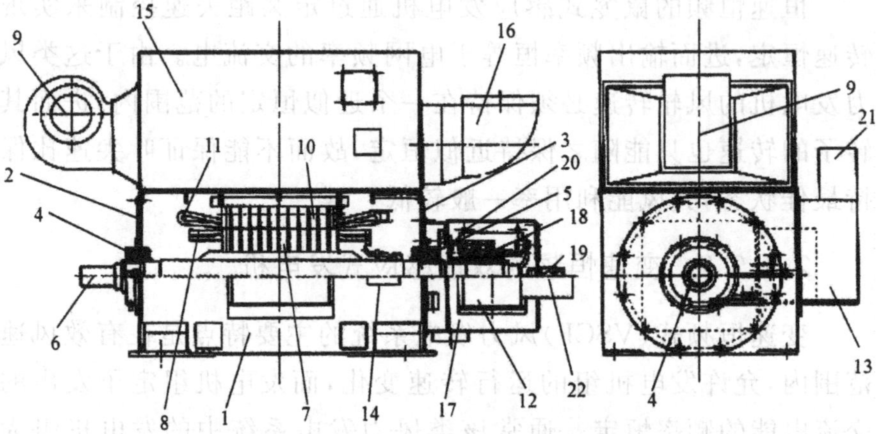


**图 2-20　同步永磁发电机的组成结构**

1—壳体;2—前端盖;3—后端盖;4、5—轴承;6—轴;7—转子铁芯;
8—转子线圈;9—通风机;10—定子铁芯;11—定子线圈;
12—转子接线盒;13—定子接线盒;14—辅助端子接线盒;
15—空/空热交换器;16—排风口;17—集电环腔室;18—集电环;
19—编码器;20—接地炭刷;21、22—避雷接线盒

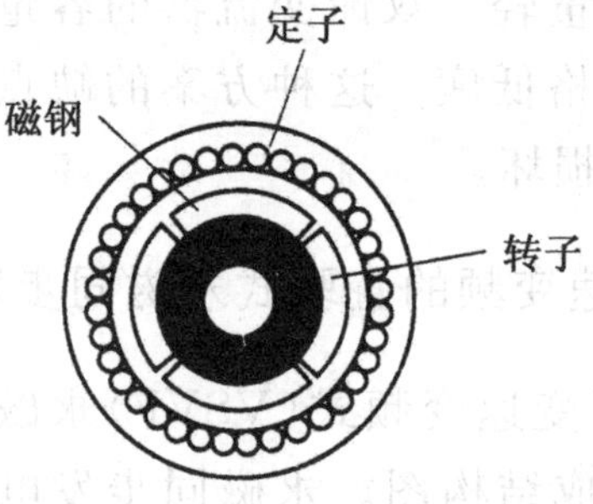


**图 2-21　永磁同步电机的截面图**

## 2.4.4　风力发电机的最新发展

### 2.4.4.1　无刷双馈发电机

图 2-22 所示是无刷双馈发电机的原理示意图。在发电机定子铁芯槽中放置两套独立的三相绕组,其中一套绕组直接接入电网,为功率绕组,出线端子用 A、B、C 表示,其极对数为 $p$;另一套

绕组经双向功率变换器与电网相接，为控制绕组，出线端子用 a、b、c 表示，其极对数为 $p_c$。两套绕组之间没有直接的电磁耦合，而是通过转子的磁场调制作用来间接耦合，实现能量转换。发电机转子有笼型转子和磁阻转子两大类。图 2-22 中转子为同心式短路笼型绕组结构。笼型转子根据绕组连接规律不同还可分为独立同心式笼型转子和带公共端环的独立同心式笼型转子等。如图 2-23 所示，给出了两种绕组连接示意图及三维效果。磁阻式转子可分为凸极磁阻式、轴向叠片磁阻式和径向叠片磁阻式等。图 2-24 所示是径向叠片磁阻式转子示意图。

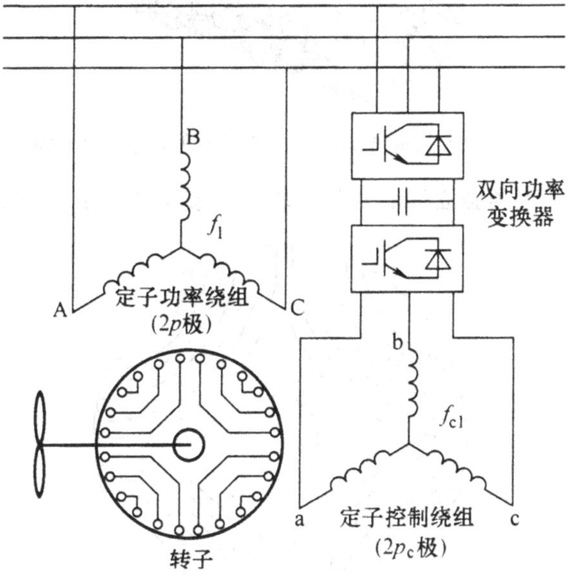


图 2-22　无刷双馈发电机的原理

(a) 独立同心式笼型转子

图 2-23　两种独立同心式笼型转子连接示意图及三维效果

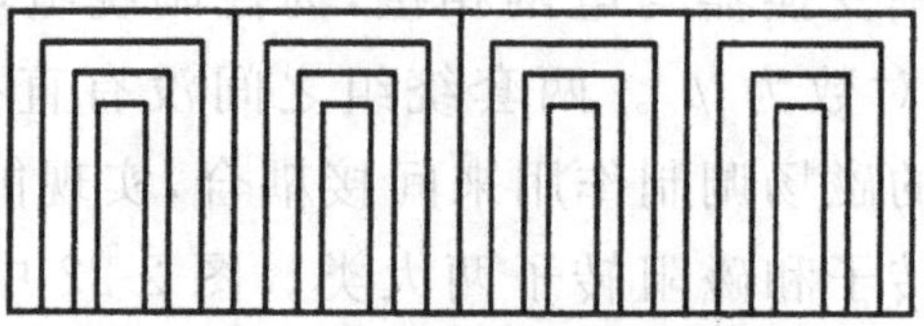

(b) 带公共端环的独立同心式笼型转子

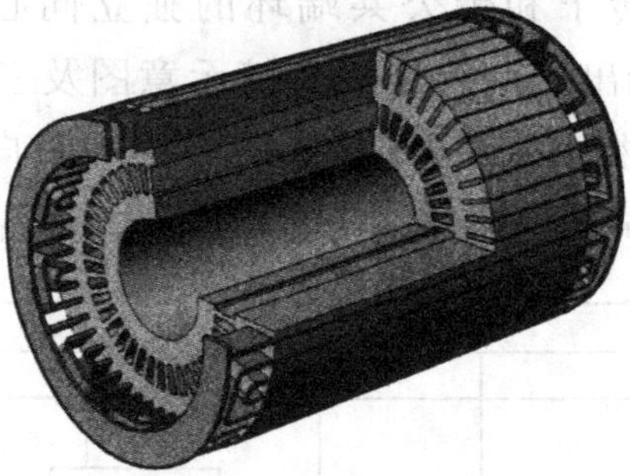

(c) 带公共端环的独立同心式笼型转子三维效果

**图 2-23 两种独立同心式笼型转子连接示意图及三维效果(续)**

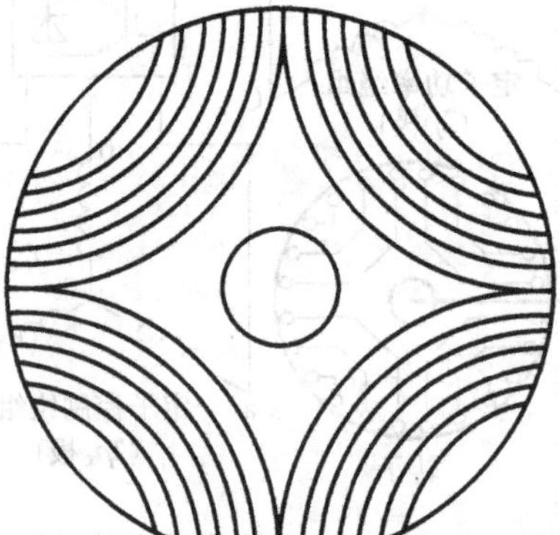

**图 2-24 径向叠片磁阻式转子示意图**

限于本书篇幅,这里不再赘述无刷双馈发电机的具体工作原理,有兴趣的读者可以参阅相关文献资料。无刷双馈发电机具有一些显著的特点:首先,无刷双馈发电机在转子转速变化时,通过调节控制绕组中的励磁电流频率,可使发电机功率绕组输出电流频率保持为 50Hz 不变,实现变速恒频运行;其次,无刷双馈发电机结构简单,没有电刷和集电环,不需经常维护，安全可靠，适合运行环境比较恶劣的风力发电系统；再次，无刷双馈发电机的电力电子功率变换器只对控制绕组供电，所需容量较小，功率绕组直接并网，成本较低；最后，无刷双馈发电机依靠转子的磁场调制作用实现能量转换，发电机的功率密度、输出电流波形、功率因数等性能尚有较大改进空间，值得进一步深入研究。

#### 2.4.4.2　多相发电机

随着风力发电机组单机容量的不断增大，电力电子功率变换器便成为制约系统容量增大的瓶颈。为了突破电力电子器件容量的限制，提出了多相风力发电机。技术方案之一是对应多相发电机直接用多相功率变换器，例如，六相发电机配用六相功率变换器。另一技术方案是将发电机设计为多组三相系统，相应地配置多台三相功率变换器，构成多相多通道风力发电系统。两种方案都能减小功率变换器每相容量，但相比而言，前一种方案中多相功率变换器的技术难度较大，也不够成熟，而后一种方案中多台三相功率变换器的技术已相当成熟，因此已在大容量直驱永磁风力发电系统中获得应用。图 2-25 所示为一个直驱风力发电系统并联双 PWM 变频器拓扑结构，发电机为六相，分为两组三相，配置两套三相功率变换器，构成两个独立的三相系统并联运行。

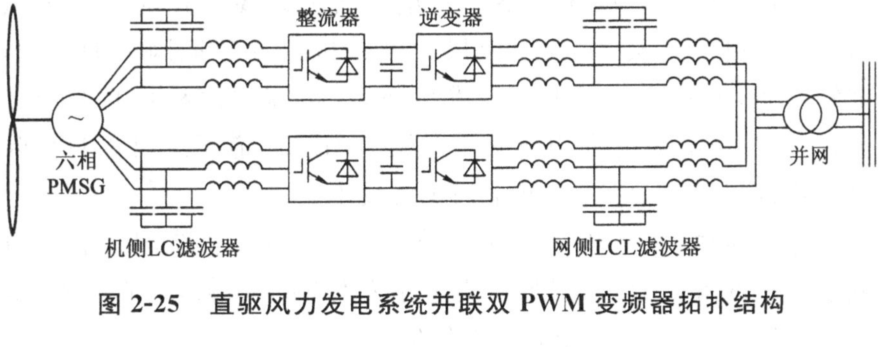


**图 2-25　直驱风力发电系统并联双 PWM 变频器拓扑结构**

除了较常见的六相双通道系统之外，国内外学者已提出了更多相的风力发电系统，如九相永磁同步发电机、十二相永磁无刷直流发电机等。根据发电机的相数，可构成多组三相系统，多通道并联运行，如图 2-26 所示。

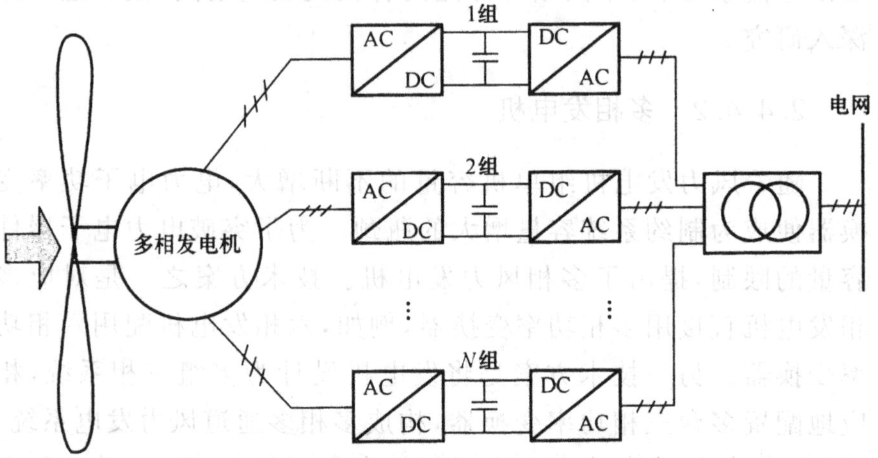


图 2-26　多相风力发电系统

采用多相发电机除了可提高容量外，还可提高风力发电系统的可靠性和运行效率。在图 2-26 中，如果某一组中的一相绕组或功率变换器出现故障，则可以根据故障情况不同，或者将该组三相系统全部切除，其余健康的三相绕组仍正常工作；或者只断开故障相，其他健康的绕组都保持正常工作，从而可避免风力发电系统一旦发生故障将导致整个机组停机的现象。这对于海上风力发电场更有意义，因为海上风力发电机组受环境因素的制约，维修不便，风力发电机组一旦发生故障，可能要停机数日甚至数十日，严重影响风能利用效率。采用多相多通道系统可以只切除故障相或组，而保持其他健康相正常发电。

综上所述，发电机采用多相绕组（或多组三相绕组）结构，可减小功率变换器容量，降低电力电子器件额定参数，节省成本，提高风力发电系统的冗余性和可靠性。

# 2.5　风力发电机组的运行与控制

## 2.5.1　风力发电机组的整体结构

风力发电机组是将风的动能先通过风力机转换成机械能，然后通过发电机转换成电能的装置。风力机风轮叶片在风的作用下产生空气动力使风轮旋转，将动能转换成机械能，再通过传动系统和电气系统将机械能转换成电能。实现“风能-机械能-电能”转换的成套设备称为风力发电系统或者风力发电机组。风力发电系统的一般构成如图 2-27 所示，按照在能量转换过程中的功能，主要包括风力机及其控制系统、传动和制动机构、发电机及其控制系统、电能变换装置(可选)等。

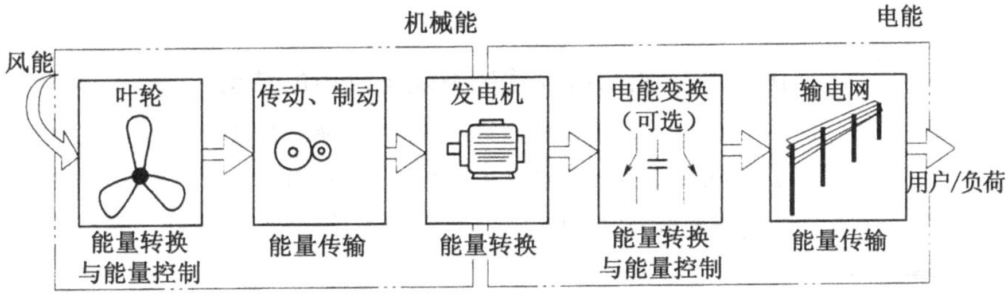


图 2-27　风力发电机组的一般构成

从整体上看，风力发电机组大致包括风轮、机舱和塔架三大部分。机舱底盘和塔架之间有回转体，使机舱可以水平转动。目前世界上比较成熟的并网型风力发电机组多采用水平轴风力机，主流的风力发电机组容量从几百千瓦到 1.5MW。从技术层面上看，目前最大运行的机组单机功率已达到 8MW，正在设计 10MW 甚至 15MW 的风力机。

对于典型的大型风力发电机组，除了外部可见的风轮、机舱、塔架以外，对风装置(也叫调向装置、偏航装置)、调速装置、传动装置、制动装置、发电机、控制器等部分都集中放在机舱内。如图 2-28 所示，给出了国际知名的风电设备制造企业 NORDEX 公司生产的兆瓦级双馈风电机组的结构示意图。

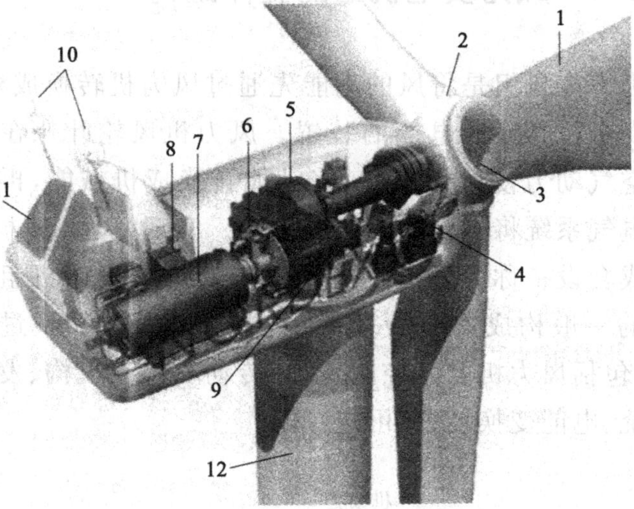


**图 2-28　兆瓦级双馈风力发电机组的结构**

1—叶轮；2—轮毂；3—变桨距部分；4—液压系统；
5—齿轮箱；6—刹车盘；7—发电机；8—控制系统；
9—偏航系统；10—测风系统；11—机舱盖；12—塔架

另外，还有必要提一下塔架防止雷击的措施。金属的塔架或者风力机机组本身就具有遭受雷击的可能性。另外，从设置地点来看，对于设置在山顶或者孤立地耸立在平地上的风力机容易成为雷击的目标。在直接遭到雷击时，不仅会损坏风力机装置，还会造成人员伤亡，所以应该认真做好避雷措施。

风力发电机组产生的电能最终要经过电气系统送给电网或者用户。如图 2-29 所示，给出了风力发电机组与外部的连接示意图。

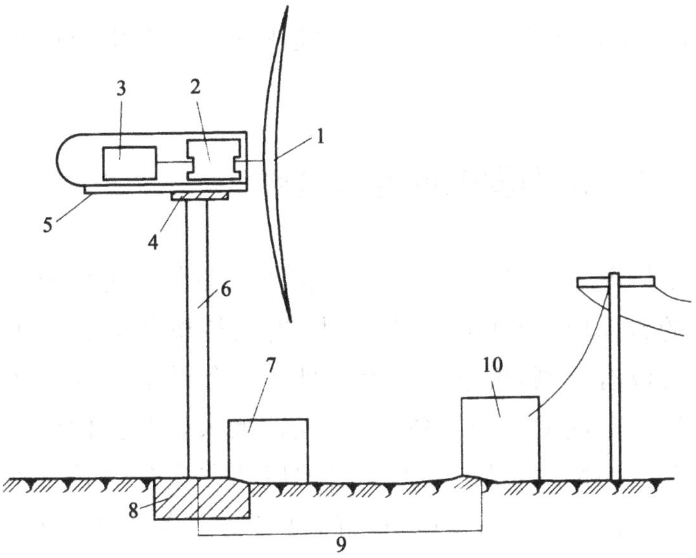


**图 2-29　风力发电机组与外部的连接示意图**

1—风力机；2—升速齿轮箱；3—发电机；4—改变方向的驱动装置；
5—底板；6—塔架；7—控制和保护装置；
8—基础；9—电缆线路；10—配电装置

## 2.5.2　风力发电机组的工作状态及其转换

通常情况下，风力发电机组有四种工作状态，分别为运行状态、暂停状态、停机状态和紧急停机状态。可将每种工作状态看作是风力发电机组的一个活动层次，运行状态为最高层次，紧急停机状态为最低层次。为了能够清楚地理解风力发电机组在各种状态下控制系统是如何工作的，必须对每种工作状态做出精确的定义，以便控制系统能够根据机组所处的状态，按设定的控制策略对偏航、变桨、液压、制动系统等进行控制，实现不同状态之间的转换。为确保风力发电机组的安全运行，提高工作状态层次只能逐层地上升，而降低工作状态层次可以是一层或跨层。例如，如果风力发电机组工作状态要往更高层次转化，必须一层一层往上升，当系统在状态转换过程中检测到故障时，则自动转入停机状态。当系统在运行状态中检测到故障，并且这种故障是致命的，那么工作状态则直接进入紧急停机，不需要经过暂停和停机状态。

### 2.5.3 风力发电机组的启动

通常情况下，当风速 $v>3\text{m/s}$ 但不足以将风力发电机组拖动到切入的转速时，风力机自由转动，进入待机状态。待机状态除了发电机没有并网，机组实际上已处于工作状态。这时控制系统已做好切入电网的一切准备，一旦风速增大，转速升高，发电机组即可启动。一般地，风力发电机组的启动方式有以下三种：

(1) 自启动。风力发电机组的自启动是指风力机在自然风的作用下，不依靠其他外力的协助，将发电机拖动到额定转速。早期的定桨距风力发电机组不具有自启动能力，风力机要在发电机的协助下完成启动，这时发电机做电动机运行，通常称为电动机启动。直到现在，绝大多数定桨距风力机仍具有电动机启动功能。随着桨叶气动性能的不断改进，现代风力机大多数具有良好的自启动能力，一般当风速 $v>4\text{m/s}$ 时，即可自启动。自启动时，风力发电机组在系统上电后，首先进行自检，对包括电网、风况及机组参数等进行检测，在确认各项参数均符合有关规定且系统无故障后，安全链复位，然后启动液压泵，液压系统建压，在液压系统压力正常且风力发电机组无故障的情况下，执行正常启动程序。

(2) 本地启动。本地启动具有优先权，在进行本地启动时，应屏蔽远程启动功能。当机舱的维护按钮处于维护位置时，不能响应该启动命令。

(3) 远程启动。远程启动是通过远程监控系统对单机中心控制器发出启动命令，在控制器收到远程启动命令后，首先判断系统是否处于并网运行状态或者正在启动状态，且是否允许风力发电机组启动。若不允许启动，则对该命令不响应，同时清除该命令标志。若电控系统有顶部或底部的维护状态命令时，同样清除命令，对其不响应。当风力发电机组处于待机状态并且无故障时才能响应该命令，并执行与本地启动相同的启动程序。在启动完成后，清除远程启动标志。

### 2.5.4　偏航系统的运行

由于风力机的转动是靠风力驱动的，不难想象，只有当风垂直地吹向风轮转动面时，风力机才能获得最大的旋转力矩，才能输出最大的机械功率。众所周知，自然界的风不论是速度还是方向，都是经常发生变化的。对于水平轴风力机，为了得到最高的风能利用效率，应使风轮的旋转面经常对准风向。除了下风式风力机，一般都需要采取专门的措施实现对风功能。对于小容量风力发电机组，往往在风轮的后面装一个类似风向标的尾舵（也叫尾翼），实现对风的功能。尾舵的材料通常采用镀锌薄钢板。对于容量比较大的风力发电机组，通常配有专门的对风装置——偏航系统（也叫调向系统）。在风向变化时，偏航系统可以保证风轮跟着转动，通过控制系统的命令使风轮自动对准主风向。

偏航系统是现代大型水平轴式风力发电机组必不可少的组成系统之一，由风向传感器和伺服电机组合而成，其主要作用如下：

（1）与风力发电机组的控制系统相互配合，使风力发电机组的风轮始终处于迎风状态，充分利用风能，提高风力发电机组的发电效率。

（2）提供必要的锁紧力矩，以保障风力发电机组的安全运行。

一般地，偏航控制系统主要包括自动偏航、手动偏航、90°侧风、自动解缆等功能，详述如下：

（1）自动偏航。在偏航系统收到中心控制器发出的自动偏航信号后，对风向进行连续数分钟的检测，若风向确定，且机舱处于不对风位置，松开偏航制动，启动偏航电动机，开始对风程序，使风轮轴线方向与风向基本一致，同时偏航计时器开始工作。

(2) 手动偏航。包括顶部机舱控制、面板控制和远程控制。

(3) 90°侧风。当风力机过速或遭遇切出风速以上的大风时，为了保护风力发电机组的安全，控制系统对机舱进行90°侧风偏航。此时，应使机舱走最短路径达到90°侧风状态，并屏蔽自动偏航指令。侧风结束后，应当抱紧偏航制动盘，当风向发生变化时，继续跟踪风向的变化。

(4) 自动解缆。自动解缆是使发生扭转的电缆自动解开的控制过程。当偏航控制器检测到电缆扭转达到一定圈数时(如2.5～3.5圈，可根据需要设置)，若风力机处于暂停或启动状态，则进行解缆；若正在运行，则中心控制器不允许解缆，偏航系统继续进行对风跟踪。当电缆扭转圈数达到保护极限(如3～4圈)时，偏航控制器请求中心控制器正常停机，进行解缆操作。完成解缆后，偏航系统发出解缆完成信号。

最后需要特别强调的是，风力发电机组的偏航系统一般分为主动偏航系统和被动偏航系统，大型机组都采用主动偏航系统。主动偏航是采用电力或液压拖动来完成对风动作的偏航方式，常见的有齿轮驱动和滑动两种形式。对于并网型风力发电机组来说，通常都采用主动偏航的齿轮驱动形式。

### 2.5.5 风力发电机组运行的控制

风力发电机组的控制系统是一个综合控制系统。以并网运行的风力发电系统为例，它通过监测电网、风况和运行数据，对风力发电机组进行并网与脱网控制，以确保安全性和可靠性。在此前提下，控制系统不仅要根据风速和风向的变化对风力发电机组进行优化控制，以提高风能转换效率和发电质量，而且还要抑制动态荷载，降低机械疲劳，保证风力发电机组的运行寿命。图2-30所示为一典型风力机的理想功率曲线，其运行区间由切入风速和切出风速限定。当风速小于切入风速时，可利用的风功率太小，不足以补偿运行成本和损耗，因此风力机不启动；当风速大于切出风速时，风力机也必须停机以保护风力机不因过载而损坏。

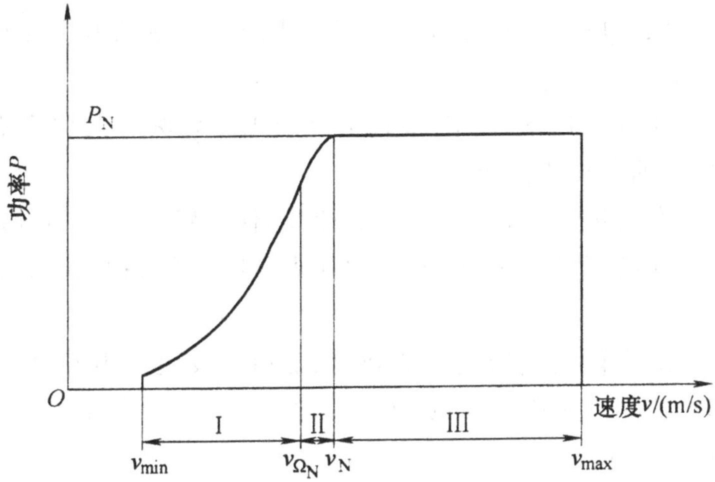


**图 2-30　风力机的理想功率曲线**

一般地，人们习惯于将图 2-30 所示的理想功率曲线分为三个区间，每个区间的控制目标是不同的。在低风速区（区间Ⅰ），可利用的风功率小于额定功率，因此要最大可能地吸取风中的功率，故应使风力机运行在最大风能利用系数 $C_{pmax}$；而在高风速区（区间Ⅲ），控制目标是将风力机的功率限制在额定功率以下，避免过剩，因为此区间的可用风功率大于额定功率，所以风力机必须以小于 $C_{pmax}$ 的风能利用系数运行。区间Ⅱ属于转换区间，此时，控制目标是通过控制风力机转子速度，将风力机的噪声保持在一个可接受的水平，并保证风力机所受的离心力在容许值之内，因此，区间Ⅱ是恒转速区。

需要特别强调的是，在设计控制系统时，不能仅考虑使风力机追踪理想功率曲线，还需考虑风力机所受的机械荷载。二者常常是相互矛盾的，风力机功率跟踪理想功率曲线越紧，则机械荷载可能越小。因此，风力发电系统的控制是一个多目标最优控制。

综上所述，风力发电机组控制系统的主要目标和功能如下：

(1) 保证风力发电机组在正常运行的风速范围内稳定可靠地运行。

(2) 保证风力机转速在允许速度以下，抑制风力机噪声及风轮离心力。

(3) 在低风速区，跟踪最佳叶尖速比，实现最大功率点跟踪(MPPT)，捕获最大风能。

(4) 在高风速区，限制风能的捕获，保持输出功率为额定值。

(5) 保持风力发电机组输出电压和频率的稳定，保证电能质量。

(6) 减小传动链的机械荷载，保证风力发电机组寿命。

(7) 抑制阵风引起的转矩波动，减小风力机的机械应力和输出功率的波动。

上述控制内容只是控制系统的部分基本功能。为更好地实现全部控制目标与功能，必须对风力发电机组的稳态工作点进行精确控制。对不同类型的风力发电机组，其控制策略和控制内容是不同的。在具体实践中，还需针对定桨距恒速风力发电机组、变桨距恒速风力发电机组以及变桨距变速风力发电机组制定各自的运行过程和控制策略，限于本书篇幅，这里不再赘述，有兴趣的读者可以参阅相关文献资料。

## 2.6 风力发电机系统并网

风力发电要解决的一个很重要问题是并网。目前国内外主要采用的是异步发电机和同步发电机，其并网方法也根据电机的容量不同和控制方式不同而变化。

### 2.6.1 同步风力发电机系统并网

同步发电机的转速和频率之间有着严格不变的固定关系，在同步发电机的运行过程中，可通过励磁电流的调节，实现无功功率的补偿，其输出电能频率稳定，电能质量高。因此，在发电系统中，同步发电机也是应用最普遍的。

### 2.6.1.1　同步风力发电机组的并网条件

同步风力发电机组与电网并联运行的电路如图 2-31 所示，图中同步发电机的定子绕组通过断路器与电网相连，转子励磁绕组由励磁调节器控制。

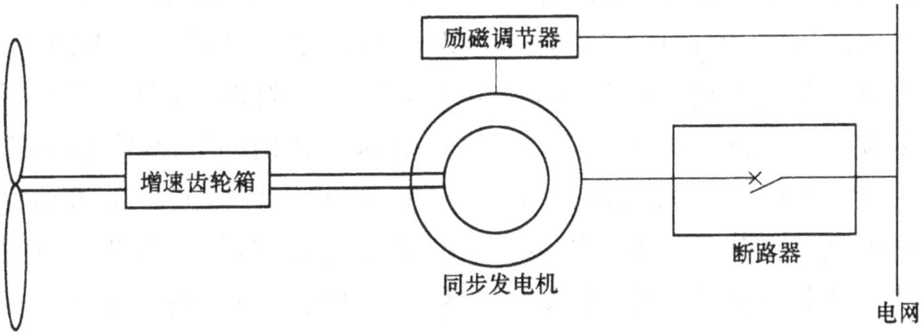


**图 2-31　同步风力发电机组与电网并联运行的电路**

同步风力发电机组并联到电网时，为防止过大的电流冲击和转矩冲击，风力发电机输出的各相端电压的瞬时值要与电网端对应相电压的瞬时值完全一致，具体有以下四个条件：

(1) 发电机的相序与电网相序一致。

(2) 发电机的电压波形与电网电压波形相同。

(3) 发电机的频率与电网频率相同。

(4) 发电机空载电压的大小和相位与电网电压相同。

在并网时，因风力发电机旋转方向不变，只要使发电机的各相绕组输出端与电网各相互相对应，条件(1)就可以满足；条件(2)可由发电机设计、制造和安装保证；因此并网时，主要是其他两个条件的检测和控制，这其中条件(3)是必须满足的。

### 2.6.1.2 同步风力发电机组的并网方法

对于采用同步发电机的恒速恒频控制的风电机组，投入电网并联运行的方法主要有以下两种：

(1) 准确同步法。为了满足投入电网并联运行的条件，需要采用同步指示器。最简单的同步指示器由3个同步指示灯组成，它们分别跨接在并列开关(接触器或油断路器)电网侧和电机侧的对应相之间，如图2-32所示。若3个灯轮流亮灭，则表示发电机相序与电网相序不同，应立即停机并改变发电机相序。若3个灯同时闪烁(即同时时亮时灭)，则表示相序正确但频率不同，这时应调节发电机组的转速，直至3个灯不再闪烁，表明并联运行的频率条件已经满足。若3个灯可能保持相同的亮度不变，则表明投入并联运行的条件(4)尚未满足，这时应调节同步电机的励磁电流，使图2-32中电压表 $V_2$ 和 $V_1$ 的指示相等。若3个灯仍然保持某一亮度不变，则表明虽然发电机电压与电网电压已经相等，但仍然存在一个相位差，这时可调节发电机组的瞬时转速来调节发电机电压的相位，使3个指示灯均熄灭，与此同时电压表 $V_1$ 的指示也应为0，表明同步发电机全部满足了投入电网的4个条件，可立即将开关合闸，使同步发电机投入电网并联运行。需要特别注意的是，准确同步法的并网过程一般在微机控制下自动完成。采用准确同步法投入电网的优点是没有明显的电流冲击。但是由于风速的随机性，要想使同步发电机投入电网的所有条件均得到满足(即准确同步)后再行投入合闸是困难的。因此，常采用自同步并网法。

(2) 自同步并网法。自同步并网就是同步发电机在转子未加励磁、励磁绕组经限流电阻短路的情况下，由原动机拖动，待同步发电机转子转速升高到接近同步转速(为同步转速的80%～90%)时，将发电机投入电网，再立即投入励磁，靠定子与转子之间电磁力的作用，发电机自动进入同步运行。由于同步发电机在投入电网时未加励磁，因此不存在准同步并网时的对发电机电压和相角进行调节和校准的整步过程，并且从根本上排除了发生非同步合闸的可能性。电网出现故障并恢复正常后，若需要把发电机迅速投入并联运行时，经常采用这种并网方法。

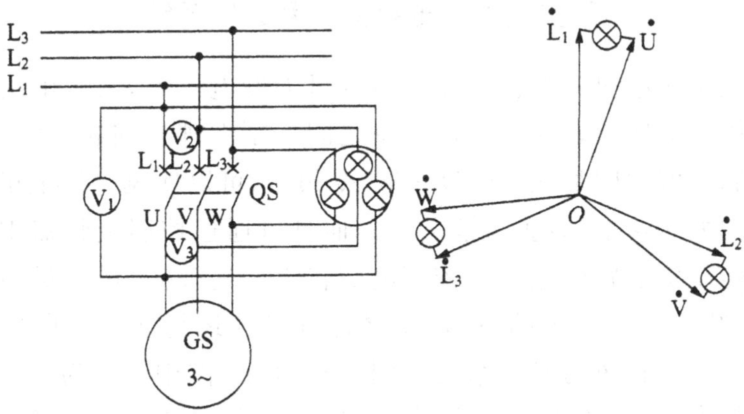


**图 2-32　同步指示灯的接法**

### 2.6.1.3　变速恒频风力发电机组的并网

对于采用同步发电机的变速恒频控制风力发电机组，发电机电枢绕组通过变流器与电网相连接。当风速变化时，为了实现最大的风能捕获，需要对同步发电机的电磁转矩进行控制，以便使风电机组的转速随风速变化，即实现所谓的变速控制。可见，发电机发出的是变频交流电，通过变频器电网侧变流器的恒频恒压控制，使变频器获得恒频恒压的交流电能输出，然后再将变流器的输出端投入电网并联运行。可以看出，对于变速恒频控制的风电机组，发电机转速已经与电网频率解除了相互之间的耦合关系，也就是说，发电机的转速和频率已经与电网频率无关了。

当然，变流器输出端投入电网并联运行时，仍然需要满足上面提到的四个条件。即要求相序一致的条件(1)必须满足；当采用 IGBT 的变流器，电网侧变流器采用 SPWM 控制时，对要求电压波形的条件(2)也基本上可以满足(几千赫兹以上的开关频率可以消除 19 次以下的低次谐波)；电网侧变流器的恒频恒压控制可以保证变流器输出电压的大小和频率与电网电压相同，发电机电压相位的调节可通过对 SPWM 控制系统中的基准正弦波相位的调节来实现。因此,变速恒频控制的风电系统的并网过程相当平稳,不会产生明显的电流和转矩冲击。

#### 2.6.1.4 同步风力发电机的并网运行系统

同步发电机一般构成变速恒频风力发电系统,为了解决风力发电机中的转子转速和电网频率之间的刚性耦合问题,在同步发电机和电网之间加入 AC-DC-AC 变频器,可以使风力发电机工作在不同的转速下,省去调速装置。而且可通过控制变频器中的电流或转子中的励磁电流来控制电磁转矩,以实现对风力机转速的控制,减小传动系统的应力,使之达到最佳运行状态。同步发电机的变速恒频风力发电系统如图 2-33 所示,图中,$P_w$ 为风力机的输入功率,$P_1$ 为发电机的输入功率,$I_f$ 为励磁电流。与笼型异步发电机相同,同步发电机的变频器也接在定子绕组中,所需容量较大,但其控制比笼型异步发电机简单,除利用变频器中的电流控制发电机的电磁转矩外,还可通过转子励磁电流的控制来实现转矩、有功功率和无功功率的控制。

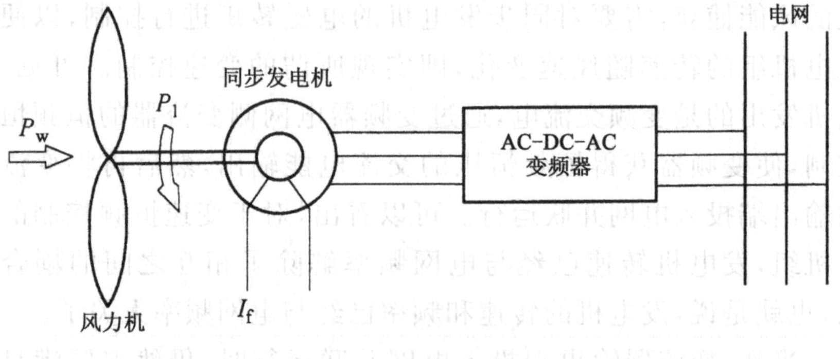


图 2-33 同步发电机的变速恒频风力发电系统

### 2.6.2 异步风力发电机系统并网

异步风力发电机的并网与异步电动机的启动类似,差别在于异步发电机在并网时转子已由风力机拖动至接近同步速，而异步电动机启动时转子是静止的。但是，因异步发电机在并网前，气隙中并没有磁场，所以，尽管转子速度接近同步转速，定子绕组中并没有感应电动势，当将定子绕组接入电网时，仍会产生较大的冲击电流，使电网电压瞬时下降。随着异步发电机单机容量的不断增大，这种冲击电流对电网的影响也更加严重。过大的冲击电流可能使发电机与电网连接的主回路中的断路器断开；而电网电压的较大幅度下降，则可能使欠电压保护动作，不仅可能使异步发电机无法并网，甚至可能影响已并网的其他发电机的正常运行。因此，对异步风力发电机的并网需采取必要的技术措施。

### 2.6.2.1　异步风力发电机组的并网方法

一般地，异步风力发电机组的并网方法主要有以下三种。

(1) 直接并网。异步风力发电机组直接并网的条件有如下两条：

① 发电机转子的转向与旋转磁场的方向一致，即发电机的相序与电网的相序相同。该方法必须严格遵守，否则并网后，发电机将处于电磁制动状态，在接线时应调整好相序。

② 发电机的转速尽可能接近于同步转速。该方法的要求不是很严格，但并网时发电机的转速与同步转速之间的误差越小，并网时产生的冲击电流越小，衰减的时间越短。

异步风力发电机组与电网的直接并联如图 2-34 所示。当风力机在风的驱动下启动后，通过增速齿轮箱将异步发电机的转子带到同步转速附近（一般为 98%～100%）时，测速装置给出自动并网信号，通过断路器完成合闸并网过程。这种并网方式比同步发电机的准同步并网简单，但并网前由于发电机本身无电压，并网过程中会产生 5～6 倍额定电流的冲击电流，引起电网电压下降。因此，这种并网方式只能用于异步发电机容量在百千瓦级以下且电网容量较大的场合。

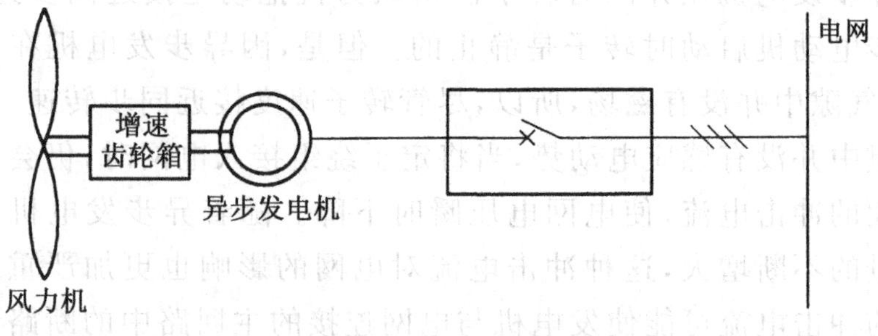


**图 2-34　异步风力发电机组与电网的直接并联**

(2) 降压并网。这种并网方法是在异步电机与电网之间串接电阻或电抗器或者接入自耦变压器，以达到降低并网合闸时的瞬间冲击电流幅值及电网电压下降的幅度的目的。

(3) 通过晶闸管软并网。这种并网方法是在异步发电机定子与电网之间每相串入一只双向晶闸管，三相均有晶闸管控制。双向晶闸管的两端与并网自动开关 K2 的动合触头并联(见图 2-35)。接入双向晶闸管的目的是将发电机并网瞬间的冲击电流控制在允许的限度内。其并网过程为：当风力发电机组接收到由控制系统内微处理机发出的启动命令后，先检查发电机的相序与电网的相序是否一致，若相序正确，则发出松闸命令，风力发电机组开始启动。当发电机转速接近同步转速时(为同步保护转速的 99%～100%)，双向晶闸管的控制角同时又从 180°到 0°逐渐同步打开；与此同时，双向晶闸管的导通角同时由 0°到 180°逐渐增大，此时并网自动开关 K2 未动作，动合触头未闭合，异步发电机即通过晶闸管平稳地并入电网；随着发电机转速继续升高，电机的滑差率渐趋于零，当滑差率为零时，并网自动开关动作，动合触头闭合，双向晶闸管被短接，异步发电机的输出电流将不再经双向晶闸管，而是通过已闭合的自动开关触头流入电网。在发电机并网后，应立即在发电机端并入补偿电容，将发电机的功率因数($\cos\varphi$)提高到 0.95 以上。

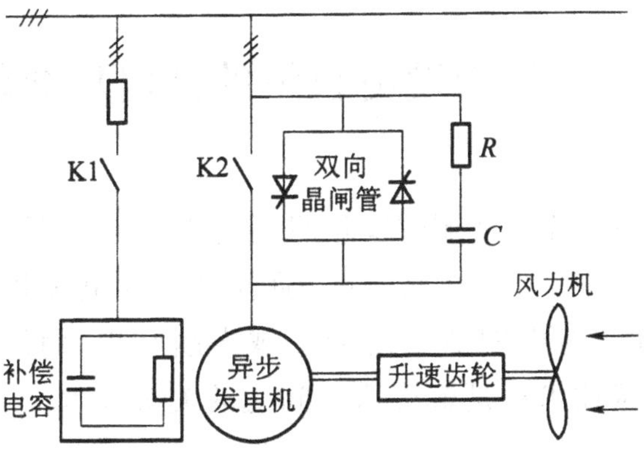


图 2-35　异步电机经晶闸管软并网原理图

### 2.6.2.2　双馈异步风力发电机组并网

双馈异步风力发电机定子三相绕组直接与电网相连，转子绕组经交-交变流器或交-直-交变流器连入电网，这种系统并网运行的特点如下：

(1) 风力机启动后带动发电机至接近同步转速时，由变流器控制进行电压匹配、同步和相位控制，以便迅速地并入电网，并网时基本上无电流冲击。对于无初始启动转矩的风力发电机组(如达里厄型风力发电机组)，风力发电机组在静止状态下的启动可由双馈发电机运行于电动机的工况来实现。

(2) 风力发电机的转速可随风速的变化及时做出相应的调整，使风力发电机组以最佳叶尖速比运行，产生最大的电能输出。

(3) 双馈发电机励磁可调量有三个，即励磁电流的频率、幅值和相位。调节励磁电流的频率，保证发电机在变速运行的情况下发出恒定频率的电力；通过改变励磁电流的幅值和相位，可达到调节输出有功功率和无功功率的目的。当转子电流相位改变时，由转子电流产生的转子磁场在电机气隙空间的位置有一个位移，从而改变了双馈电机定子电动势与电网电压向量的相对位置，也即改变了电机的功率角，所以调节励磁不仅可以调节无功功率，也可以调节有功功率。

## 2.7 风力发电机组的低电压穿越

在并网风力发电实践中,并网点的电压跌落是在所难免的,这将导致电网产生低电压故障。随着风力发电装机容量的不断增加,电压跌落对电网造成的冲击越来越突出,而风力发电机组的低电压穿越技术正是解决这一问题的关键技术。

### 2.7.1 低电压对风力发电机组的影响

实践证明,并网点电压突然跌落会导致风力发电机组输出功率减小,进而使其输入功率与输出功率失衡,造成不良影响。对于不同类型的风力发电机组,其抗低电压的能力有所不同。

#### 2.7.1.1 低电压对双馈异步发电机组的影响

在双馈异步发电机组中,定子侧直接连接电网,这使得电网电压的降落直接反映在发电机定子端电压上,导致定子电流增大;又由于故障瞬间磁链不能突变,定子磁链中将出现直流分量(不对称跌落时还会出现负序分量),在转子中感应出较大的电动势并产生较大的转子电流,导致转子电路中电压和电流大幅增加。定、转子电流的大幅波动,会造成双馈异步发电机组电磁转矩的剧烈变化,对风力机、齿轮箱等机械部件构成冲击,影响风力发电机组的运行和寿命。

双馈异步发电机组转子侧接有AC-DC-AC功率变换器,其电力电子器件的过电压、过电流能力有限。如果对电压跌落不采取控制措施限制故障电流,较高的暂态转子电流会对脆弱的电力电子器件构成威胁;而控制转子电流会使功率变换器电压升高,过高的电压一样会损坏功率变换器,且功率变换器输入输出功率的不匹配有可能导致直流母线电压的上升或下降(与故障时刻发电机超同步转速或次同步转速有关)。因此,双馈异步发电机组的低电压穿越实现较为复杂。

当双馈异步发电机组的定子电压跌落时,发电机输出功率降低,若对捕获功率不加控制,必然导致发电机转速上升。在风速较高即机械动力转矩较大的情况下,即使故障切除,双馈异步发电机的电磁转矩有所增加,也难较快抑制发电机转速的上升。双馈异步发电机的转速进一步升高,吸收的无功功率进一步增大,使得定子端电压下降,进一步阻碍了电网电压的恢复,严重时可能导致电网电压无法恢复,致使系统崩溃,这种情况与发电机惯性、额定值以及故障持续时间有关。如图 2-36 所示,给出了电压跌落对双馈异步发电机组的影响。

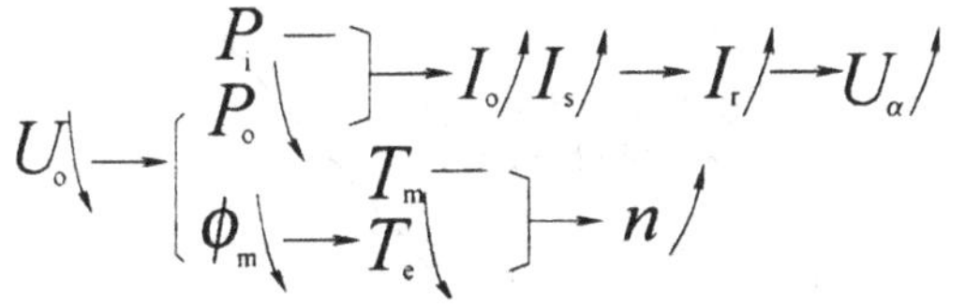

**图 2-36　电压跌落对双馈异步发电机组的影响**

### 2.7.1.2　低电压对永磁同步发电机组的影响

在永磁同步发电机组(PMSG)中,定子经 AC-DC-AC 功率变换器与电网相接。电网电压的瞬间降落会导致输出功率的减小,而发电机的输出功率瞬时不变,显然功率不匹配将导致直流母线电压上升,这势必会威胁到电力电子器件安全。如采取控制措施稳定直流母线电压,必然会导致输出到电网的电流增大,过大的电流同样会威胁功率变换器的安全。当功率变换器直流侧电压在一定范围内波动时,发电机侧功率变换器一般都能保持可控性,在电网电压跌落期间,发电机仍可以保持很好的电磁控制。

## 2.7.2　低电压穿越的概念及相关规范

所谓低电压穿越(LVRT),具体是指由于电网故障或扰动引起风力发电场并网点的电压跌落时，在一定电压跌落的范围内，风力发电机组能够不间断并网运行，并向电网提供一定的无功功率，支持电网电压恢复，直到电网恢复正常，从而“穿越”这个低电压时间(区域)。如图 2-37 所示，给出了风力发电机组低电压穿越要求。通过该图可知，发电场并网点电压在图中轮廓线及以上的区域内时，场内风力发电机组必须保证不间断并网运行；并网点电压在轮廓线以下时，场内风力发电机组允许从电网切出。

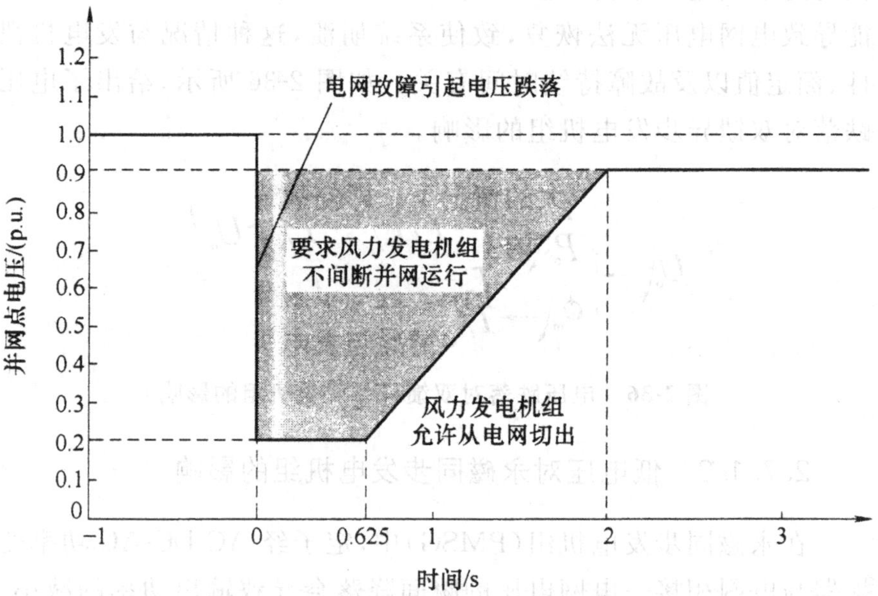


图 2-37　风力发电机组低电压穿越要求

综合世界各国在风力发电机组的低电压穿越方面的规范，可以发现三个共同点，即不脱网连续运行、快速有功恢复以及尽可能提供无功电流。在这方面的相关标准具体如下：

(1) 风力发电机组具有当并网点电压跌至 20%额定电压时仍能够维持并网运行 625ms 的低电压穿越能力。

(2) 风力发电场并网点电压在发生跌落后 2s 内能够恢复到额定电压的 90%，风力发电机组应具有不间断并网运行的能力。

(3) 在电网故障期间没有切出的风力发电机组，当故障清除后其有功功率应以每秒至少 10%额定功率的变化速度恢复至故障前的状态。

### 2.7.3　低电压穿越技术

#### 2.7.3.1　双馈异步风力发电机组的低电压穿越技术

在双馈异步风力发电机组中，电压跌落出现的暂态转子过电流、过电压会损坏电力电子器件，而电磁转矩的衰减也会导致转速的上升。如图 2-38 所示，是带转子 Crowbar（Crowbar 开关是借鉴国际高压测试领域内的先进技术，利用电容器的瞬间对大电感放电当电流达到峰值时触发该开关，使电流延续通过该产品，从而达到较长的放电时间的一种方式）的双馈异步风力发电机的结构。一般情况下，在转子上外接一个 Crowbar 电路，是双馈异步风力发电机组较常用而又有效的低电压穿越技术。当电网电压跌落时，通过连接在转子绕组上的电阻来为电压跌落期间在转子侧产生的浪涌电流提供一条通路。适合于双馈异步风力发电机组两种比较常见的电路。各种转子侧 Crowbar 的控制方式基本相似，即当转子侧电流或直流母线电压增大到预定的阈值时触发导通开关器件，同时关断机侧功率变换器中所有开关器件，使得转子故障电流流过 Crowbar。

Crowbar 中电阻值的选取较为重要，当 Crowbar 串入转子后，双馈异步风力发电机组可简单地视为绕线转子异步发电机，Crowbar 阻值越大，转子电流衰减越快，电流、转矩振荡幅值也越小。但阻值过大又会为转子侧功率变换器带来过电压，起不到保护转子功率变换器的作用。需要特别注意的是，在双馈异步风力发电机组的转子中接入 Crowbar 电路，虽然保护了功率变换器，但并未改变发电机的电流、转矩特性，因此，转矩波动和机械应力比较大；转子短路后，作为异步发电机，要从电网吸收无功功率，不利于电网故障的恢复。因此，往往要与其他方法配合，才能获得好的效果。

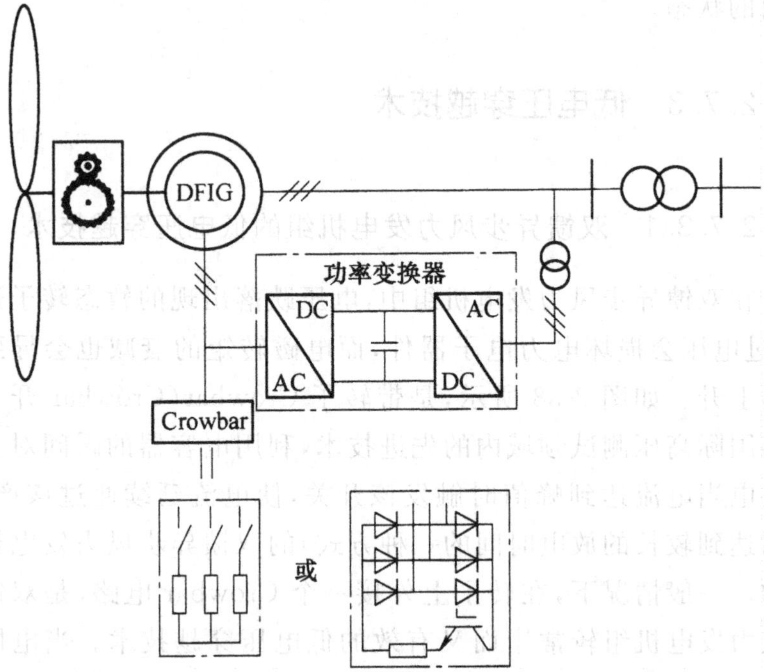


图 2-38　带转子 Crowbar 的双馈异步风力发电机的结构

因为直流母线会出现过电压、欠电压的情况，为了保持直流母线电压稳定，所以需要在直流母线上接储能系统（ESS）。如图 2-39 所示，给出了转子侧带储能系统的双馈异步风力发电机的结构示意图。如果电网出现电压跌落的情况，定子磁链中就会出现直流分量和负序分量，进而可以在转子电路中感应出较大的电动势。由于转子电路的漏感和电阻值较小，较大的电动势必然在转子电路中产生较大的电流。为削弱定子磁链的变化对转子电路的影响，可采用对磁链进行动态补偿控制的方案，即通过对转子电流的控制，使转子电流的方向位于定子磁链的直流分量和负序分量相反的方向上，从而可以在一定程度上削弱甚至消除定子磁链对转子磁链的影响。

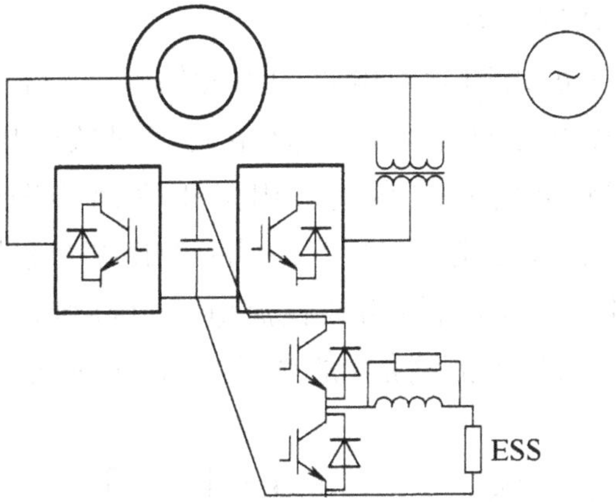


**图 2-39　转子侧带储能系统的双馈异步风力发电机的结构**

需要注意的是，具体实践中，在双馈异步风力发电机组的定子侧引入一些新型的电路，也可以使得双馈异步风力发电机组的低电压穿越能力得到改善或提高，如在定子侧串联无源阻抗或动态电压恢复器等。

### 2.7.3.2　永磁同步风力发电机组的低电压穿越技术

对于永磁同步风力发电机组，电压跌落期间出现的主要问题是能量不匹配导致直流电压的上升，可采取储存或消耗多余的能量以解决能量的匹配问题，具体可以通过如下步骤予以实现：

（1）在功率变换器设计方面，选择器件时放宽电力电子器件的耐压和过电流值，并提高直流电容的额定电压。这样在电压跌落时可以把直流母线的电压限定值调高，以储存多余的能量，并允许网侧功率变换器的电流增大，以输出更多的能量。但是考虑到器件成本，增加器件额定值是有限度的，而且在长时间和严重故障下，功率不匹配会很严重，有可能超出器件容量，因此这种方法较适用于短时的电压跌落故障。

（2）在风力发电机组控制方面，可减小永磁同步风力发电机组电磁转矩设定值，这样会引起发电机的转速上升，从而利用转速的暂时上升来储存风力机部分输入能量，减小发电机的输出功率。同时，可以采取变桨控制，从根本上减小风力机的输入功率，有利于电压跌落时的功率平衡。

(3) 可以考虑采用额外电路的单元储存或消耗多余能量。如图 2-40 所示,给出了两种外接电路单元实现低电压穿越的方案。其中,图 2-40(a)给出的方案是采用降压变换器进而直接用电阻消耗多余的直流母线能量;图 2-40(b)给出的方案则是在直流母线上接一个储能系统,当检测到直流电压过高则触发储能系统的IGBT,转移多余的直流储能,故障恢复后将所储存的能量馈入电网。

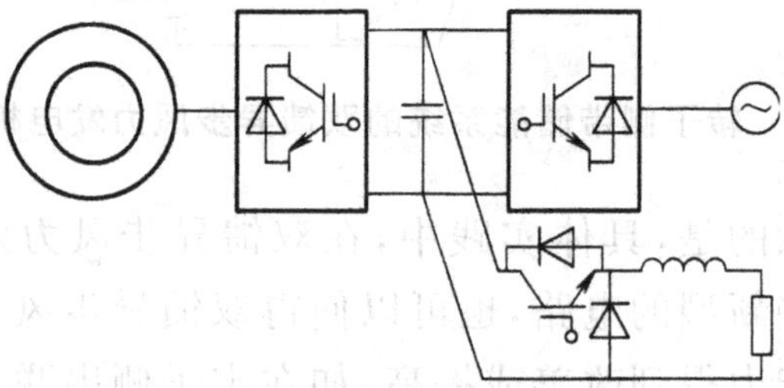

(a) 降压变换器+卸载负荷

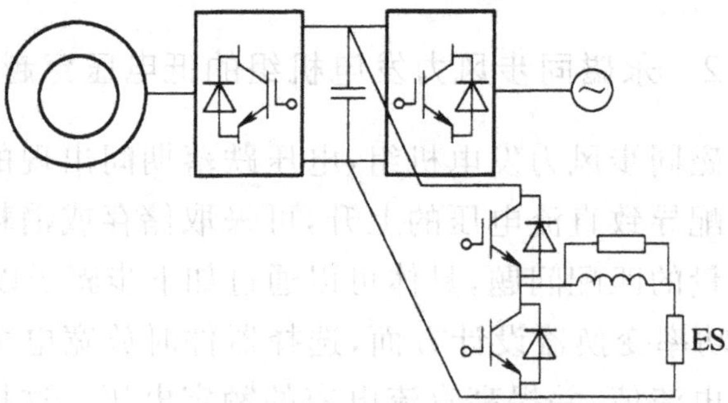


(b) 储能系统 (ESS)

图 2-40 永磁同步风力发电机组实现低电压穿越的两种常用方案

# 2.8 风力发电场

风力发电场的概念于 20 世纪 70 年代在美国提出,很快在世界各地普及。如今,风力发电场已经成为大规模利用风能的有效方式之一。

### 2.8.1 风力发电场的概念及发展

由于风资源的低密度特性，单台风电机组不太容易实现大容量风能获取和电能输出。因此，在风力资源丰富的地区，往往将数十台至数千台单机容量较大的风力发电机组集中安装在特定场地，按照地形和主风向排成阵列，组成发电机群，产生数量较大的电力并送入电网，这种风力发电的场所称为风力发电场。风力发电场就是在某一特定区域内建设的所有风力发电设备及配套设施的总称。风力发电场具有单机容量小、机组数目多的特点。例如，建设一个装机容量5万kW的风力发电场，若采用目前技术比较成熟的1.5MW大容量机组，也需要33台风电机组。

由于风力发电场中单机容量小、机组数目多，因此需要有专门的集电系统将众多风电机组输出的电能汇集起来，统一输送到电力系统。目前主流风电机组的机端输出电压一般为690V，为了将生产的电能高效传送出去，风力发电场一般采用两级或三级变压，即将单台风电机组生产的电能在安装处由升压变压器升高至10～35kV，风电机组再根据其地理位置按组由集电系统进行电能的汇集，每组汇集成一路送给风力发电场中的升压变电站，最终由升压变电站再次升高电压，将电能输送给电力系统。

风力发电场电气系统由数目众多的电气设备组成，这些电气设备相互连接为一个整体，构成了电能由生产到输出甚至消耗的能量传送通路。这些电气设备的功能各不相同，按照其作用的不同分类如下：

(1) 一次设备。具体指生产、变换、输送、分配和使用电能的设备，包括发电机、变压器、开关设备、输电线路、接地装置等。一次设备相互连接构成了传输能量的一次系统。

(2) 二次设备。具体是指对一次系统进行测量、控制、监视和保护的设备，包括互感器、测量仪表、继电保护等。二次设备相互连接构成了二次系统。

并网运行的风力发电场可以得到大电网的补偿和支撑，有利于更加充分地开发可利用的风力资源，是国内外风力发电的主要发展方向。在日益开放的电力市场环境下，风力发电的成本也将不断降低，如果考虑到环境等因素带来的间接效益，则风电在经济上也具有很大的吸引力。

我国的风力发电行业已经得到了很好的发展，一批规模化、初具经济效益的风力发电场已经投入使用，其中最具代表性的有内蒙古辉腾锡勒风力发电场、北京官厅水库风力发电场、张家口坝上风力发电场、新疆达坂城风力发电场、新疆哈密风力发电场，甘肃酒泉风力发电场、江苏盐城东台风光互补基地等。这些风力发电场的建成与投产为我国的风力发电行业发展提供了宝贵的实践经验，具有十分重要的行业引领作用。

### 2.8.2 风力发电场的选址与建设

建设风力发电场的首要问题就是选址，风力发电场的选址要求十分严格，通常需要考虑以下几点：

(1) 选择风力资源丰富，年平均风速在 6m/s 以上，并且风向稳定的地方。对风速风向及风速沿高度变化等数据进行实测，比如每小时风速及风向数据，测定一年以上，计算得出风速频率分布及风向玫瑰图，以估算场内风力发电机的年发电量，决定场内风力发电机组的布局。风力资源直接影响风力发电量，从而影响发电成本，在同样条件下，年均风速 6m/s 的风力发电场，发电成本比风速 7.5m/s 的风力发电场高 14%左右，比风速 8m/s 的风力发电场高近 30%。

(2) 对场内的地形地貌、障碍物详细评估。地表粗糙度、场内附近树木及周边建筑物分布情况将影响风力发电场发电量；建设区内是否有鸟类迁徙路线或者鸟类迁徙目的地及电网构成等因素。

(3) 风力发电场应该选择距公路较近，方便风电设备的运输与安装的地方，这样不仅可以降低费用，而且可以方便工作人员的出行。与此同时，风力发电场还应该选择临近当地电网较近的地方，这样可以便于接入电网，降低成本。

（4）对影响场内风力发电机功率及安全可靠运行的其他气象数据如气温、大气压力、湿度以及台风、雷电、沙暴、地震、洪水、滑坡等发生的可能性、发生的频率，及冰冻时间长短等进行测量及数据统计；对海上风电要评估海水盐雾情况。

（5）风力发电机年利用时间高于 2000h 才有开发价值；年利用时间高于 2500h 有良好开发价值；年利用时间高于 3000h 才是优秀风力发电场。

（6）在当今社会，很多事情离开了政府的支持与配合是无法顺利完成的，风力发电场的建设在这方面表现得尤为突出，政府的扶持对风力发电场的建设与发展会产生十分重要影响。

（7）风力发电机组运行时，齿轮箱、发电机发出的声响，以及风轮叶片旋转时扫掠空气产生的噪声，会引起居民不满，因此风力发电场选址不应离居民点太近。

有必要指出的是，与陆上风力发电场相比，海上风力发电场建设的技术难度较大，所发电能需要铺设海底电缆输送。海上风力发电场的优点主要是不占用宝贵的土地资源，基本不受地形地貌影响，风速更高，风能资源更为丰富，风力发电机组单机容量更大，年利用小时数更高。

选址完成之后，就应该是风力发电场的设计和建设施工了。在设计风力发电场的建设方案时，其内机组的布局应以单位造价可获得最大发电量来考虑。如果发电机组之间的距离太近，那么上风机组会对下风机组产生较大的尾流效应，导致下风的风力发电机组发电量减少。同时，由于湍流和尾流的联合作用，还会引起风力发电机组过早损坏，降低使用寿命。大量的实验研究表明，为减小尾流效应的影响，在平坦的地面上风力发电机组按阵列分布排列时，沿主风方向风力发电机组前后之间的距离（行距）应为风力机风轮直径的 8～10 倍，风力发电机组左右之间的距离（列距）应为风力机风轮直径的 2～3 倍。

另外，建设风力发电场时，应该从当地的地形地貌上着重考虑。一方面，要尽量避开高山、森林等对风速影响较大的地区，当风力机安装在比较平坦的地域，以安装地点为中心，在半径0.5～1km(小型风力机可缩至0.4km)的圆圈内应无明显障碍物，若有丘陵、树林时，应按图2-41所示处理。另一方面，气流经过台地或山地时，形成绕流运动(如图2-42所示)，出现加速区和紊流时要选择风速最高地段安装风力机，切记不要安装在紊流区内。

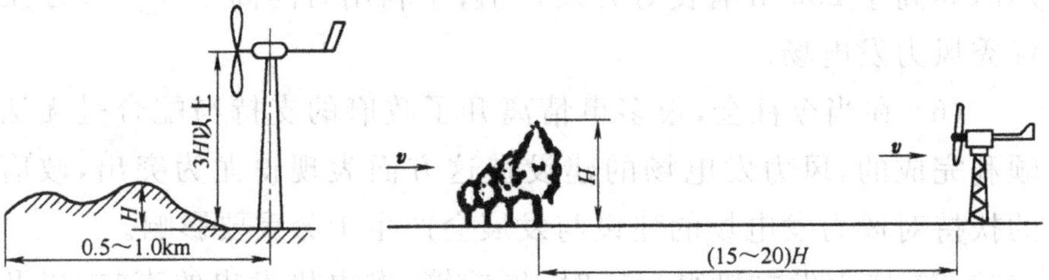


图2-41　风力机与丘陵、树林的安装距离

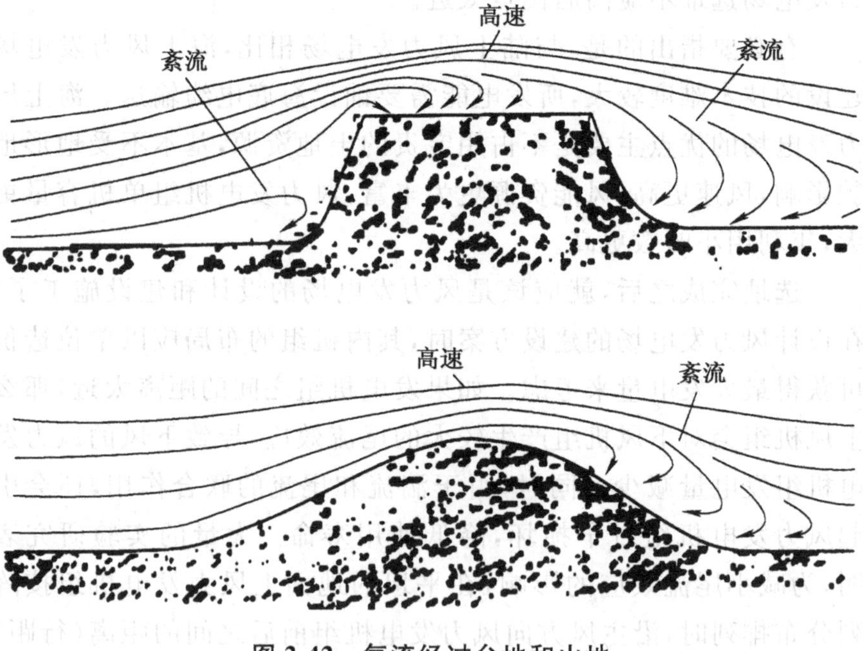


图2-42　气流经过台地和山地

### 2.8.3 风力发电场对环境的影响

风能的发展对环境既有正面影响也有负面影响，风力发电在运行过程中由于不消耗任何化石燃料、不排放任何有害气体、不消耗水资源，从而减少了因燃烧煤而产生的如烟尘等可吸入颗粒物以及 $CO_2$、$SO_2$、$NO_x$ 和其他有毒物质的排放，但它还是会对周围的环境造成一些影响，主要如下：

(1) 对生态及景观的影响。建设风电厂对当地生态环境的影响主要是土地利用、施工期间对植被的改变以及对鸟类的习性的改变等。为了减小尾流的影响，风电机组之间应该有足够的距离，一般是风轮直径的 5～8 倍，风力发电场总面积很大，但实际占用面积很小。

(2) 对电磁波的干扰。风轮旋转的平面会像镜子一样反射电磁波，可能对广播电视节目的接收产生干扰。但现代大型风电机组的叶片采用玻璃钢材料，风力发电场选址时只要避开微波传输的路径，通常电磁波干扰对附近居民接收电视的影响很小。

(3) 噪声影响。风电机组噪声的来源有两个，一种是风轮叶片旋转时产生的空气动力噪声，从叶片后缘和叶尖处的涡流发出；另一种是齿轮箱和发电机等部件发出的机械噪声，现代大型风电机组制造商提供的典型声强水平值的范围在 95～105dB，声强水平随着风速变化，与机组的运行状态有关。

(4) 视觉影响。西方公众对风能发展大部分的争论都是因为反对改变风景的视觉外观。不过，对风力机外观的感受包含许多个人的喜好。视觉影响可能还包括晴天由于旋转叶片间的相互作用而引起的“闪光”。

(5) 风力机和鸟类。风力机对鸟类潜在的最大危害是鸟类与旋转叶片致命的碰撞。实际上，鸟类由于碰撞致死的事件是相当少的。据统计，平均每台风力机最多会造成 1～2 只鸟的死亡，很多风力机都达不到这个数字。

(6)其他的环境因素。包括土地使用、旋转叶片脱落、塔倒等安全因素,遮蔽闪光和对植物、动物可能造成的影响等。

## 2.9 风力发电工程应用中遇到的问题及应用前景

### 2.9.1 风力发电工程应用中遇到的问题

就目前的发展状况来看,风力发电工程应用中主要存在如下问题:

(1)风电的地域性、季节性很强。不是所有地方都可兴建风力发电场,需要在风速大、持续时间较长的风能丰富地带。风的季节性也就导致了风电输出的易变性和随机性,在整个电网中风电目前也只能处于“配角”的地位。

(2)电网冲击问题。大量的陆地和海上风力发电场发电入网,势必对现有电网形成较大冲击,这些系统性问题包括供电质量、电压管理、电网稳定、电网适应性及影响其他电厂排放控制和效率降低。因此,电网一体化是一个重要的技术问题。解决风电电网一体化问题的主要途径包括建立灵活的风电入网机制、引入用电管理技术的供电系统开发应用、增设蓄能系统和电网升级改造。

(3)风能资源的能量密度小。对设备要求较高,风能利用效率也较低。

(4)风力发电的稳定性无法保障,不可控且不能大量储存。

(5)风力发电对生态环境仍然有影响。主要是场地建设和设备带来的噪声污染、阴影闪烁、视觉污染、影响鸟类活动化以及造成环境不协调等。

(6) 风力发电场建设和设备安装成本较高。目前风电成本相对于传统的火电和水电还是高出很多。

(7) 经济与社会等问题。随着经济的发展,人们生活水平的提高,人类对能量的需求增加,环境压力日益突显,风力发电得到长足发展。如何实现风电可持续发展?除了考虑风力发电技术上的因素,还需要从公众意识、经济管理和政策法规等方面去引导风电发展。对于大型风力发电场项目,需要进行经济评价,具体是在国家现行财务制度和价格体系的基础上,对项目进行财务效益分析,考察项目的盈利能力、清偿能力等状况,以判断其在财务上的可行性。对于个体投资的小型风电项目,同样也存在经济评估的问题。从市场经济角度来讲,风电要充分发展,就是要提高风电与其他常规能源发电的竞争力。政府有关部门应充分利用市场手段,建立电价联动机制,并完善影响风电价格形成的配套政策和措施。一方面,可以对采用风电的企业给予补贴,就像对火电企业实施脱硫优惠电价政策一样,建立激励机制;另一方面,由于使用常规能源发电付出了较大的环境成本,可以向传统电力企业征收生态税、碳税等税费,以形成电力行业公平竞争的机制。这种做法在国外并不鲜见。比如在丹麦,对所有传统能源发电都征收二氧化碳税,但对风电等新能源进行税收返还。目前,国内风能发电政策环境趋好,国内对风电发展比较有利的政策有国产化率要求、风电全额上网、财税上的扶持、上网电价等。

### 2.9.2 风力发电的未来前景

在过去 20 余年的时间里,全球风力发电一直保持平稳增长的势头。如图 2-43 所示是 1997—2014 年全球风力发电累计装机容量的统计图。如图 2-44 所示是 1998—2014 年全球新增风力发电装机容量统计图。通过这两图可以看出,全球风力发电无论是总装机容量还是新增装机容量均保持平稳增长。

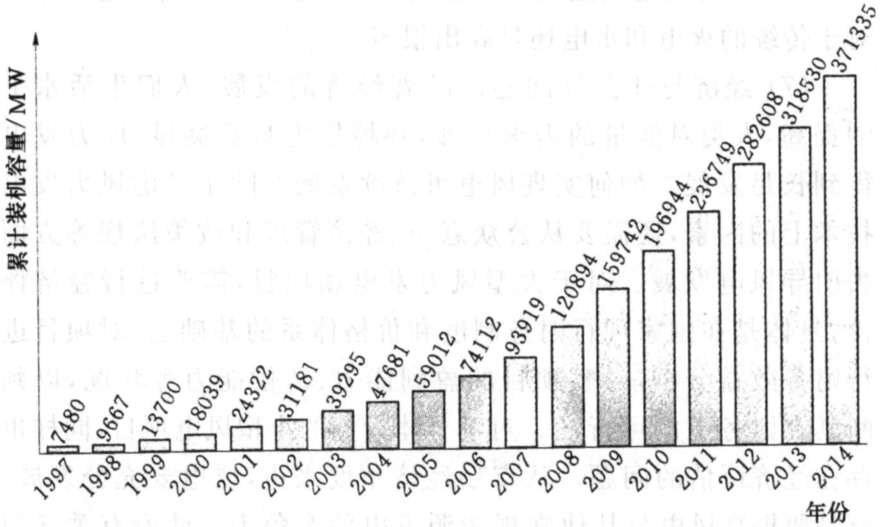


**图 2-43　1997—2014 年全球风力发电累计装机容量的统计图**

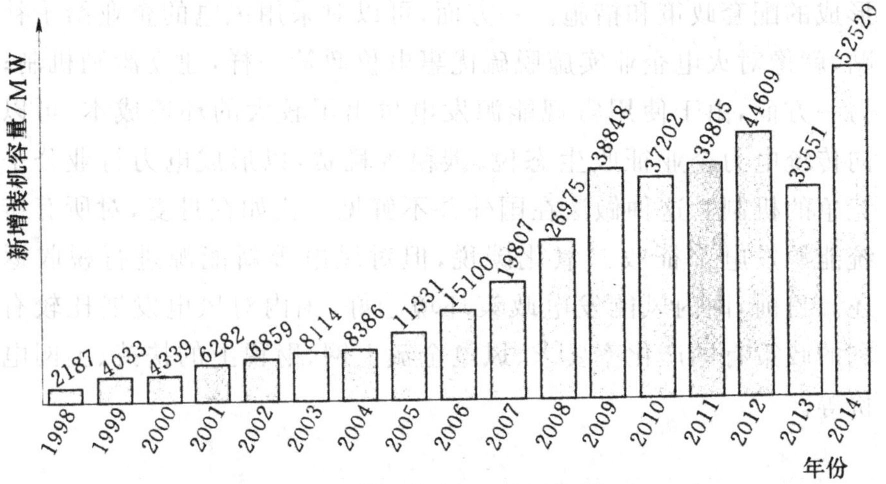


**图 2-44　1998—2014 年全球新增风力发电装机容量统计图**

2004 年以后，我国的风力发电装机容量每年平均增长 100%以上，以这种高速发展的态势，截至 2010 年年底，全国风力发电装机容量总量达到 4183 万 kW，这个数字首次超越美国且成为世界第一。如图 2-45 所示是我国风力发电在 2008—2017 年的发展概况。2014 年，我国风电装机容量为 91.5GW，已达全球风电总装机容量的 31%，成为全球风力发电第一大国。2014 年 11 月，国务院发布了《能源发展战略行动计划（2014—2020 年）》，行动计划提出，到 2020 年，基本形成比较完善的能源安全保障体系。

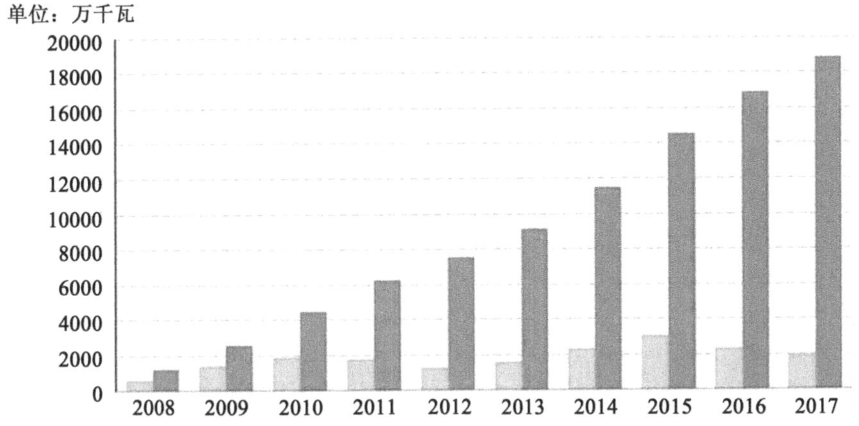

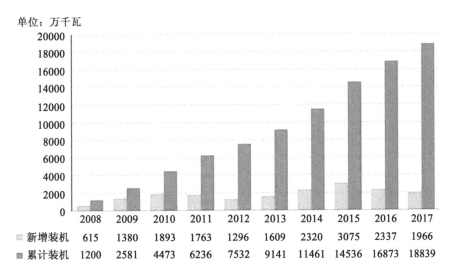

| | 2008 | 2009 | 2010 | 2011 | 2012 | 2013 | 2014 | 2015 | 2016 | 2017 |
|---|---|---|---|---|---|---|---|---|---|---|
| 新增装机 | 615 | 1380 | 1893 | 1763 | 1296 | 1609 | 2320 | 3075 | 2337 | 1966 |
| 累计装机 | 1200 | 2581 | 4473 | 6236 | 7532 | 9141 | 11461 | 14536 | 16873 | 18839 |

**图 2-45 2008—2017 年我国风电发展趋势**

2017 年 6 月 14 日，世界首座复合筒型风机基础及 3MW 风机结构在江苏响水海上风力发电场一步式安装完成。该项目由华东院承担勘测设计任务，此次成功实施复合筒型基础整体运输安装，填补了国际海上风电一体化安装的空白，开创了海上风电高效、低成本与快速化建设的新路。

2017 年 6 月 15 日，中国国家电网打败西门子公司，赢得英国输电换流站。我国已经成功研制出世界首个特高压柔性直流输电换流阀，将柔性直流技术最高电压等级提高到了±800kV 特高压等级，送电容量提升到了 500 万 kW。

展望未来，风力发电前景光明。据有关专家测估，全球可利用的风能资源为 200 亿 kW，约是可利用水力资源的 10 倍。只要利用 1%的风能能量，就可产生世界现有发电总量 8%～9%的电量。在不久的将来，风电会向满足世界 20%电力需求的方向发展，相当于今天的水电。有研究显示，到 2040 年大致可以实现这一目标。如果这一目标实现，将创造 179 万个就业机会，减少排放 100 多亿 t 二氧化碳废气。因此，在今天，风力发电已不再是无足轻重的补充能源，而是最具商业化发展前景的新兴能源产业。

# 第 3 章　太阳能发电技术

太阳是地球永恒的能源，万物生长靠太阳。太阳能因其分布广泛，取之不尽、用之不竭，且无污染，被公认为是人类社会可持续发展的最重要的可再生能源。在能源需求量日益增长、全球变暖日益严重、化石能源即将枯竭的今天，太阳能的开发利用显得十分重要。本章我们就来系统性地研究讨论太阳能发电技术的有关内容。

## 3.1　太阳辐射、太阳能及我国太阳能资源开发利用

### 3.1.1　太阳与太阳辐射

太阳是距离地球最近的一颗恒星，它是一个炽热的气态球体，其直径约为 $1.4\times10^{6}$ km，质量约为 $1.99\times10^{30}$ kg，平均密度为 $1.4\times10^{3}$ kg/m$^{3}$，主要组成成分为气体氢和氦，其中氢约占80%，氦约占 19%，其他元素约占 1%。根据科学家们的研究和探索，可以把太阳分为大气和内部两大部分。太阳大气的结构有三层，最里层为光球层，中间为色球层，最外面为日冕层。如图 3-1 所示是太阳的结构示意图。

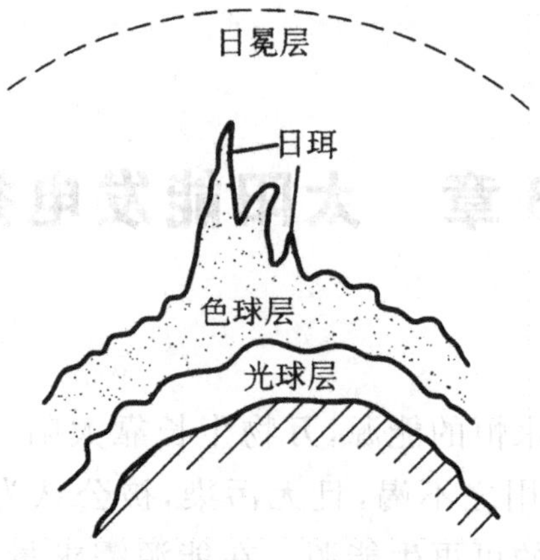


**图 3-1 太阳的结构**

光球层厚度约为 500km，仅占太阳半径的万分之七，温度在 5700K 左右，太阳的光辉基本上就是从这里发出的。色球层位于光球层的外面，是稀疏透明的一层大气，其厚度各处不同，平均约为 2000km。日冕层是太阳大气的最外层，在它的外面便是广袤的星际空间。日冕层很大，形状也很不规则，与色球层并没有明显的界限。可以延伸 500 万～600 万 km。

研究表明，太阳内部持续进行着氢聚合成氦的核聚变反应。主流理论认为，太阳内部能够产生大量能量的反应有两种，一种是质子与质子的循环，另一种是碳与氮的循环。质子-质子循环过程表示为核反应方程是

$$^1_1\mathrm{H}+{}^1_1\mathrm{H}\longrightarrow{}^2_1\mathrm{D}+\mathrm{e}^++\nu^-+h\nu,$$

$$^2_1\mathrm{D}+{}^1_1\mathrm{H}\longrightarrow{}^3_2\mathrm{He}+\mathrm{Y},$$

$$^3_2\mathrm{He}+{}^3_2\mathrm{He}\longrightarrow{}^4_2\mathrm{He}+2{}^1_1\mathrm{H},$$

其中，$^2_1\mathrm{D}$ 为氘原子；$\mathrm{e}^+$ 为正电子；$\nu^-$ 为中微子；$h\nu$ 为是光子。碳-氮循环过程表示为核反应方程则是

$$^1_1\mathrm{H}+{}^{12}_6\mathrm{C}\longrightarrow{}^{13}_7\mathrm{N}+\nu,$$

$$^{14}_7\mathrm{N}+{}^1_1\mathrm{H}\longrightarrow{}^{15}_8\mathrm{O}+\nu,$$

$$^{13}_7\mathrm{N}\longrightarrow{}^{13}_6\mathrm{C}+\mathrm{e}^+,{}^{15}_8\mathrm{O}\longrightarrow{}^{15}_7\mathrm{N}+\mathrm{e}^+,$$

$$^{13}_6\mathrm{C}+{}^1_1\mathrm{H}\longrightarrow{}^{14}_7\mathrm{N}+\nu,$$

$$^{15}_{7}N+^{1}_{1}H \longrightarrow ^{12}_{6}C+^{4}_{2}He。$$

碳-氮循环过程中，参与反应的碳、氮总量不变。这两种热核反应都是使4个氢原子核合成1个氦原子核（$\alpha$粒子）。在合成的过程中，质量亏损0.7%。根据爱因斯坦的质能方程$E=mc^2$可以计算得到，每消耗1kg氢元素，释放出的能量为

$$E=1\text{kg}\times0.7\%\times(3\times10^8\text{m/s})\times(3\times10^8\text{m/s})\approx6.3\times10^{14}\text{J}。$$

有关研究估计，太阳内部的核反应每1min要消耗$6\times10^{11}$kg氢核燃料，实际质量损失为$4.2\times10^9$kg，释放出的能量约为$2.65\times10^{21}$J。这部分能量占太阳产生的总能量的99%，并以对流和辐射方式向外输出。据有关专家估测，太阳内部所蕴含的氢足够维持其核聚变反应600亿年，因此太阳能可以说是用之不竭的。

众所周知，地球每天绕着通过它本身南极和北极的“地轴”自西向东自转一周。每转一周为一昼夜，所以地球每小时自转15°。地球除自转外，还沿着偏心率很小的椭圆轨道每年绕太阳运行一周，且自转轴与公转轨道面的法线始终成23.5°。地球公转时，自转轴的方向不变，总是指向地球的北极。因此，地球处于运行轨道的不同位置时，太阳光投射到地球上的方向也就不同，于是形成了地球上的四季变化（图3-2）。由于地球以椭圆形轨道绕太阳运行，因此，太阳与地球之间的距离不是一个常数，而且一年里每天的日地距离也不一样。物理理论表明，某一点的辐射强度与距辐射源的距离的平方成反比，这意味着地球大气上方的太阳辐射强度会随日地间距离不同而异。然而，由于日地间距离太大，所以，地球大气层外的太阳辐射强度几乎是一个常数。因此，人们就采用所谓“太阳常数”来描述地球大气层上方的太阳辐射强度。

所谓太阳常数，具体是指平均日地距离时，在地球大气层外垂直于太阳光线的表面上，单位面积单位时间内所接收的太阳辐射总能量，用$I_0$表示，单位为W/m²。一般地，太阳常数$I_0$的变化可以近似表示为

$$I_0=1357\times\left[1+0.034\cos\left(\frac{2\pi n}{365}\right)\right],$$

式中：$n$为一年中从元旦开始的日期序号。近年来，通过各种先进

手段测得的太阳常数的标准值为 1367W/m²。一年中，由于日地距离的变化所引起太阳辐射强度的变化不超过±3.4%。

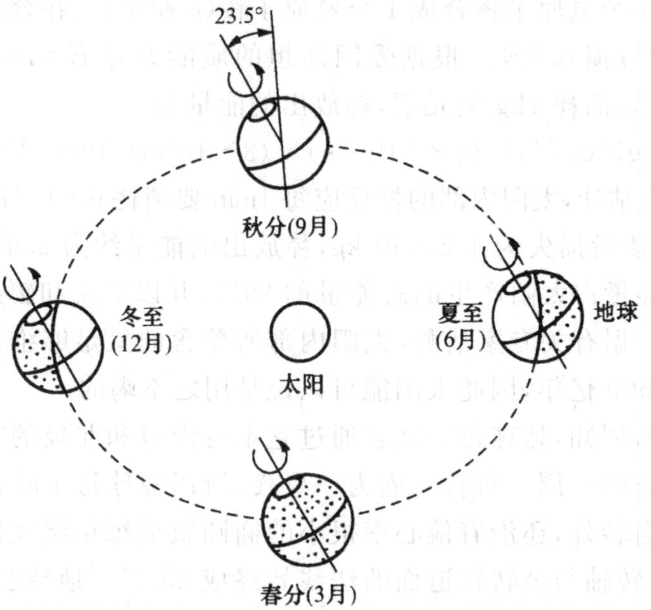


图 3-2 地球绕太阳运行的示意

太阳能光线是一种电磁波，它与无线电波没有本质的差别，只是波长与频率不同而已。研究表明，太阳核心区的核聚变释放出 $\gamma$ 射线（波长 $\lambda$ 小于 $10^{-3}$nm），$\gamma$ 射线通过太阳内部较冷区域时，损失能量，波长增大，变成 X 射线（波长 $\lambda$ 为 $10^{-3}$～10nm）、紫外线（波长 $\lambda$ 为 10～400nm）及可见光（波长 $\lambda$ 为 400～700nm）。太阳辐射穿过大气层而到达地面时，由于大气中空气分子、水蒸气和尘埃等对太阳辐射的吸收、反射和散射，不仅使辐射强度减弱，还会改变辐射的方向和辐射的光谱分布，如图 3-3 所示。实际到达地面的太阳辐射通常是由直射和漫射两部分组成。直射是指直接来自太阳，其辐射方向不发生改变的辐射；漫射则是被大气反射和散射后方向发生了改变的太阳辐射。数据表明，地球表面绝大部分太阳辐射能量集中在波长 0.3～3.0$\mu$m 区间，占总能量的 99%，属于一种短波辐射，其中可见光波段占 50%、红外波段占 43%、紫外波段约占 7%。

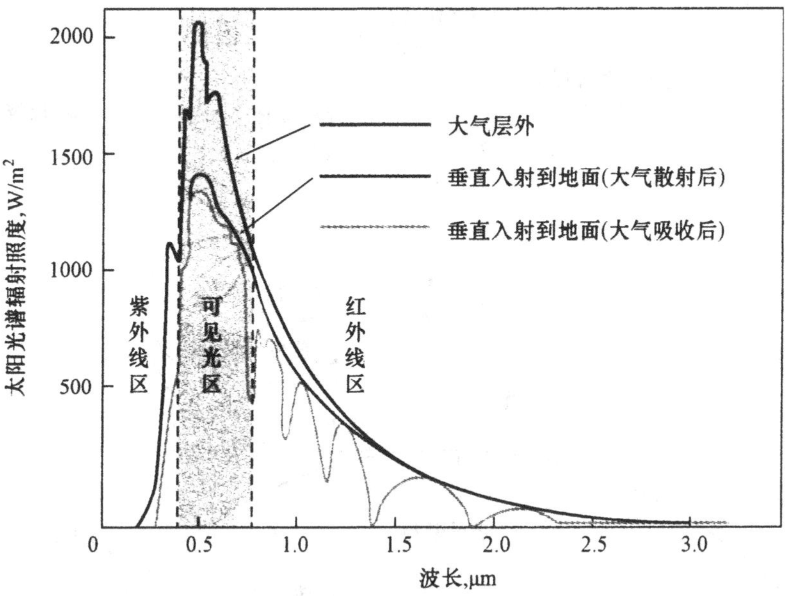


**图 3-3　太阳光谱的能量分布曲线**

如上所述,由于大气的存在,真正到达地球表面的太阳辐射能的大小要受许多因素的影响,包括太阳高度、大气质量、大气透明度、地理纬度、日照时间及海拔高度等,限于本书篇幅,这里不再详细讨论。

## 3.1.2　太阳能

尽管太阳辐射到地球大气层的能量仅为其总辐射能量(约为 $3.75\times10^{26}$ W)的 22 亿分之一,但已高达 173000TW,相当于 500 万 t 煤完全燃烧所释放出的能量。如图 3-4 所示是地球上的能流图。通过该图可以看出,地球上的风能、水能、海洋温差能、波浪能和生物质能以及部分潮汐能都是来源于太阳,即使是地球上的化石燃料(如煤、石油、天然气等)从根本上说也是远古以来储存下来的太阳能,所以广义的太阳能所包括的范围非常大,狭义的太阳能则限于太阳辐射能的光热、光电和光化学的直接转换。

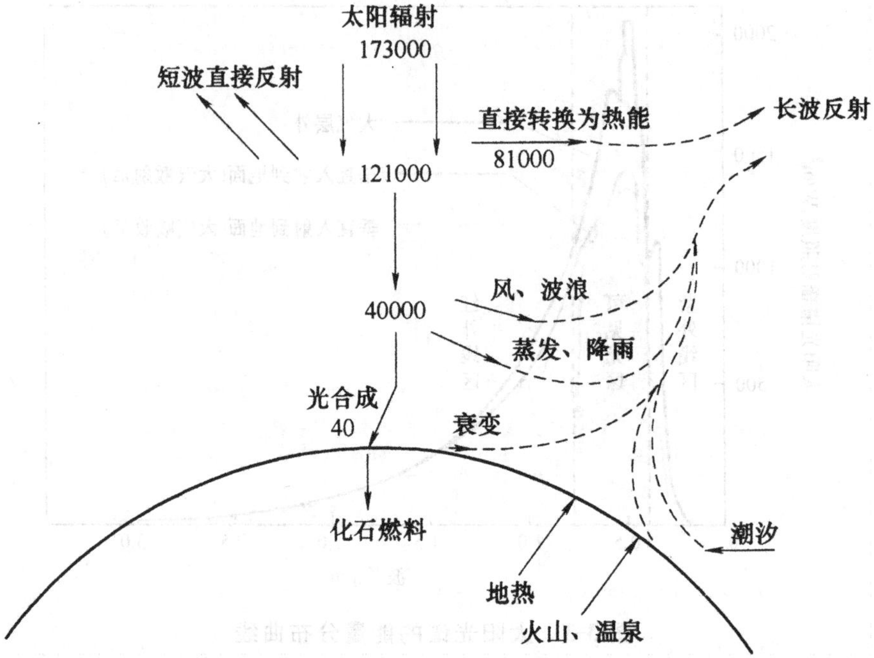


图 3-4 地球上的能流(单位为 $10^6$MW)

### 3.1.3 我国太阳能资源的分布与开发利用

研究表明,地球上太阳能资源的分布并不十分均匀。总体上看,美国西南部、非洲、澳大利亚、中国西藏、中东等地区的太阳能资源最为丰富。通常情况下,人们用全年总辐射量(单位为 kcal/($cm^2$·a)或 kW/($cm^2$·a))和全年日照总时数表示某一地区太阳能的丰富程度。

我国地大物博、幅员辽阔,陆地面积每年接收的太阳辐射能约为 $5.0\times10^9$kJ,相当于 2.4 万亿 t 标煤完全燃烧放出的能量,全国总面积 2/3 以上地区年日照时数大于 2000h。总体上看,我国太阳能的高值中心和低值中心都处在北纬 22°~35°这一带,青藏高原是高值中心,四川盆地是低值中心;太阳能年辐射总量,西部地区高于东部地区,而且除西藏和新疆两个自治区外,由于南方多数地区云雾雨多，在北纬 30°～40°地区，太阳能的分布情况与一般的太阳能随纬度而变化的规律相反，基本上是南部低于北部。研究表明，在太阳能利用方面具有经济价值的地区是年太阳辐射时间高于 2200h 的地区，因此我国在大部分地区推广应用太阳能技术具备良好的资源条件，特别对电力紧缺地区具有较好的经济效应和社会效应。根据太阳辐射量的多少，可将我国划分为五类地区，如表 3-1 所示。

**表 3-1　我国太阳能资源的地区分类**

| 地区分类 | 全年日照时数/h | 太阳辐射年总量/[kcal/($cm^2$·a)] | 相当于燃烧标准煤/kg | 包括的地区 | 国外相当的地区 |
|---|---|---|---|---|---|
| 一 | 2800～3300 | 160～200 | 230～280 | 宁夏北部、甘肃北部、新疆东南部、青海西部和西藏西部 | 印度和巴基斯坦北部 |
| 二 | 3000～3200 | 140～160 | 200～230 | 河北北部、山西北部、内蒙古和宁夏南部、甘肃中部、青海东部、西藏东南部和新疆南部 | 印度尼西亚的雅加达一带 |
| 三 | 2200～3000 | 120～140 | 170～200 | 山东、河南、河北东南部、山西南部、新疆北部、吉林、辽宁、云南、陕西北部、甘肃东南部、广东和福建的南部、江苏和安徽的北部、北京 | 美国华盛顿地区 |
| 四 | 1400～2200 | 100～120 | 140～170 | 湖北、湖南、江西、浙江、广西、广东北部、陕西、江苏和安徽三省的南部、黑龙江 | 意大利米兰地区 |
| 五 | 1000～1400 | 80～100 | 110～140 | 四川和贵州两省 | 法国巴黎、俄罗斯莫斯科 |

根据表 3-1 给出的五类地区，我国将太阳能分布区域划分为五个对应的等级。其中一、二、三等是太阳能丰富的地区，面积占我国总面积的 2/3 以上。四、五等地区虽然太阳能资源条件较差，但仍有一定的利用价值。可见，我国的太阳能资源十分丰富。西藏高原是我国日照时数的高值中心之一，全年平均日照时数为 1500～3400h。我国太阳能研究人员已对西藏的太阳能资源进行了比较全面的测评。如图 3-5 所示是西藏太阳能月总辐射量的年变化曲线。进一步研究表明，太阳能总辐射量的季节变化以春、夏季最大，秋、冬季最小。雨季（5～9 月）的太阳能总辐射量占全年的 46%～49%。

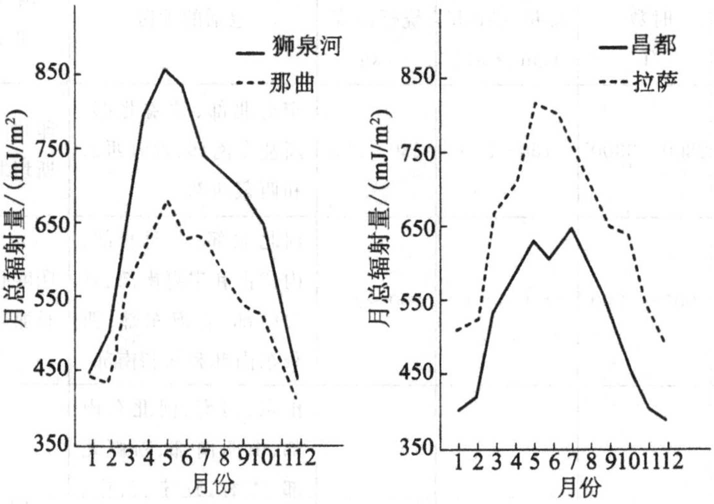


**图 3-5 西藏太阳能月总辐射量的年变化曲线**

目前，我国在太阳能开发利用方面取得了举世瞩目的成就，无论是太阳能产品生产制造，还是太阳能发电装机容量，均处于世界领先地位。

## 3.2 太阳能光伏发电基本原理

太阳能光伏发电简称光伏发电，具体指的是利用特定的设备（半导体器件）将太阳的辐射能光子转变为电能的过程。1839 年，法国科学家贝克勒尔(A. E. Becqurel)就发现,光照能使半导体材料的不同部位之间产生电位差,这种现象称为光生伏打效应,简称光伏效应。1954 年,美国科学家恰宾和皮尔松在美国贝尔实验室首次制成了实用的单晶硅太阳能电池,太阳能光伏发电由此进入了实用领域。如今,太阳能光伏电站应经广泛分布于世界各地,图 3-6 所示是一个太阳能光伏电站的实际照片。

图 3-6　太阳能光伏电站

## 3.2.1　太阳能光伏发电原理

光伏电池的原理是基于半导体的光伏效应,将太阳辐射直接转换为电能。所谓光伏效应,具体是指光照使不均匀半导体或半导体与金属结合的不同部位之间产生电位差的现象,它是一个光能转化为电能的过程。如图 3-7(a)所示是晶体硅的一般结构示意图。对于纯净的晶体硅,硅原子带正电荷,每个硅原子周边均匀地围绕着 4 个带负电荷的电子。当掺入硼时,硅晶体中就会多出空穴,如图 3-7(b)所示,称这种硅为 P 型半导体;当掺入磷原子以后,硅晶体中就会多出电子,图 3-7(c)所示称这种硅为 N 型半导体。

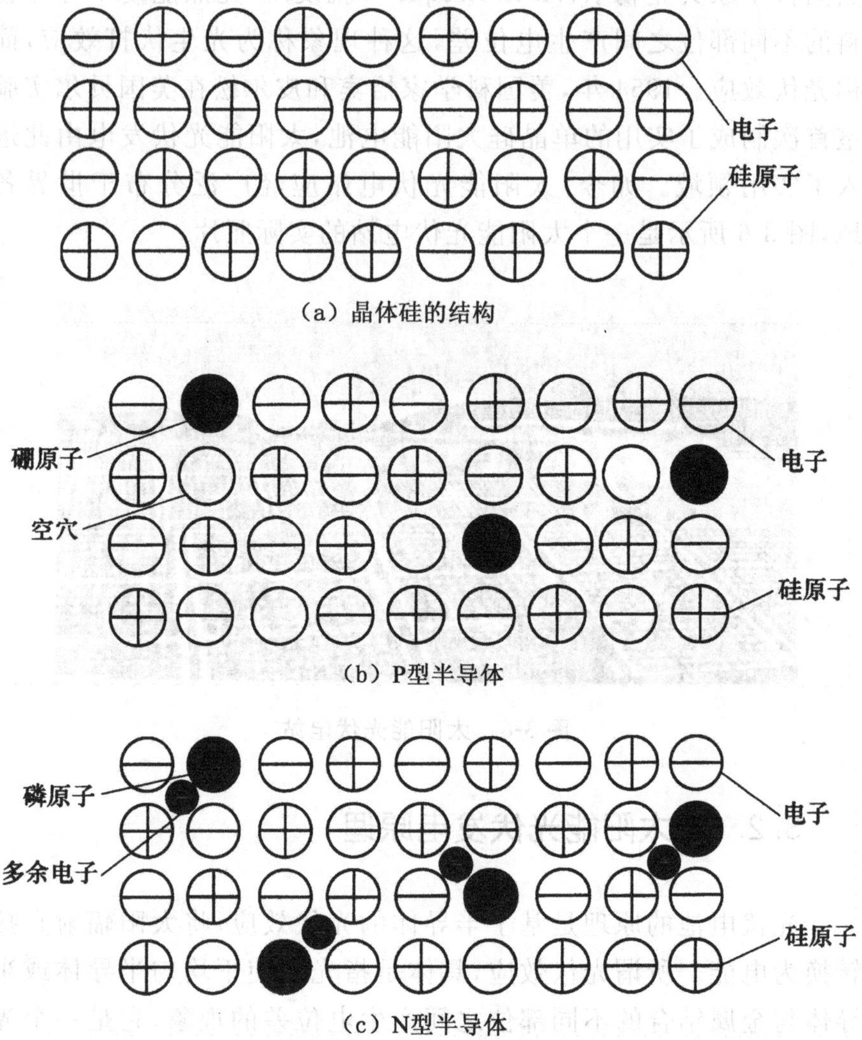


图 3-7 半导体的结构

P 型半导体中含有较多的空穴，而 N 型半导体中含有较多的电子，当把 P 型和 N 型半导体结合在一起时，就形成了所谓的 PN 结，如图 3-8 所示。物理学研究表明，半导体具有一定的能带结构，这种能带结构决定着半导体对光子的吸收能力。如图 3-9 所示，给出了半导体的能带模型。根据能带理论可知，当半导体没有接受到外界提供的能量时，其内部的电子通常充满价带，而导带中几乎没有电子，整个半导体处于绝缘状态，不能导电。当有太阳光照射半导体时，半导体价带中的电子会被激发，跃迁到导带。此时，半导体价带就变成了带正电荷的“空穴”，而导带就变成了带负电荷的“电子”，这样 P 型和 N 型半导体的接触面就会形成电势差。这种含 PN 结的新型复合半导体晶片就是光伏电池晶片。

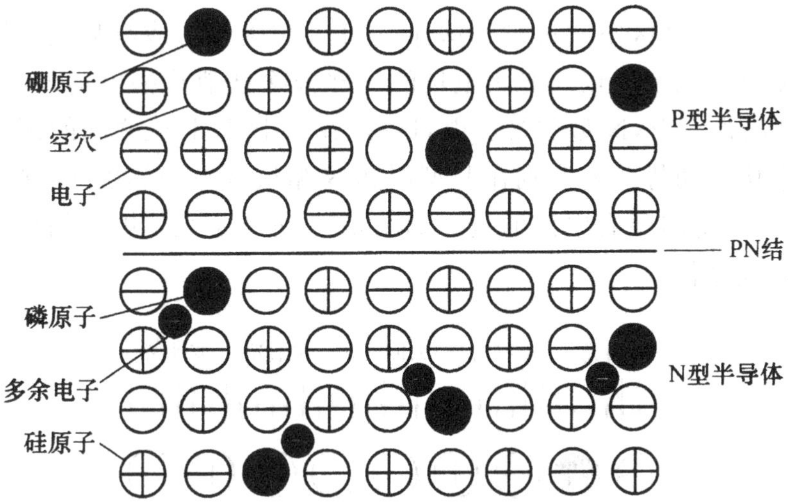


图 3-8　光伏电池晶片

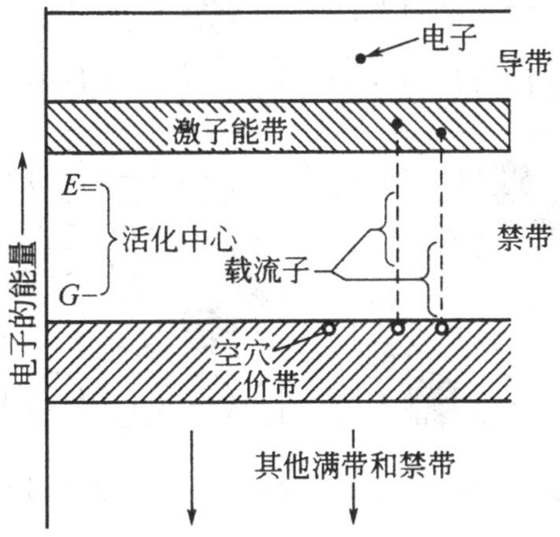


图 3-9　半导体的能带模型

当光伏电池晶片受到太阳光照射时，一部分太阳辐射会被半导体表面反射出去，一部分太阳辐射则透过半导体，其余辐射则被半导体吸收。这部分被半导体吸收的光子，一部分转变成了热能，而另一部分则被半导体价带中的电子吸收，使得电子向半导体的导带跃迁，从而产生了电子-空穴对，从而在P型半导体和N型半导体的交界面两边将有势垒电场产生。势垒电场能够将半导体内的电子驱向N区，使得N区电子过剩；并能够将空穴驱向P区，使得P区空穴过剩。这样，在PN结附近形成与势垒电场方向相反的光生电场。光生电场的一部分除抵消势垒电场外，还使P型层带正电，N型层带负电，这样，在N区与P区之间的薄层产生光伏电动势。若分别在P型层和N型层焊上金属引线，接通负载，则外电路便有电流通过。如图3-10所示是光伏电池晶片受光的物理过程。

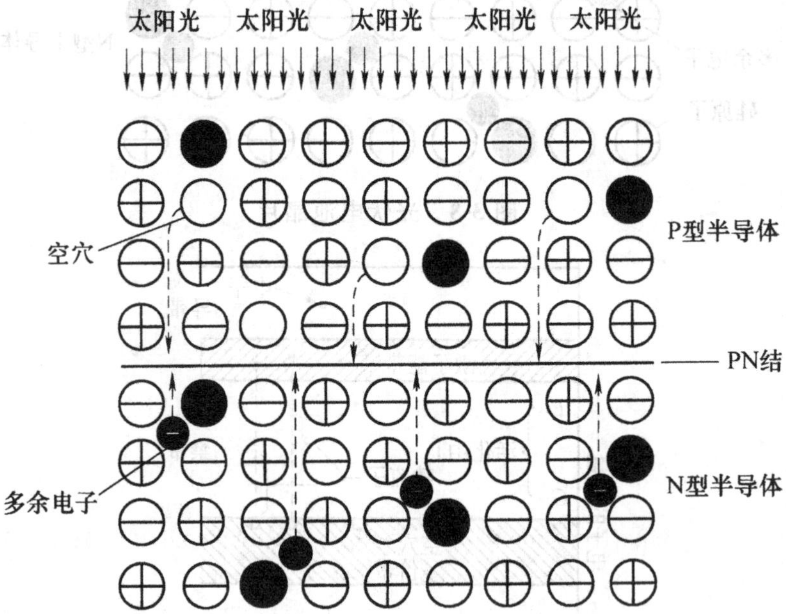


图3-10　光伏电池晶片受光的物理过程

由光伏电池晶片可以组成单体光伏电池，这类电池具有光电转换特性，但它与普通化学电源的干电池、蓄电池是完全不同的，可以直接将太阳辐射能转换为电能。单体光伏电池是光伏发电基本单元，它的输出电流受自身面积以及日照强度的影响，面积大的电池产生较强的电流。将一系列单体光伏电池进行串联而成串联电池组，可以得到较高的输出电压；将一系列单体光伏电池进行并联，可以获得较大的输出电流；将多组串联电池组进行并联，可以获得较高的输出电压与较大的输出电流，使光伏电池输出功率较大。

## 3.2.2　光伏发电系统的构成与分类

所谓光伏发电系统，就是经过一次甚至多次电力电子系统的变换以及能量储存，将光伏电池组所获得的电能供给电力负载使用的系统。

### 3.2.2.1　太阳能光伏发电系统的构成

图 3-11 所示是典型的光伏发电系统构成框图。一般地，一个完整的光伏发电系统包括光伏电池阵列、防反充二极管、中央控制器、逆变器、蓄电池组、放电控制器、测量设备等，简要介绍如下：

(1) 光伏电池阵列。光伏电池阵列也称光伏电池组件，是由光伏电池按照系统的需要串联或并联而组成的矩阵或方阵，它能在太阳光照射下将太阳能转换成电能，是光伏发电的核心部件。

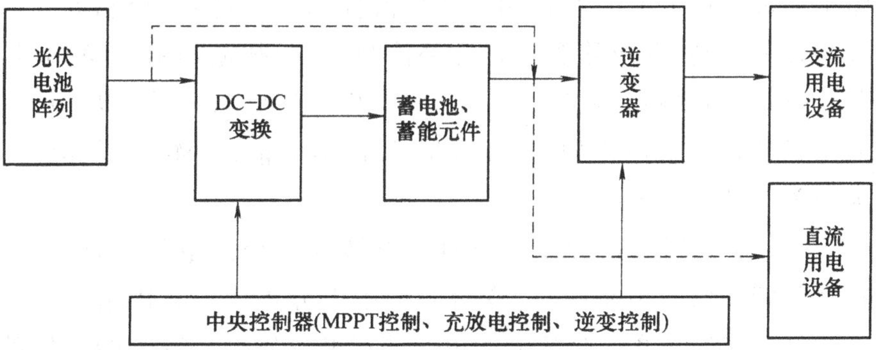


图 3-11　典型的光伏发电系统

(2)防反充二极管。防反充二极管又称阻塞二极管,其作用是避免由于太阳能电池方阵在阴雨天、夜晚不发电时或出现短路故障时,蓄电池组通过太阳能电池方阵放电。防反充二极管串联在太阳能电池方阵电路中,起单向导通的作用。它必须能承受足够大的电流,而且正向电压降要小,反向饱和电流要小。一般可选用合适的整流二极管作为防反充二极管。

(3)蓄电池及蓄能元件。蓄电池或其他蓄能元件是将光伏电池阵列转换后的电能储存起来,以使无光照时也能够连续并且稳定地输出电能,满足用电负载的需求。蓄电池一般采用铅酸蓄电池,对于要求较高的系统,通常采用深放电阀控式密封铅酸蓄电池或深放电吸液式铅酸蓄电池等。

(4)控制设备。为了确保独立太阳能发电系统能够良好地运行,不仅需要对系统中的相关参数进行实时监控,而且需要对系统的工作状态进行有效控制。换句话说,一个完善的独立太阳能发电系统,必须配备完善的控制设备。一般地,太阳能发电系统的控制设备应当具备信号检测、运行状态指示、故障诊断、故障定位、蓄电池的充放电控制、设备保护等功能。

(5)充放电控制器。充放电控制器是能自动防止蓄电池组过充电和过放电的设备,一般还具有简单的测量功能。蓄电池组经过过充电或过放电后其性能和寿命会受到严重影响,所以充放电控制器一般是不可缺少的。充放电控制器按照其开关器件在电路中的位置可分为串联控制型和分流控制型,按照其控制方式可分为开关控制(含单路和多路开关控制)型和脉宽调制(YWM)控制(含最大功率跟踪控制)型。开关器件可以是继电器,也可以是MOS晶体管。但脉宽调制(PWM)控制器只能用MOS晶体管作为开关器件。

(6)逆变器。逆变器是将直流电转变成交流电的一种设备。在太阳能光伏发电系统,逆变器的作用十分重要。太阳电池是依靠光伏效应发电的,所发出的电是直流电,而蓄电池所能提供的也是直流电。然而,目前绝大多数用电器都是依赖交流电工作的，故而，必须使用逆变器将直流电转化为交流电，以供负载使用。当然，除了将直流电转变为交流电以外，逆变器还具有其他重要功能，如系统保护功能等。

（7）测量设备。对于小型太阳能电池发电系统来说，一般情况下只需要进行简单的测量，如测量蓄电池电压和充、放电电流，这时测量所用的电压表和电流表一般就装在控制器上。对于太阳能通信电源系统、管道阴极保护系统等工业电源系统和大型太阳能光伏电站，则往往要求对更多的参数进行测量，如测量太阳辐射能、环境温度、充放电电量等，有时甚至要求具有远程数据传输、数据打印和遥控功能。为了进行这种较为复杂的测量，就必须为太阳能电池发电系统配备数据采集系统和微机监控系统。

### 3.2.2.2 太阳能光伏发电系统的分类

一般地，光伏发电系统可分为独立运行系统、并网运行系统和混合运行系统三大类，详述如下：

（1）独立运行光伏发电系统。所谓独立运行光伏发电系统，是指与电力系统不发生任何关系的闭合系统。它通常用作便携式设备的电源，向远离现有电网的地区或设备供电，以及用于任何不与电网发生联系的供电场合。独立运行系统的构成按其用途和设备场所环境的不同而异。图3-12给出了独立运行系统的具体分类。一般情况下，独立运行光伏发电系统又可以分为两大类，即带专用负载的光伏发电系统和带一般负载的光伏发电系统。

（2）并网运行光伏发电系统。实际上，并网运行光伏发电系统与其他类型的发电站一样，可为整个电力系统提供电能。图3-13所示是光伏发电系统联网示意图。通过图3-13可以看出，光伏发电并网系统分为两种，一种是集中光伏电站并网系统，另一种是屋顶光伏系统联网。前者功率容量通常在兆瓦级以上，后者则在千瓦级至百千瓦级之间。光伏系统的模块性结构等特点适合于发展这种分布的供电方式。

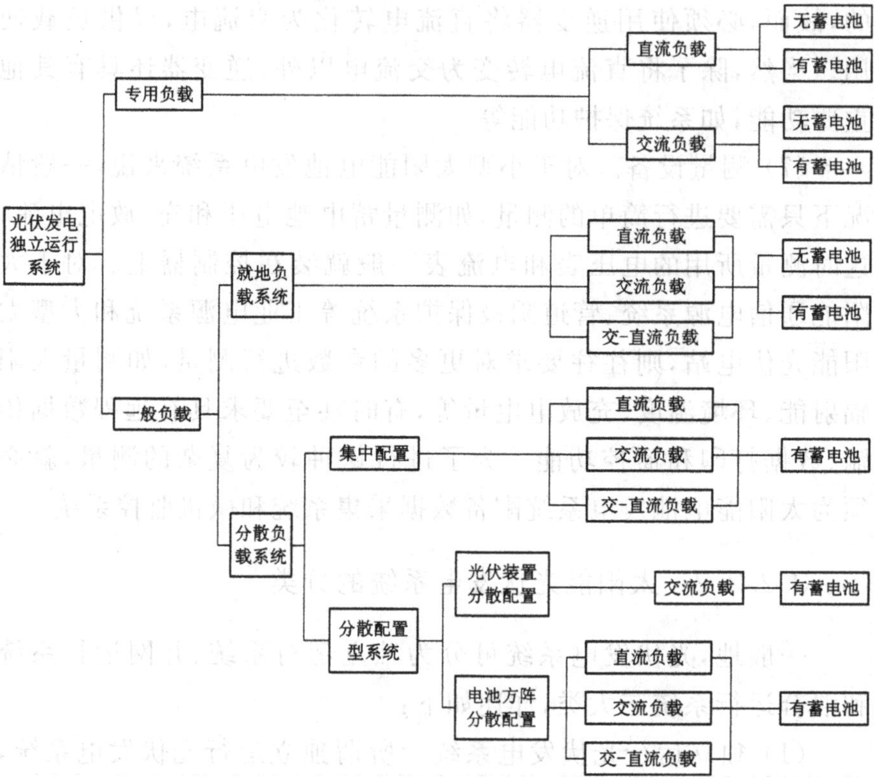


图 3-12　独立运行光伏发电系统分类

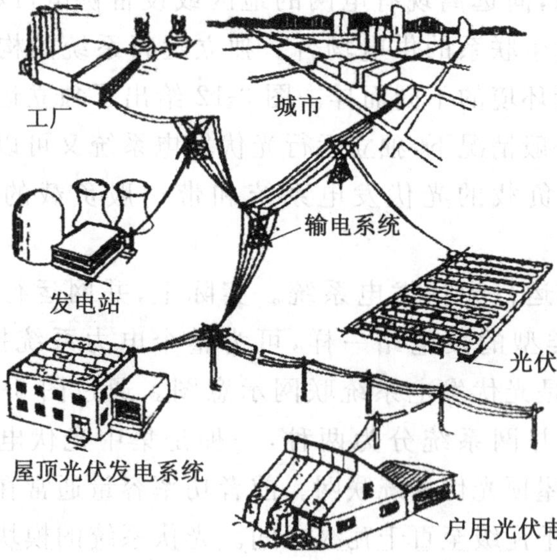


图 3-13　并网光伏发电系统示意图

(3) 混合运行光伏发电系统。混合运行光伏发电系统又分为混合供电系统和并网混合供电系统两类。在混合供电系统中，除了太阳能光伏发电系统将光伏阵列所转换的电能经过变换后供用电负载使用外，还使用了燃油发电机或燃气发电机作为备用电源。这种系统综合利用各种发电技术的优点，互相弥补各自的不足，而使整个系统的可靠性得以提高，能够满足负载的各种需要，并且具有较高的灵活性，如图3-14所示。然而这种系统的控制相对比较复杂，初期投入比较大，存在一定的噪声和污染。这种系统多用作偏远无电地区的通信电源和民航导航设备电源。在我国新疆、云南建设的许多乡村光伏电站也采用光伏发电与柴油发电综合的方式供电。在混合供电系统中再增加并网逆变器，就可以实现并网混合供电系统，这种系统通常将控制器与逆变器集成在一起，采用微机进行全面协调控制，综合利用各种能源，可以进一步提高系统的负载供电保障率，如图3-15所示。

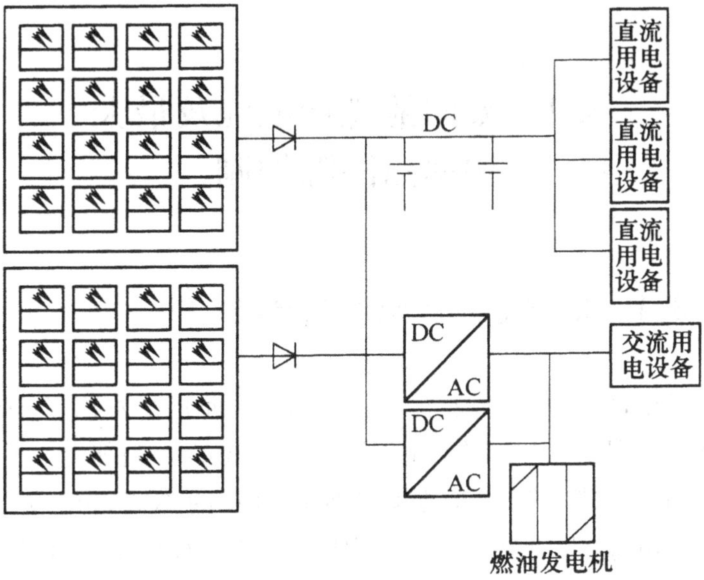


图3-14 混合供电系统

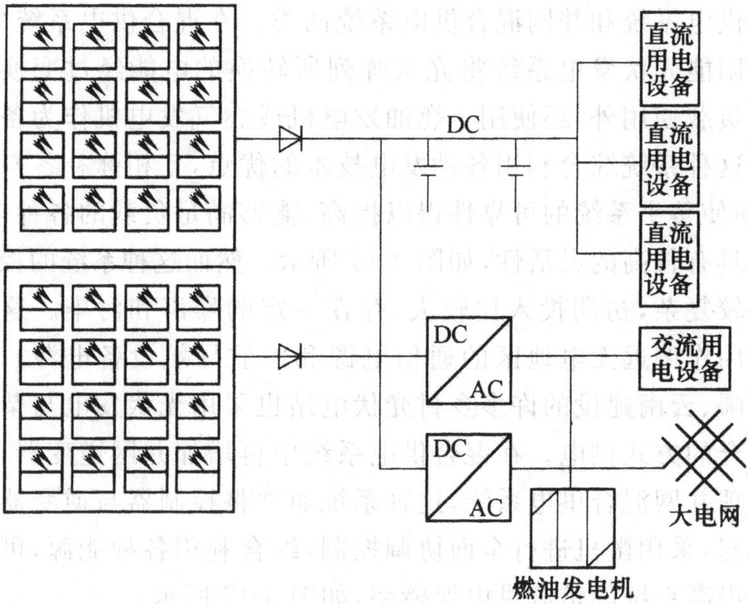


图 3-15　并网混合供电系统

# 3.3　太阳能光伏电池及最大功率点跟踪控制

## 3.3.1　太阳能光伏电池的分类

从目前的发展状况来看，全世界已经研究开发出了 100 多种不同材料、不同结构、不同用途和不同形式的太阳能光伏电池、有多种不同的分类方法。根据其所使用材料的不同，可分成硅系半导体太阳电池、化合物半导体太阳电池以及有机半导体太阳电池等，如图 3-16 所示。

- 太阳电池
  - 硅系半导体
    - 单晶硅太阳电池
    - 多晶硅太阳电池
    - 硅基薄膜太阳电池
    - 非晶硅太阳电池
    - 微晶硅太阳电池
    - 内禀薄层异质结太阳电池
  - 化合物半导体
    - Ⅲ-Ⅴ族化合物太阳电池
    - Ⅱ-Ⅳ族化合物太阳电池
    - 三元(Ⅰ-Ⅲ-Ⅳ)化合物太阳电池
  - 有机半导体
    - 色素增感太阳电池
    - 有机薄膜太阳电池

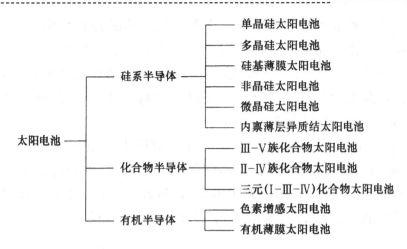

**图 3-16　太阳能光伏电池分类简图**

接下来，我们对常用的太阳能电池类型进行简要的讨论：

(1) 单晶硅太阳能电池。这种电池开发最早，使用时间也是最长的，在这种电池内部，硅原子规则地排列。在所有的硅太阳能电池中，单晶硅太阳能电池的太阳能转换效率最高，理论上可以达到 24%～26%，实际产品也可达 15%～18%，甚至更高。在目前的实际应用中，单晶硅太阳能电池的市场占有率很高，但其制造成本也较高。一般地，单晶硅太阳能电池的生产过程大致要经过提纯、拉棒、切片、制电池、封装五步，如图 3-17 所示。

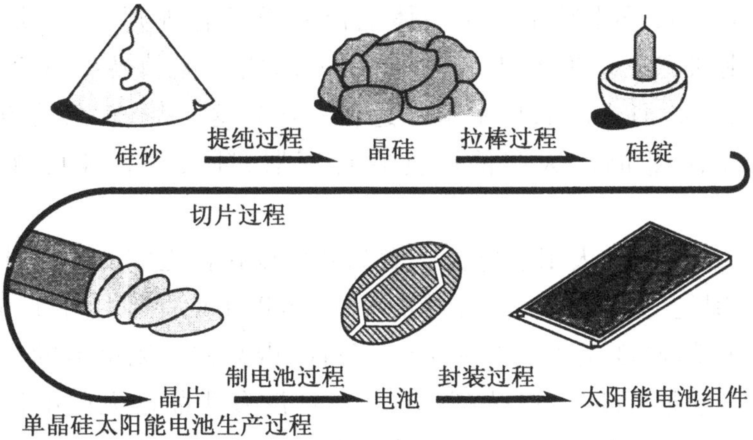


**图 3-17　单晶硅太阳能电池的生产过程**

（2）多晶硅太阳能电池。这类电池由单晶硅颗粒聚集而成，转换效率比单晶硅太阳能电池略差，理论值可达为20%，实际应用中可达12%～14%。多晶硅太阳能电池虽然转换效率略差，但是在目前的市场中也占有一定地位，这得益于其具有原材料丰富、制造简单、成本较低等优点。

（3）硅基薄膜太阳能电池。硅基薄膜太阳电池又可分为非晶/微晶硅薄膜太阳电池、多晶硅薄膜太阳电池、单晶硅薄膜太阳电池等，目前薄膜太阳电池中占据市场份额最大的是非晶硅薄膜太阳电池，通常为P-i-N结构，其外形如图3-18所示。

图3-18　硅基薄膜太阳能电池

（4）非晶质太阳能电池。这类太阳能电池由非晶质构成，其内部的原子排列并不像晶体电池一样具有规则性，而是呈现无规则状态。理论上认为，非晶质太阳能电池的转换效率可以达到18%，但目前的技术水平远没有达到这一数值，仅为9%左右。目前，非晶质太阳能电池在计算器、钟表等行业已被广泛应用。

（5）微晶硅太阳能电池。微晶硅可以在接近室温的条件下制备，特别是使用大量氢气稀释的硅烷，可以生成晶粒尺寸10nm的微晶薄膜，厚度通常在2～3μm。目前，微晶硅太阳电池的最高效率已超过非晶硅，可以达到10%，并且没有非晶硅太阳电池的光致衰减现象，但微晶硅太阳电池至今仍未达到大规模工业化生产的水平。

(6) 化合物半导体太阳能电池。化合物半导体太阳能电池是指由两种以上的半导体元素构成太阳能电池,目前常用的化合物半导体太阳能电池主要包括以下几种:

① Ⅲ-Ⅴ族化合物(GaAs)太阳能电池。这类电池主要由 GaAs 等Ⅲ-Ⅴ族化合物半导体材料制成,有单结合电池单元、多结合电池单元、聚光型电池单元以及薄膜型电池单元等种类。其转换效率较高,单结合的太阳能电池的转换效率为 26%～28%,2 结合、3 结合的可以 35%～42%。

② Ⅱ-Ⅵ族化合物(CdS/CdTe)太阳能电池。这类电池主要由 CdS、CdTe 等Ⅱ-Ⅵ族化合物半导体材料制成,具有成本低、转换效率高的特点,其理论转换效率为 33.62%～44.44%,有望作为低成本、高转换效率的薄膜太阳能电池。

③ 三元(Ⅰ-Ⅱ-Ⅳ族)化合物(CIS)太阳能电池。这类电池使用 $CuInSe_2$ 直接迁移半导体,光吸收系数较大,而且可用较低的温度形成 CIS 薄膜,可做成低成本的衬底。由于光吸收层采用了化合物半导体,因此长时间使用时特性比较稳定。目前,小面积 CIS 太阳能电池的转换效率为 18.8%,大面积达到 14%以上。另外,CIS 太阳能电池的转换效率会随着太阳能电池面积的增加而急剧下降,这是由于 CIS 太阳能电池的制造技术尚未十分成熟。随着制造技术的提高,它有望达到结晶硅太阳能电池阵列的性能。

(7) 有机半导体太阳能电池。这类太阳能电池是根据植物、细菌等生物的光合成系的有关原理研制而成的。光合作用是绿色植物与某些细菌等生物体内普遍存在的生化反应过程,该过程利用太阳能将二氧化碳和水合成糖等有机物。在光合作用过程中,叶绿素等色素吸收太阳光所散发的能量产生电子,导致电荷向同一方向移动而产生电能。有机半导体太阳能电池正是利用这一原理而研发的一种新型太阳能电池,它可分成湿式色素增感太阳能电池以及干式有机薄膜太阳能电池。目前常用的有机物电池有色素增感太阳能电池、有机薄膜太阳能电池等。

(8) 混合型太阳能电池(HIT电池)。混合型太阳能电池由薄膜非晶硅与单晶硅集成。为了防止表面反射,在N型单晶硅片的表里侧分别集成了P/I型非晶硅与I/N型非晶硅,然后在上面加装透明电极。混合型太阳能电池由于在其中形成了1层,使非晶硅与单晶硅层的表面特性提高。因此,$10cm^2$ 太阳能电池的转换效率达到21.3%,组件的转换效率达到17%以上,是目前世界上最高的。另外,混合型太阳能电池的温度系数为0.33%,低于单晶硅太阳能电池的温度系数,故而混合型太阳能电池可用于如屋顶设置等温度较易上升的场合,以减少功率的下降。

目前,太阳能光伏发电系统中,太阳能电池所占的投资比例最大,并网系统中的比例要达到80%~90%,如何降低太阳电池的生产成本、提高转换效率、提供廉价的太阳电池,将是未来太阳电池的主要发展方向。

## 3.3.2 太阳能光伏电池的基本特性

### 3.3.2.1 太阳能电池的极性

一般情况下,硅晶体太阳能光伏电池要制成 $P^+/N$ 型结构或 $N^+/P$ 型结构。其中,第一个符号,即 $P^+$ 和 $N^+$,表示太阳能电池正面光照层半导体材料的导电类型;第二个符号,即N和P,表示太阳能电池背面衬底半导体材料的导电类型。太阳能电池的电性能与制造电池所用半导体材料的特性有关。在太阳光或其他光照射时,太阳能电池输出电压的极性,P区一侧电极为正,N区一侧电极为负。

当太阳能电池作为电源与外电路连接时,太阳能电池在正向状态下工作。当太阳能电池与其他电源联合使用时,如果外电路的正极与电池的P区电极连接,负极与电池的N区电极连接,则外电源向太阳能电池提供正向偏压;如果外电源的正极与电池的N区电极连接,负极与P区电极连接,则外电源向太阳能电池提供反向偏压。

### 3.3.2.2 太阳能电池的短路电流

所谓短路电流 $I_{SC}$,就是将太阳能电池置于标准光源的照射下,在输出短路时,流过太阳能电池两端的电流。测量短路电流的方法,是用内阻小于1Ω的电流表接在太阳能电池的两端。$I_{SC}$值与太阳能电池的面积大小有关,面积越大,$I_{SC}$值越大。一般来说,$1cm^2$ 硅太阳能电池的 $I_{SC}$值为 16～30mA。同一块太阳能电池,其 $I_{SC}$与入射光的辐照度成正比;当环境温度升高时,$I_{SC}$值略有上升,一般温度每升高1℃,$I_{SC}$值约上升 78μA。在规定的测试条件下,温度每变化1℃,光伏电池输出的短路电流 $I_{SC}$的变化值称为短路电流温度系数,通常用 $\alpha$ 表示,即

$$I_{SC}=I_{SC(25)}(1+\alpha\Delta T), \tag{3-1}$$

式中:$I_{SC(25)}$为25℃时光伏电池的短路电流。

对于晶体硅光伏电池,系数 $\alpha$ 通常为正值,$\alpha=(0.06\sim0.1)\%/℃$,表明在温度升高的情况下,短路电流值会略有增加。

### 3.3.2.3 太阳能电池的开路电压

当电池处于光照下,通过二极管的电流为短路电流同与之相反的二极管的正向电流之和

$$I(U)=I_{SC}-I_0(e^{\frac{qU}{AkT}}-1),$$

式中:$I_{SC}$为短路电流;$U$ 为二极管的电压;$A$ 为二极管的曲线因子;$T$ 为太阳能电池所处的环境温度;$k$ 为玻尔兹曼常数;$I_0$ 为二极管的反向电流。开路电压为

$$U_{OC}=\frac{AkT}{q}\ln\left(\frac{I_{SC}}{I_O}+1\right),$$

由于开路时 $I(U)=0$,故而 $U=U_{OC}$。

一般地,温度每变化1℃,光伏电池输出的开路电压 $U_{OC}$的变化值称为开路电压温度系数,通常用 $\beta$ 表示,即

$$U_{OC}=U_{SC(25)}(1+\beta\Delta T), \tag{3-2}$$

式中：$U_{SC(25)}$为25℃时光伏电池的开路电压。通常情况下，$\beta=-(0.3\sim0.5)\%/℃$，表明在温度升高的情况下，开路电压值会略有下降。

#### 3.3.2.4 太阳能电池的伏安特性

太阳能电池的伏安特性主要是指电流-电压输出特性，也称为 *I-U* 特性曲线，如图 3-19 所示。*I-U* 特性曲线显示了通过太阳能电池组件传送的电流与电压在特定的太阳光照度下的关系。如果太阳能电池组件电路短路，即 $U=0$，此时的电流即为短路电流 $I_{SC}$；如果电路开路，即 $I=0$，此时的电压即为开路电压 $U_{OC}$。太阳能电池组件的输出功率等于流经该组件的电流与电压的乘积，即 $P=UI$。

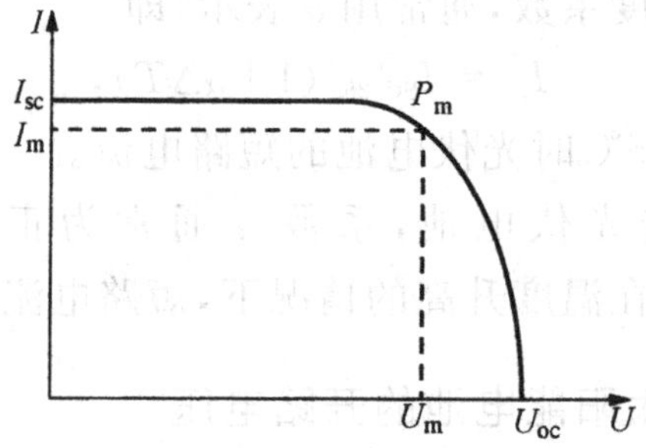


**图 3-19 太阳能电池的 *I-U* 特性曲线**

$I$—电流；$I_{SC}$—短路电流；$I_m$—最大工作电流；$U$—电压；

$U_{OC}$—开路电压；$U_m$—最大工作电压；$P_m$—最大功率

#### 3.3.2.5 太阳能电池的填充因子

当太阳能电池接上负载 $R$ 时，$R$ 可以从零到无穷大。当 $R_m$ 为最大功率点时，它对应的最大功率为

$$P_m=I_mU_m,$$

式中：$I_m$为最佳工作电流；$U_m$为最佳工作电压。在实际应用中，人们将$U_{OC}$与$I_{SC}$的乘积与最大功率 $P_m$ 的比值定义为填充因子FF，即有

$$FF=\frac{P_m}{U_{OC}I_{SC}}=\frac{I_mU_m}{U_{OC}I_{SC}}。$$

填充因子 FF 是太阳电池的重要表征参数，它取决于入射光强、材料的禁带宽度、$A$ 因子、串联电阻和并联电阻等，FF 越大则输出的功率越高。

### 3.3.2.6　太阳能电池的功率温度系数

当光伏电池温度变化时，相应的输出电流与输出电压会发生变化，光伏电池输出功率也会发生变化。温度每变化 1℃，光伏电池输出功率的变化值称为光伏电池功率温度系数，通常用 $\gamma$ 表示。

根据式(3-1)和式(3-2)，可以得到 25℃时光伏电池理论输出最大功率表达式，即

$$P=U_{OC(25)}I_{OC(25)}[1+(\alpha+\beta)\Delta T+\alpha\beta(\Delta T)^2]。$$

具体计算是往往不考虑二次方项，有

$$P=U_{OC(25)}I_{OC(25)}[1+(\alpha+\beta)\Delta T]=U_{OC(25)}I_{OC(25)}(1+\gamma\Delta T),$$

即

$$\gamma=\alpha+\beta,$$

$\gamma$ 就是太阳能电池的功率温度系数。

一般地，晶体硅光伏电池的开路电压系数 $\beta$ 的绝对值比短路电流系数 $\alpha$ 值要大，因此光伏电池的功率温度系数 $\gamma$ 通常为负数，表明随着温度的上升，光伏电池的输出功率要下降。主要原因是光伏电池的输出电压下降得比较快，而输出电流上升得比较慢。对于一般的晶体硅光伏电池，$\gamma=-(0.35\sim0.5)\%/℃$。如图 3-20 所示，给出了光伏电池输出功率与温度的关系曲线。

### 3.3.2.7　太阳能电池的光电转换效率

太阳能电池的光电转换效率是指电池受光照时的最大输出功率与照射到电池上的入射光的功率 $P_{in}$ 的比值，用符号 $\eta$ 表示，即

$$\eta=\frac{I_m U_m}{P_{in}}=\frac{P_m}{P_{in}}。$$

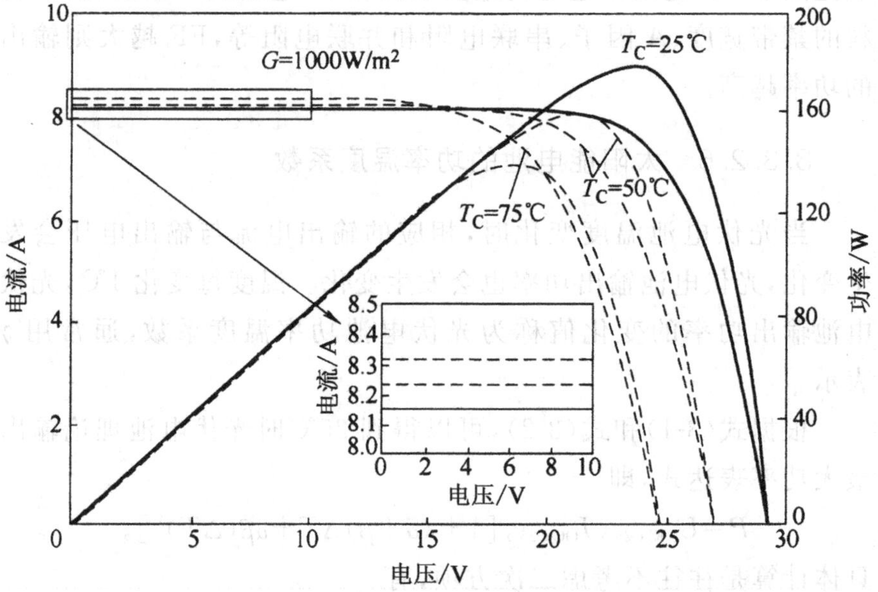


图 3-20　光伏电池输出功率与温度的关系曲线

太阳能电池的光电转换效率是衡量电池质量和技术水平的重要参数，它与电池的结构、结特性、材料性质、工作温度、放射性粒子辐射损伤和环境变化等有关。目前硅太阳能电池的理论光电转换效率的上限值为33％左右，商品硅太阳能电池的光电转换效率一般为12％～15％，高效硅太阳能电池的光电转换效率可达18％～20％。

### 3.3.3　太阳能电池的等效电路

光伏电池可用不同的等效电路来表示，但最常用的是所谓的单二极管等效电路，如图3-21所示。在图3-21中，恒流源 $I_{ph}$ 可以看成是光伏电池中产生光生电流的恒流源，与之并联的是一个处于正向偏置的二极管，通过二极管PN结的漏电流表示为 $I_D$，称为暗电流。暗电流是在无光照时，在外电压作用下 PN 结内流过的电流，这个电流的方向与光生电流 $I_{ph}$ 的方向相反，会抵消部分光生电流，暗电流 $I_D$ 可表示为

$$I_D = I_0 (e^{\frac{qU}{nkT}} - 1)。$$

式中：$I_0$ 为二极管反向饱和电流，是黑暗中通过 PN 结的少数载流子的空穴电流和电子电流的代数和；$U$ 为光伏电池的输出端电压；$q$ 为电子电荷量；$T$ 为光伏电池的热力学温度；$k$ 为玻耳兹曼常数；$n$ 为二极管的理想因数，数值为 1～2，在大电流时靠近 1，在小电流时靠近 2，通常取为 1.3 左右。

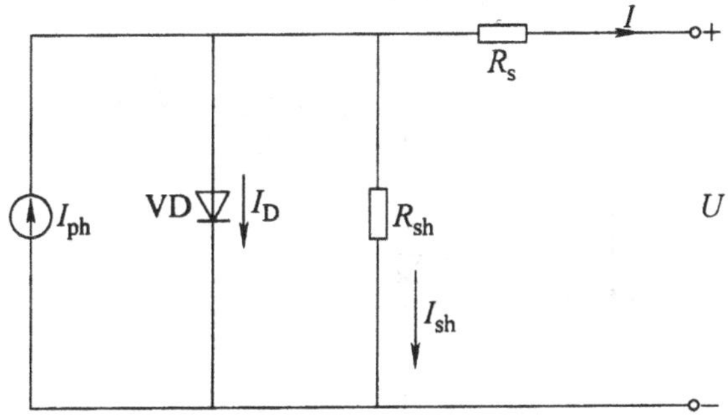


**图 3-21　太阳能光伏电池的等效电路**

串联电阻 $R_s$ 对光伏电池的特性影响比较大，它主要是由半导体材料的体电阻、金属电极与半导体材料的接触电阻、扩散层横向电阻、金属电极本体电阻四个部分组成。其中，扩散层横向电阻是串联电阻的主要成分，一般来说，质量好的硅晶片 $1cm^2$ 的串联电阻 $R_s$ 值为 7.7～15.3mΩ。

并联电阻 $R_{sh}$ 对光伏电池特性的影响要比串联电阻小，它主要是由于光伏电池表面污染、半导体晶体缺陷引起的边缘漏电或耗尽区内的复合电流等产生的，一般来说，质量好的硅晶片 $1cm^2$ 的并联电阻 $R_{sh}$ 值为 200～30Ω。

在图 3-21 所示的电路中，如果光伏电池输出电压为 $U$，考虑到并联电阻的影响，可以得到其输出电流 $I$ 的表达式为

$$I = I_{ph} - I_D = I_{ph} - I_0\left(e^{\frac{q(U+IR_s)}{nkT}} - 1\right) - \frac{U + IR_s}{R_{sh}}。$$

在具体实践中，为了进一步简化计算，通常可以不考虑并联电阻 $R_{sh}$ 的影响，即可以认为 $R_{sh}=\infty$，这时等效电路简化为如图 3-22 所示。如果进一步忽略串联电阻 $R_s$，则为理想等效电路。此时，输出电流 I 的表达式为

$$I = I_{ph} - I_D = I_{ph} - I_0\left(e^{\frac{q(U+IR_s)}{nkT}} - 1\right)。$$

实际的光伏电池等效电路中还应该包含 PN 结的结电容及其他分布电容的影响，考虑到实际应用中光伏电池并不流过交流分量，因此模型中可以忽略不计。

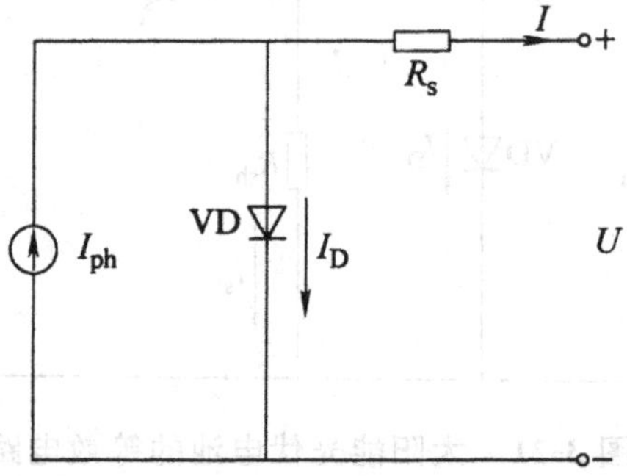


**图 3-22　太阳能光伏电池的简化等效电路**

## 3.3.4　太阳能光伏电池最大功率点跟踪控制

太阳辐射是不停变化的，这就导致太阳能电池输出电压也会发生变化，太阳能光伏电池的伏安特性曲线具有非线性的特性，从特性曲线上可以看出，在太阳能光伏电池输出端口接上不同的负载，其输出电流不同，这样输出的功率也会发生变化，将太阳能光伏电池伏安特性曲线上每一点的电流与电压相乘，可以得到太阳能光伏电池功率-电压特性曲线，如图 3-23 所示。通过图 3-23 可以发现，在某一个电压下，太阳能光伏电池有最大输出功率。当环境参数例如太阳辐照度、环境温度等发生变化时，太阳能光

伏电池的伏安特性曲线会发生变化，功率-电压特性也会发生变化，输出的最大功率不同。如何能在不同的环境参数条件下输出尽可能多的电能，提高太阳能光伏发电系统的效率，这就在理论上与实践中提出了太阳电池最大功率点跟踪（MPPT）问题。关于太阳电池最大功率点跟踪问题，已有相当多的文献与著作对这方面进行了深入的探讨与研究，并提出了多种控制方法。

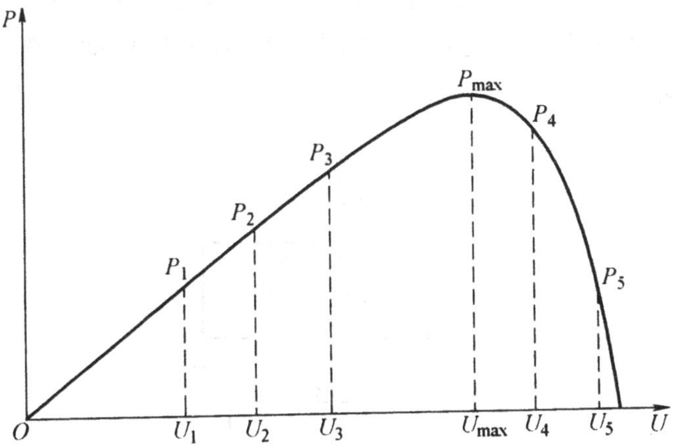


**图3-23 太阳能光伏电池功率-电压特性曲线**

### 3.3.4.1 固定电压跟踪法

固定电压跟踪法是对最大功率点曲线进行近似，求得一个中心电压，并通过控制使光伏阵列的输出电压一直保持该电压值，从而使光伏系统的输出功率达到或接近最大功率输出值。这种方法具有使用方便、控制简单、易实现、可靠性高、稳定性好等优点，而且输出电压恒定，对整个电源系统是有利的。但是这种方法控制精度较差，忽略了温度对光伏阵列开路电压的影响，而环境温度对光伏电池输出电压的影响往往是不可忽略的。为克服使用场所冬夏、早晚、阴晴、雨雾等环境温度变化给系统带来的影响，在固定电压跟踪法的基础上可以采用人工调节或微处理器查询数据表格等方式进行修正。

### 3.3.4.2 扰动与观察法

扰动与观察法的原理是先给一个扰动输出电压信号($U+\Delta U$)，然后测量系统输出功率的变化，并与扰动前的功率值进行比较，如果功率变化值是增加的(为正)，则表示扰动的方向是正确的，应该继续沿同一方向进行扰动($+\Delta U$)；如果扰动后的输出功率小于扰动前的输出功率，则表示扰动的方向是错误的，要往反向进行扰动($-\Delta U$)。如图 3-24 所示是扰动与观察法的控制流程图。

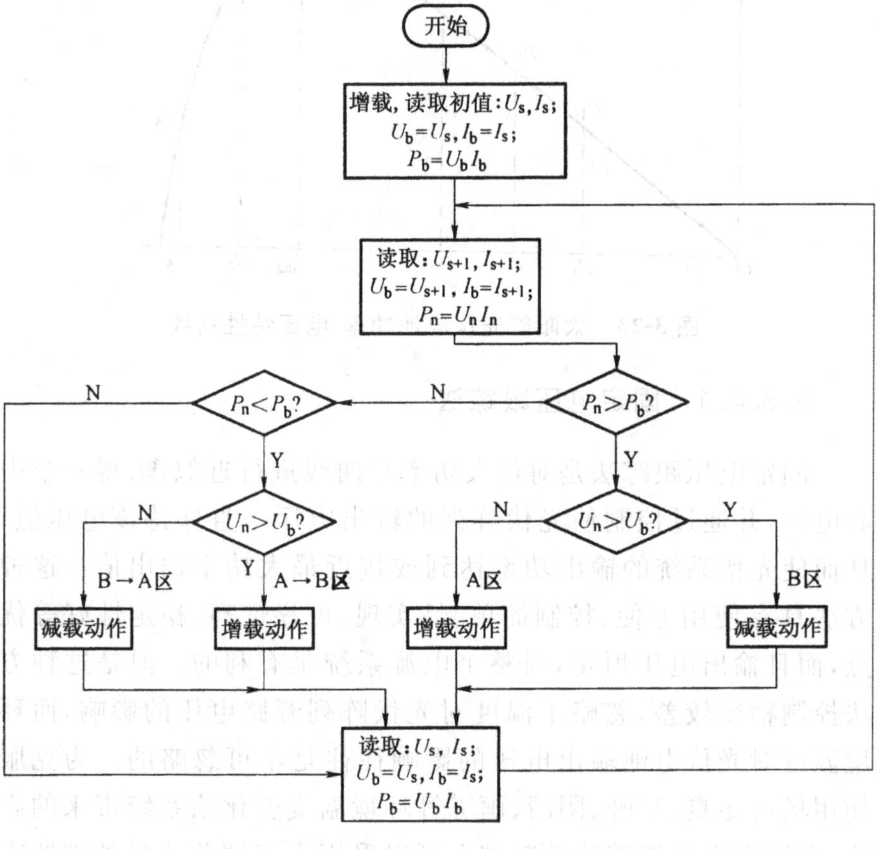


图 3-24 扰动与观察法的控制流程

扰动与观察法硬件实现电路结构不复杂，需要测量的参数也不多，因此获得了较普遍的应用。从扰动与观察法的原理可以看出，这种方法实际上是通过不断变动太阳电池的输出电压来跟踪最大功率点，当达到最大功率点附近之后，系统的扰动不会也不能停止，会在最大功率点附近振荡。理想的情况下，这种方法会在最大功率点左右各有一个 $\Delta U$ 的振荡，即输出电压最少会有三个变化点，这种振荡是保持最大功率点跟踪所必需的，但因此也会造成能量的损失并降低太阳电池的效率。

在大气环境变化缓慢时，这种振荡造成的损失更为严重。理论上可以减小每次扰动的幅度来减少能量的损失，但在实际中当环境温度或太阳辐照度快速变化时，这种减小扰动幅度的做法会使跟踪到新的最大功率点的速度变慢，造成能量的浪费。因此，采用扰动与观察法时，扰动幅度的大小是一个关键的变量，会显著影响系统的效率。采用变步长的扰动与观察法可以在一定程度上解决这个问题。

#### 3.3.4.3　增量电导法

增量电导法也是 MPPT 控制常用的算法之一。由光伏阵列的功率-电压特性曲线可知，当输出功率 $P$ 为最大时，即 $P_m$ 处的斜率为零，可得

$$\frac{dP}{dU}=I+U\frac{dI}{dU}=0。\tag{3-3}$$

将式(3-3)进行整理可得

$$\frac{dI}{dU}=-\frac{I}{U},\tag{3-4}$$

式(3-4)为光伏阵列达到最大功率点的条件，即当输出电压的变化率等于输出瞬态电导的负值时，光伏阵列即工作于最大功率点。增量电导法就是通过比较光伏阵列的电导增量和瞬间电导来改变控制信号，这种方法也需要对光伏阵列的电压和电流进行采样。由于该方法控制精度高，响应速度较快，因而适用于大气条件变化较快的场合。同样由于整个系统的各个部分响应速度

都比较快，故其对硬件的要求，特别是传感器的精度要求比较高，导致整个系统的硬件造价比较高。

如图 3-25 所示是增量电导法的 MPPT 控制算法控制流程图。图中，$U_n$、$I_n$ 为光伏阵列当前电压、电流检测值，$U_d$、$I_d$ 为前一控制周期的采样值。这种控制算法的最大优点是在光照强度发生变化时，光伏阵列的输出电压能以平稳的方式跟踪其变化，其暂态振荡比扰动观察法小。

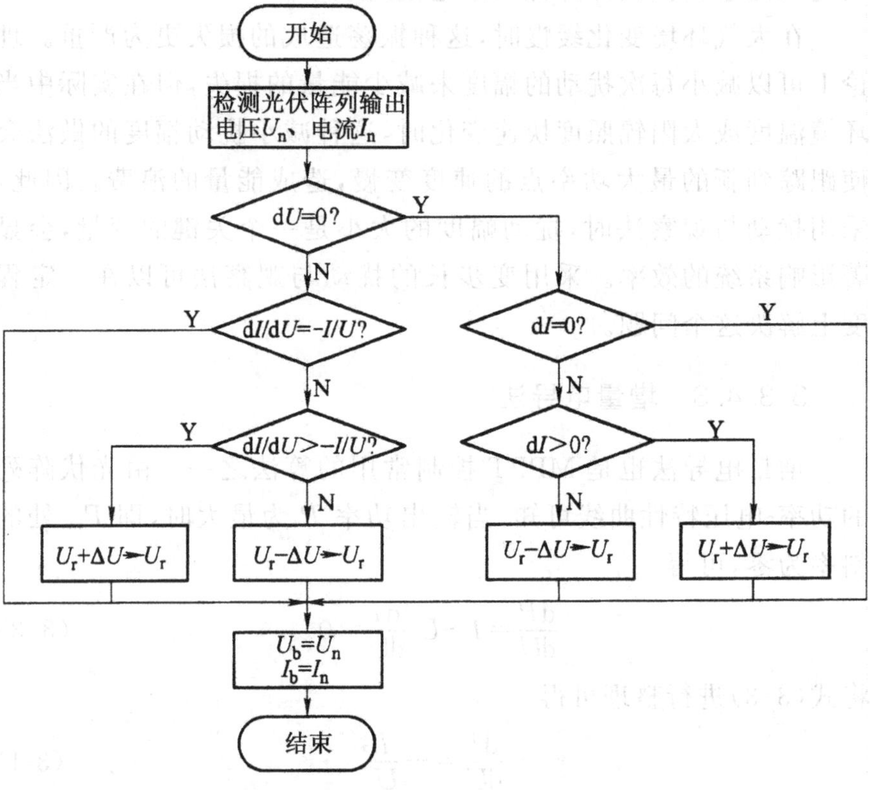


**图 3-25 增量电导法的 MPPT 控制算法控制流程图**

### 3.3.4.4 实际测量法

容易发现，要实现太阳电池的最大功率点跟踪，要测量的主要参数就是开路电压、短路电流、太阳电池温度等。在较大容量的太阳能光伏发电系统中，也可利用与主要太阳电池相同的一片额外的小太阳电池组成一个小的系统，每隔一段时间实际测量这一小块太阳电池的开路电压、短路电流及温度等参数，建立太阳电池在此辐照度及温度等环境参数下的参考模型，并求出在此环境参数条件下的最大功率点的电压和电流，通过通信网络将这种控制参数传递给其他控制器，使整个系统的太阳电池工作在此电压(或电流)下，即可达到最大功率点跟踪的效果。

这种方法的最大优点在于通过实际测量来建立参考模型，因此可避免因太阳电池及元器件老化而导致参考模型失去准确度的问题。此外，由于这种方法需要额外的太阳电池及一些检测与通信电路，因此较适用于较大功率的太阳能光伏发电系统，对小功率系统而言，由于考虑成本问题，并不适用。

#### 3.3.4.5　模糊逻辑控制法

由于受太阳光照强度的不确定性、光伏阵列温度的变化、光伏阵列输出特性的非线性及负载变化等因素的影响，实现光伏阵列的最大功率输出或最大功率点跟踪时，需要考虑的因素很多。模糊逻辑控制法不需要精确建立控制对象的数学模型，是一种比较简单的智能控制方法，采用模糊逻辑的方法进行 MPPT 控制，可以获得比较理想的效果。使用模糊逻辑的方法进行 MPPT 控制，通常要确定以下四个方面：

(1) 确定模糊控制器的输入变量和输出变量。

(2) 拟定适合本系统的模糊逻辑控制规则。

(3) 确定模糊化和逆模糊化的方法。

(4) 选择合理的论域并确定有关参数。

如图 3-26 所示为采用模糊逻辑方法进行光伏阵列 MPPT 控制算法的流程。实践表明，糊逻辑控制法具有较好的动态特性和控制精度，可以大规模推广使用。

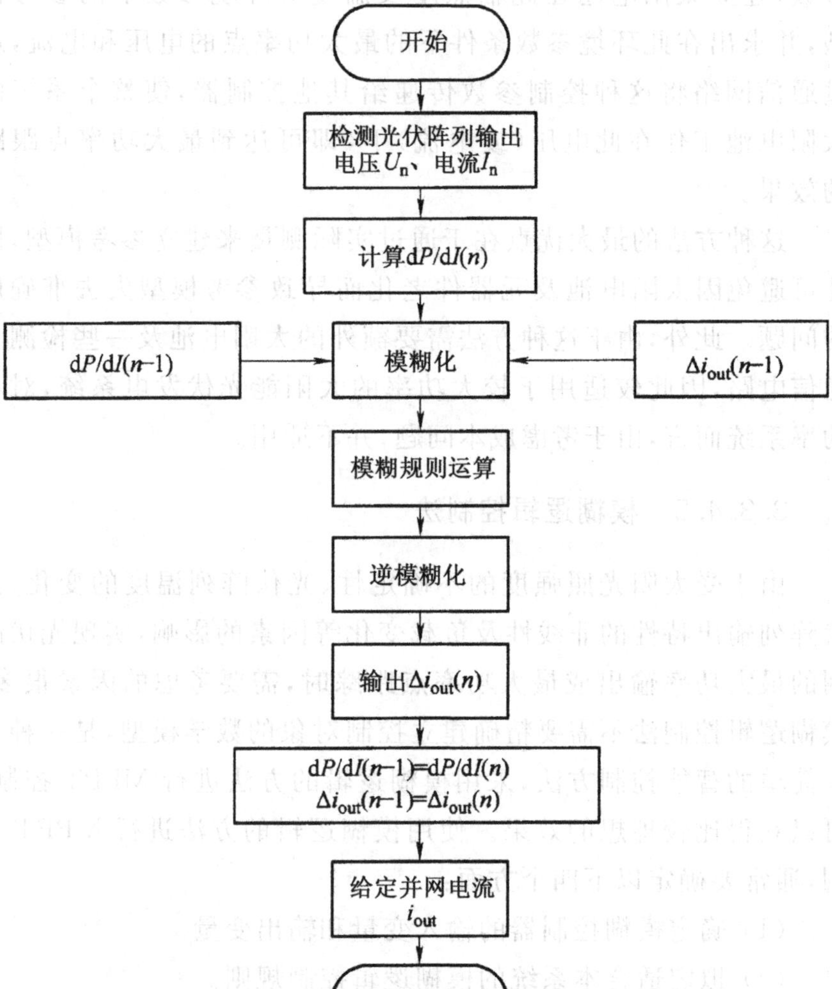


**图 3-26　采用模糊逻辑方法进行光伏阵列 MPPT 控制算法的流程图**

# 3.4　光伏发电的特点及存在的主要技术问题

## 3.4.1　太阳能光伏发电的特点

与其他可再生能源发电技术相比，太阳能光伏发电技术既具有优点，也不可避免地具有一些缺点。

### 3.4.1.1　太阳能光伏发电技术的优点

与其他可再生能源发电技术相比，太阳能光伏发电技术具有多方面的优点，具体如下：

(1) 资源丰富。太阳能资源储量巨大，取之不尽、用之不竭。

根据目前太阳质量的消耗速率计算，太阳内部的热核反应足以维持 $6\times10^{10}$ 年，而火力发电所用的石油、煤炭等资源，都只有几十年，最多不过 100 来年的使用储量。故而，太阳能资源可以视为一种永远用不完的能源。另外，制造太阳能光伏电池的硅，也是地壳中的储量第二的元素，同样相当丰富。

(2) 资源获取容易。太阳能资源分布广阔，获取方便。尽管由于地理和气象条件的差异，各地可以利用的太阳能资源多少有所不同，但它既不需要开采和挖掘，又不需要运输。

(3) 运输、安装容易。太阳能光伏组件结构简单，体积小，重量轻，因此，运输方便，安装容易，建设周期很短。由于运输和安装都比较容易，只要是太阳能资源较好的地方就可以建设使用光伏发电，例如沙漠地区。另外，太阳能光伏发电的规模可大可小，可以方便地与建筑物相结合等。

(4) 安全、可靠、寿命长。光伏电池没有移动部件，也不发生任何化学变化，因而运行安全，可靠性高，没有物质损耗，使用寿命长。晶体硅太阳能电池寿命可长达 20～35 年。

(5) 降价速度快,能量偿还时间有可能缩短。据统计,太阳能光伏发电的成本,1950 年为 1.5 美元/(kW·h),1987 年为 35 美分/(kW·h),1992—1993 年为 24 美分/(kW·h),2003 年为 14 美分/(kW·h),与调峰电价相当,而到 2010 年已经降为 6～10 美分/(kW·h),可以与市电竞争。

(6) 运行、维护简单。太阳能光伏电池没有移动部件,容易启动,随时使用。在光电转换过程中,光伏材料也不发生任何化学变化。因而没有机械磨损和消耗,故障率低,运行和维护都比较简单,可以无人值守。

(7) 清洁,环境污染少。太阳能是一种清洁的能源,使用太阳能不会有废水、废气等污染物排放。同时,光伏电池没有移动部件,也不发生任何化学变化。因而不会产生噪音,而且无气无味,对环境的直接污染很少。在所有可再生和不可再生能源发电系统中,光伏电池对环境的负面影响可能是最小的。然而,需要特别指出的是,晶体硅光伏电池生产前期的晶体硅片制造过程为高耗能、高污染。

(8) 具有供电自主性。离网运行的光伏发电系统,具有供电的自主性、灵活性,并且可与其他能源整合操作,如光伏-风力发电或光伏风力发电-柴油发电互补系统等。

#### 3.4.1.2 太阳能光伏发电技术的缺点

当然,太阳能光伏发电也存在一些限制其大规模推广应用的不足之处,主要包括如下几个方面:

(1) 初投资大。如果太阳能光伏系统的初投资减少,常规燃料的成本上升,则在经济方面光伏系统将更具竞争性。

(2) 能量分散(能量密度低)。太阳能的能量密度很低,也就是说,在单位时间内投射到单位面积上的太阳能是相当少的。即使是晴朗白昼的正午,在垂直于太阳光方向的地面上,$1m^2$ 面积上所能接收的太阳能平均也只有 1kW 左右,大多数情况下还达不到每平方米 1kW 的水平。作为希望大规模利用的能源，这样的能量密度是很低的。在实际应用中，要想得到较大的功率，就需要设立面积相当大的太阳能收集设备，因而占地面积大、材料用量多、结构复杂、成本增高，从而影响其推广应用。

(3) 地域性强。地理位置不同，气候不同，使各地区日照资源各异。因而功率相同的太阳能电池组件，在各地的实际发电量是不同的。因此理想的光伏发电系统均要因地制宜地进行设计计算。

(4) 能量不稳定。阳光的辐射角度随着时间不断发生变化，再加上气候、季节等因素的影响，到达地面某处的太阳直接辐射能是不稳定的，具有明显的波动性甚至随机性。

(5) 能量不连续。随着昼夜的交替，到达地面的太阳直接辐射能具有不连续性。夜间没有太阳直接辐射，散射辐射也很微弱，大多数太阳能设备在夜间无法工作。为克服上述困难，就需要研究和配备储能设备，把在晴朗白昼收集的太阳能(正常使用之后的剩余部分)储存起来，供夜晚或阴雨天使用。

(6) 效率有待改进。从投资的有效性出发，要求高效率的使用光伏系统资源，这意味着用户必须更换效率低的负载设备。

## 3.4.2　太阳能光伏发电的主要技术问题

目前，对于太阳能光伏电池的大规模应用，有几个重大的技术问题还有待突破，如提高光电转换效率、高压大容量化、并网控制、宇宙太阳能发电等。

### 3.4.2.1　提高太阳能光伏电池的转换效率

提高太阳能光伏电池的光电转换效率，是降低太阳能光伏发电设备成本的主要手段。转换效率高，可以在同样发电容量下，减少光伏电池阵列的面积，减少光伏电池模块用量。因此成为太阳能发电技术的主要发展方向。

实践证明，光伏电池的光电转换效率是代表材料性能、器件结构、制备技术、工艺设备和检测手段等综合性能水平的标志性指标。小尺寸（$1cm^2$）光伏电池的研究开发水平：单晶硅光伏电池24.7%，多晶硅光伏电池19.8%，非晶硅光伏电池15%，铜铟硒光伏电池18.8%，砷化镓光伏电池33%，有机纳米晶光伏电池5.48%。商品化生产的大尺寸（$1200cm^2$）光伏电池的转换效率：单晶硅光伏电池15%，多晶硅光伏电池12%，非晶硅光伏电池8%，铜铟硒光伏电池10%。

另外，提高光伏电池的工作效率，也是人们十分关注的问题。经过实践检验发现，采用阳光“自动跟踪”装置后，电池板的平均输出能量可以提高30%以上。

#### 3.4.2.2　太阳能光伏电池的高压大容量化

一般情况下，一片表面积为$100cm^2$的单体光伏电池，其输出电压和电流约为0.5V和3A，输出功率只有1～2W，要获得较大的输出功率，必须将单个电池连接并封装为组件，在需要较大功率的应用场合还需要将光伏电池组件组合连接成光伏电池阵列。

要将单体光伏电池组合连接为组件和阵列，其基本的组合方法就是串联和并联，以及以此为基础的混合连接。当两个电池并联时，开路电压不变，但总的短路电流是两个电池的短路电流之和。当两个电池串联时，其总输出电流受到输出电流小的电池的限制，而开路电压是两个电池开路电压之和。如果串联电池的串中有一个电池受到遮挡，其短路电流和输出电流就会降低，整个电池串的输出电流就会受到这一个电池的限制而相应降低。但此时电池串中的其他电池并未受到遮挡，仍然具有输出更高电流的能力，当其他电池试图以大于允许短路电流值的电流强行通过这块被遮挡的电池时，就使得该电池被反向偏置。如果能够使得被遮挡电池的反向击穿电压变得很低，整个电池串仍然能够输出较大的电流，但这将在这块被反向击穿的电池中耗散比正常情况大得多的功率，形成所谓"热点"问题。

鉴于以上原因，通常都要在光伏电池组件的两端反向并联一个二极管，称为旁路二极管，如图3-27所示。在正常情况下，旁路二极管中的电流为零，不影响光伏电池组件的输出，但当电池组件受到遮挡或由于其他原因使得其输出下降或根本没有输出时，旁路二极管可作为电池串电流通过该组件的另一条通路。而且由于此时电池串电流并没有将被遮挡的组件反向击穿而强行通过，不会在组件中造成热损。

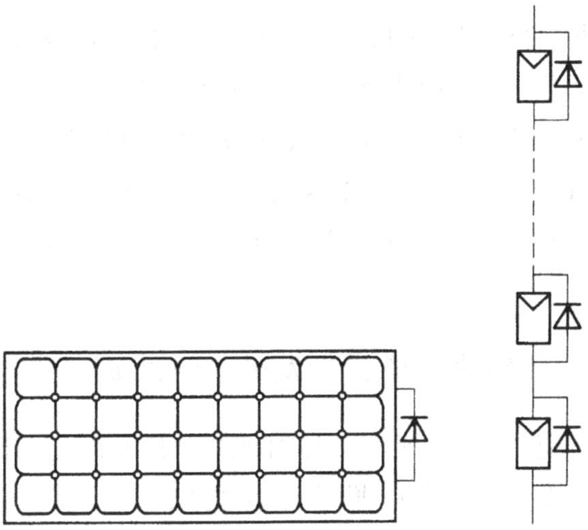

（a）组件　　（b）太阳电池串

**图3-27　光伏电池组件及电池串**

#### 3.4.2.3　大规模太阳能光伏并网发电系统的并网控制

对于大规模太阳能光伏并网发电系统而言，其并网逆变器需要具有以下功能：

(1) 最大功率点跟踪控制(MPPT)。太阳能电池方阵的输出随太阳辐照度和太阳能电池方阵表面温度而变动。因此需要跟踪太阳能电池的工作点并进行控制，使其始终处于最大输出，并获取最大输出。MPPT控制就起到了这种作用。它每隔一定时间让并网逆变器的直流工作电压变动一下，测定此时的太阳能电池方阵输出功率并同前次作比较，始终使并网逆变器的直流电压沿功率变大的方向变化。

(2) 自动运行和停机功能。天气晴朗的早晨开始，太阳辐照度逐渐增大，当达到可获取输出的条件时，并网逆变器即自动开始运行。一旦进入运行状态就开始自动监视太阳能电池方阵的输出。日落、阴天或雨天时，只要能获取输出便继续运行，直到太阳能电池方阵输出很小、并网逆变器输出接近 0 为止，然后停机等待。

(3) 防单独运行功能。在光伏系统处于并网的状态下电网发生停电时，如果负载功率与并网逆变器的输出功率相同，并网逆变器的输出电压和频率就不会变化，电压和频率继电器就无法检测出停电状态，光伏系统就有可能继续向电网供电。这种运行状态称为单独运行。一旦发生单独运行，光伏系统将向处于停电状态的电网供电，这对工程检修人员将造成危害。

#### 3.4.2.4 宇宙太阳能光伏发电系统的研发

在地球上应用太阳能时，太阳能的利用量受太阳电池的设置、经纬度、昼夜、四季等日照条件的变化，而且受大气以及气象状态等因素的影响也很大。另外，宇宙的太阳光能量密度比地球上高 1.4 倍左右，日照时间比地球上长 4～5 倍，发电量比地球上高出 5.5～7 倍。

为了克服地面上发电的不足之处，人们提出了宇宙太阳能发电(SSPS)的概念。所谓宇宙太阳能发电，是将位于地球上空 36000km 的静止轨道上的宇宙空间的太阳电池板展开，将太阳电池发出的直流电转换成微波，通过输电天线传输到地球或宇宙都市的受电天线，然后将微波转换成直流或交流电能供负载使用。宇宙太阳能发电由数千兆瓦的太阳电池、输电天线、电力微波转换器、微波电力转换器以及控制系统等构成。

# 3.5 太阳能光伏发电系统的工程应用

根据具体工程应用形式的不同,太阳能光伏发电系统可以分为两大基本类型,一种是太阳能离网光伏发电系统,另一种是太阳能并网光伏发电系统。

## 3.5.1 太阳能离网光伏发电系统

所谓太阳能离网光伏发电系统,具体是指没有与公用电网相连的太阳能光伏发电系统,也称为独立光伏发电系统。由于太阳能资源具有分散性,而且随处可得,太阳能光伏发电系统特别适合作为独立的电源,如边远地区的村庄及户用供电系统、太阳能电池照明系统、太阳能电池水泵系统以及大部分的通信电源系统等都属此类。

太阳能离网光伏(独立)系统又可以按不同方式进行分类。按系统是针对户用负载或其他负载可分为离网户用系统与离网非户用系统两个子大类;按输出电压的性质,又可以细分为直流与交流两个子类;进一步,按系统中是否含有储能蓄电池,可分为有蓄电池系统与无蓄电池系统,如图3-28所示。

图3-29所示是太阳能离网(独立)光伏发电系统的组成结构图。一般地,太阳能离网(独立)光伏发电系统主要由光伏组件(阵列)、蓄电池、逆变器、控制器与连接装置等组成。当光线照射到光伏阵列上时,光能转化为电能,输出额定的直流电压。直流电通过汇流装置输入到控制器,控制器根据负荷的大小和蓄电池的状态决定对蓄电池充电还是向负荷供电。在夜晚或阴雨天,太阳光照没有或者不足,发电系统无法发电,这时就需要控制器控制蓄电池将所储存的电能提供给负荷使用。对于交流负荷,还必须先把直流电逆变成交流电。

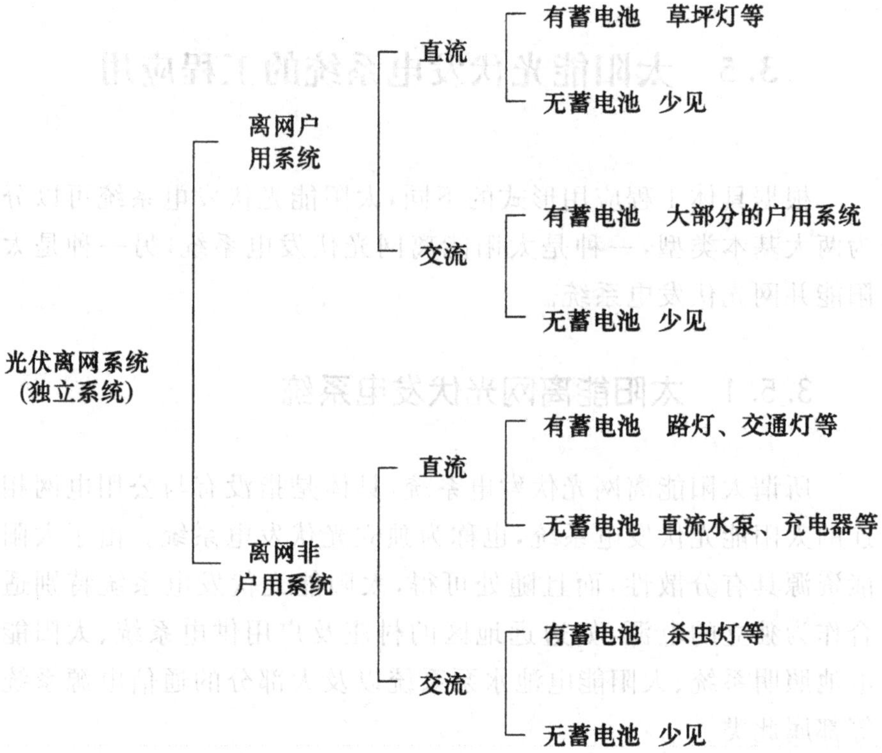


图 3-28　太阳能离网光伏(独立)系统简单分类

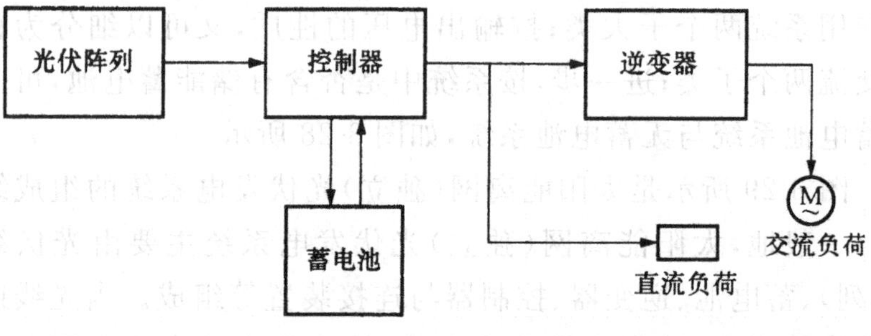


图 3-29　太阳能离网(独立)光伏发电系统的组成

随着经济的不断发展,人们的生活水平逐步提高,住房面积也越来越大,各种用电设备也在增多,对太阳能离网(独立)光伏发电系统的容量提出了更高的要求。为此,人们设计了太阳能离网(独立)光伏发电一体机结构。在这种系统中,可以同时输出直流与交流电，系统配备的光伏电池阵列可以达到几百瓦，控制器与逆变器做成一体，完成从太阳能直流电到交流电变换的功能，其结构如图 3-30 所示。

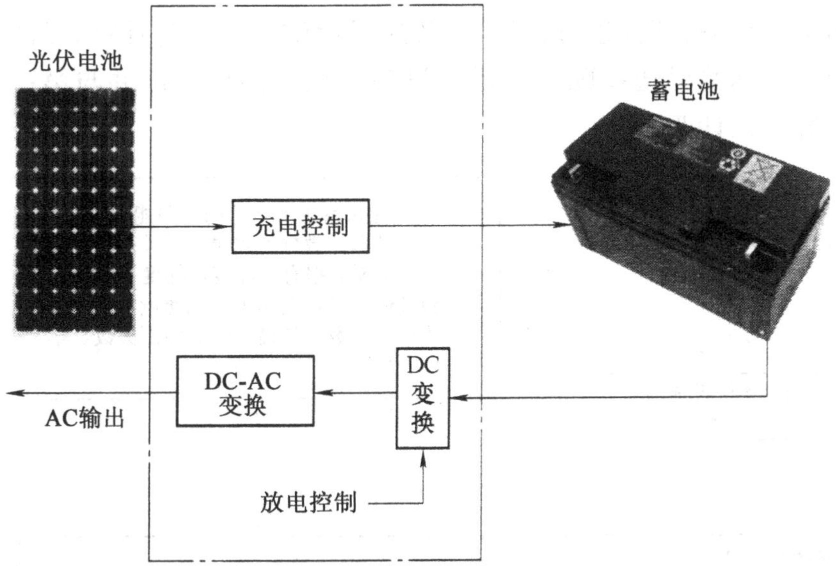


图 3-30　太阳能离网(独立)光伏发电一体机的结构

一般地，太阳能离网(独立)光伏发电系统主要应用于远离公共电网的无电地区和一些特殊处所，如偏僻农村、牧区、海岛、高原、沙漠等，还有通信中继站、沿海与内河航标、输油输气管道保护、气象站、公路道班以及边防哨所等。在我国，为给农村不通电乡镇及村落的广大居民解决基本生活用电，并为特殊处所提供基本工作电源，经过近 50 年的努力，太阳能离网(独立)光伏发电系统已有一定的发展。目前，我国已经成功地在边远地区建立起许多乡级光伏电站，解决了当地居民的用电困难。

对于太阳能离网(独立)光伏发电系统的设计，其设计的基本原则为合理、实用、高可靠性及高性价比，如图 3-31 所示，给出了太阳能离网(独立)光伏发电系统设计的基本步骤及内容。一般情况下，太阳能离网(独立)光伏发电系统的设计，要分成如下两个部分进行：

(1) 光伏系统的容量设计。这部分内容是对光伏电池组件和蓄电池的容量进行计算，目的是计算出系统在全年内能够满足用电要求并可靠工作所需要的光伏电池组件和蓄电池的容量。

(2) 光伏系统的系统配置与设计。这部分主要是对系统中电力电子设备、部件进行选型，以及附属设施的设计与计算，目的是根据实际情况选择配置合适的设备、设施与材料等，并与第一步的容量设计匹配。

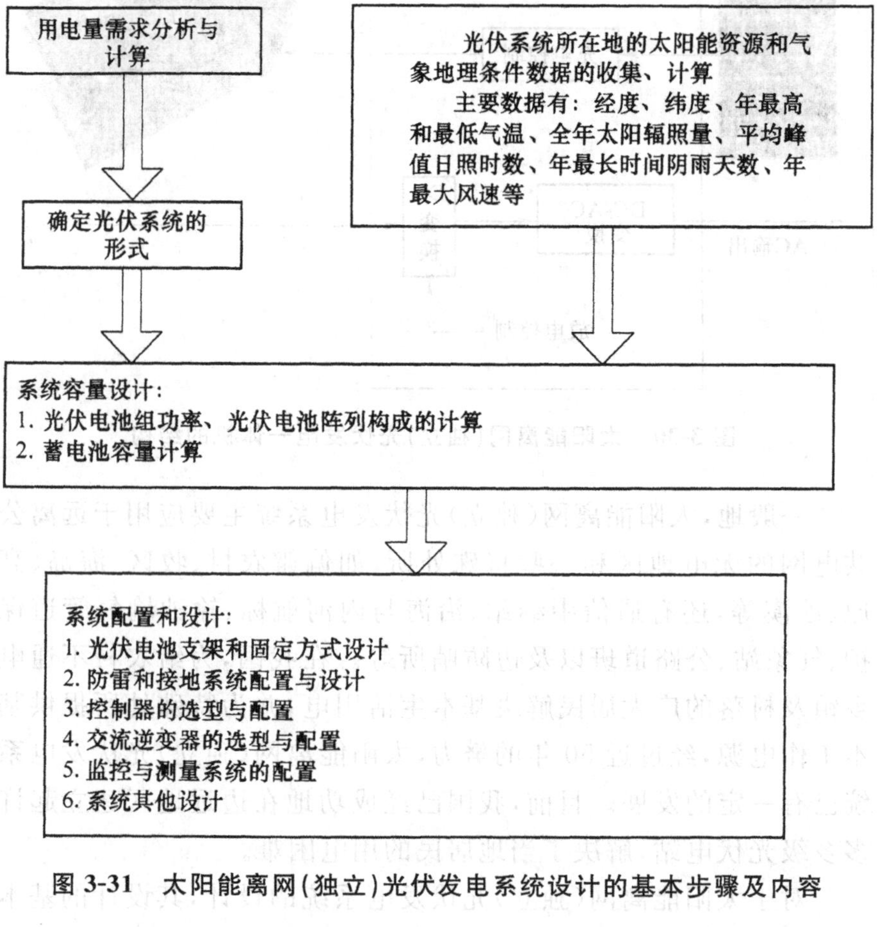


图 3-31　太阳能离网(独立)光伏发电系统设计的基本步骤及内容

一般地，设计太阳能离网(独立)光伏发电系统时需要考虑的因素有负载用电特性、光伏电池组件的方位角、光伏电池组件的倾斜角、平均日照时数、峰值日照时数、全年太阳能辐照总量、最长连续阴雨天数等，限于本书篇幅，这里不再详细讨论。

## 3.5.2 太阳能并网光伏发电系统

所谓太阳能并网光伏发电系统，具体是指与公共电网相连并共同承担供电任务的太阳能光伏发电系统。它是太阳能光伏发电系统进入大规模商业化发电阶段时的主要方式，也是当今世界太阳能光伏发电技术发展的主流趋势。并网光伏发电系统所发出的电能直接回馈到电网，以电网为储能装置，省去了储能装置，与独立光伏发电系统相比，可减少投资 35%～45%。图 3-32 给出了太阳能并网光伏发电系统的基本组成结构示意图。

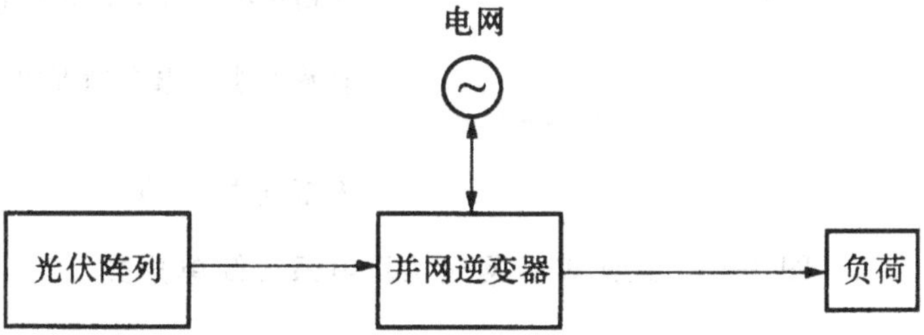


**图 3-32　太阳能并网光伏发电系统的基本组成结构**

一般情况下，太阳能并网光伏发电系统有多种分类方式与类型，图 3-33 给出了太阳能并网光伏发电系统简单分类。按并网的地点是否集中，可分为分布式并网系统与集中式并网系统两个大类；按电能的流向进行分类，又可划分为有逆潮流并网系统、无逆潮流并网系统、切换式并网系统三类；进一步，按系统中是否有蓄电池，又可进一步划分成有蓄电池与无蓄电池系统。

简单地说，太阳能并网光伏发电系统就是把光伏阵列所产生电力除了供给直流负荷外，多余的电力反馈给电网。图 3-34 给出了太阳能并网光伏发电系统的结构简图。一般地，按照光伏系统中是否有储能系统，太阳能并网发电系统可分为可调度式并网系统和不可调度式并网系统。可调度式并网系统带有储能系统，可根据需要随时将光伏发电系统并入式退出电网；不可调度式并网系统中不带储能系统，馈入电网的电力完全取决于日照的情况，在阴雨天或夜晚，这类系统没有产生电能或者产生的电能不能满足负荷需求时就由电网供电。因为直接将电能输入电网，免除配置蓄电池，省掉了蓄电池储能和释放的过程。可以充分利用光伏阵列所发的电力从而减小了能量的损耗，并降低了系统的成本。

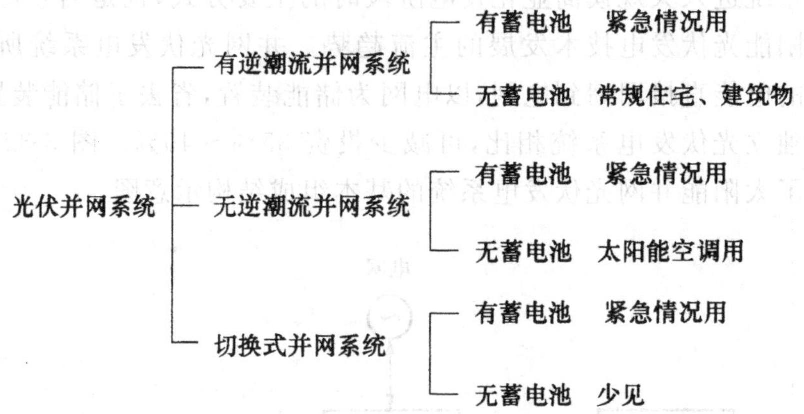


图 3-33　太阳能并网光伏发电系统简单分类

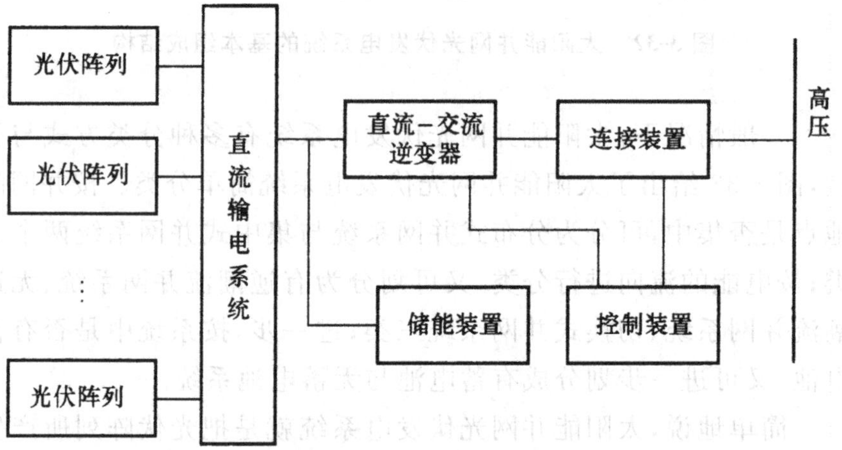


图 3-34　太阳能并网光伏发电系统结构简图

太阳能并网光伏发电系统是太阳能光伏发电进入大规模商业化发电阶段、成为电力工业组成部分之一的重要方向，也是当今世界太阳能光伏发电技术发展的主流趋势。特别是其中的光伏电池与建筑相结合的联网屋顶太阳能光伏发电系统，是众多发达国家竞相发展的热点，其发展迅速，市场广阔，前景诱人。我国在太阳能并网光伏发电系统研发方面虽然较美国、欧洲各国、日本等发达国家为晚，但也已经取得了十分骄人的成就。

在太阳能并网光伏发电系统的设计过程中，全年发电量最大是最主要的追求指标。要使光伏系统全年的发电量最大，可以采用带跟踪装置的太阳能支架，但多数系统中使用的是固定倾角的支架，这样，确定光伏电池阵列的安装倾角是系统建设初期最主要的任务。太阳能并网光伏发电系统设计中的计算有如下两种情况：

(1) 已确定了光伏系统的容量，计算最佳倾角。这种计算方法中，可以根据光伏电池安装位置的天气和地理资料，求出全年能接收到最大太阳辐射量所对应的角度，即为阵列的最佳倾角。目前已有专门的软件来计算。

(2) 已知用户的用电量，确定光伏电池阵列的容量。这种情况下，要在能量平衡的条件下，通过用户每年用电量的数据，根据最佳倾角计算出光伏电池阵列的容量。

对于太阳能并网光伏发电系统，一般需要专用的并网逆变器，以保证输出的电力满足电网电力对电压、频率等指标的要求。并网逆变器是太阳能并网光伏发电系统最核心的部件，它的基本作用是将光伏电池所产生的直流电能转换成与交流电网频率相同、与交流电网电压相位相同的交流电，同时完成最大功率点跟踪，其结构如图 3-35 所示。一般地，并网逆变器有电压源型与电流源型之分，并网的控制方法又有正弦波脉宽调制与空间矢量脉宽调制等方式，为了使并网的功率因数接近于1，光伏并网逆变器大多数是电流控制型逆变器，即电流控制电压源型逆变器。因为逆变器效率的问题，太阳能并网光伏发电系统一定会有部分的能量损失。

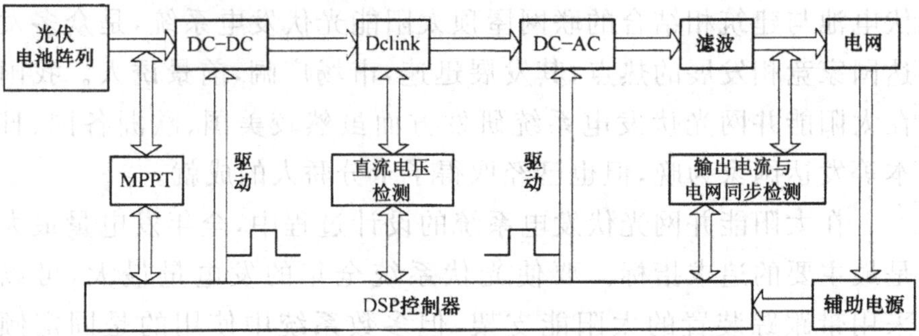


**图 3-35　一个典型的光伏并网逆变器结构**

为了防止光伏电池的直流电流流向电力系统的配电线，给电力系统带来不良影响，光伏并网逆变器中一般都有隔离变换器将直流与交流分开。目前，主要的隔离方式有两种，一种是工频变压器隔离方式，如图 3-36(a)所示；另一种是高频变压器隔离方式，如图 3-36(b)所示。隔离变压器增大了系统体积和重量，降低了系统效率。因此，近年来出现了无变压器非隔离并网逆变器，其结构如图 3-37 所示。这类并网逆变器的特点是效率高，价格低，但有共模漏电流问题，要通过控制方法或电路拓扑解决。

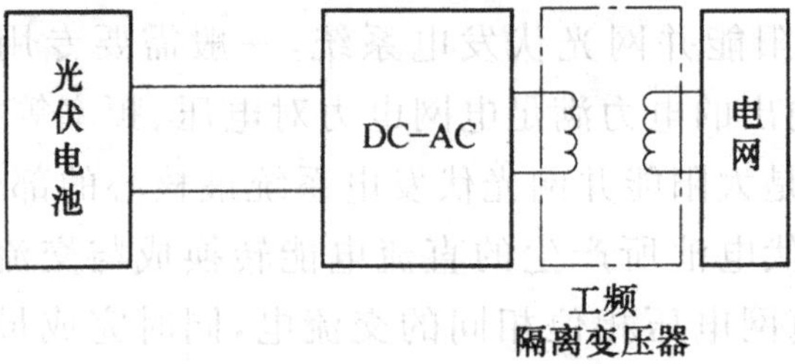


(a) 工频隔离

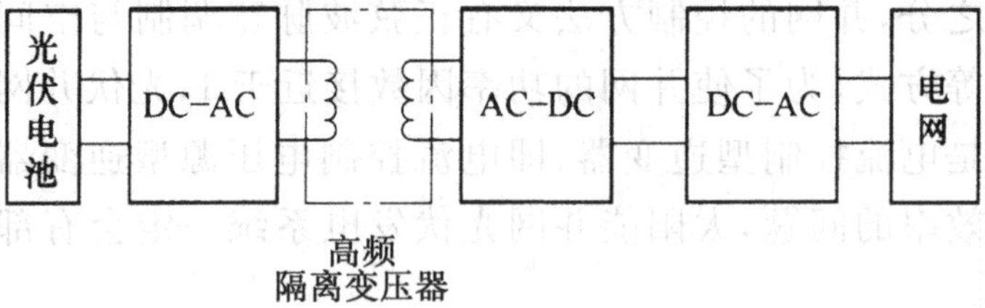


(b) 高频隔离

**图 3-36　变压器隔离的并网逆变器**

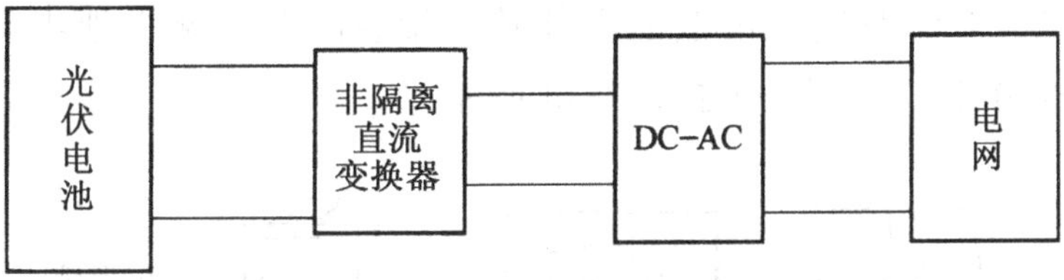


图 3-37　无变压器非隔离并网逆变器

## 3.5.3　太阳能光伏发电系统的应用实例

### 3.5.3.1　辽宁建昌贫困无电山区独立家用太阳能光伏电源系统示范工程

在 20 世纪 90 年代，随着我国改革开放的不断深入，国家计委能源研究所、建昌县农电局与德国 ASE 公司启动了中德科技合作“黄金计划”项目。该项目包括多个子项目，建昌贫困无电山区独立家用太阳能光伏电源系统示范工程属于其中一项。1997 年 3 月，该示范工程基本完成并投入使用，工程设计 353 套独立家用太阳能光伏电源系，其中太阳能电池组件功率 50W 的直流系统 253 套，太阳能电池组件功率的交流系统 100 套。太阳能电池组件总功率峰值约 22650W。

在辽宁建昌贫困无电山区独立家用太阳能光伏电源系统示范工程中，太阳能独立光伏电源系统有直流和交流两大类型，具体如下：

(1) 直流系统。由太阳能电池组件及支架、控制器和蓄电池组 3 部分组成，其结构如图 3-38 所示。

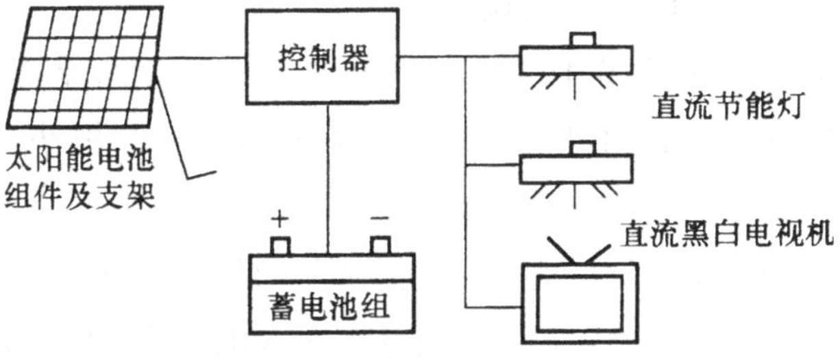


图 3-38　直流家用太阳能光伏电源系统框图

(2) 交流系统。由电池组件及支架、控制器、蓄电池组和逆变器4部分组成,其结构如图3-39所示。

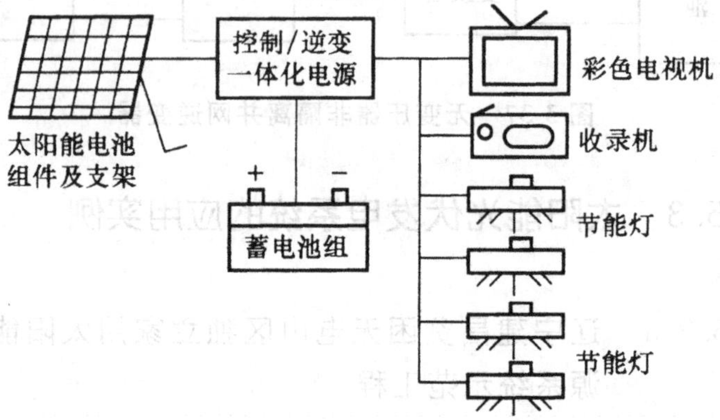


图3-39 交流家用太阳能光伏电源系统框图

整个工程均安排在远离高压输电线路而在相当长的时间内又不可能采用其他方式解决供电问题的零散农户和进山农户,这些用户分布在全县15个乡19个村的20个村民组,共353村民组,共353户。该工程投运及使用以来,运行可靠、发电正常、性能优良,满足了盼电多年的353户无电贫困山区农民点电灯、看电视、听收音机等的用电需要。

#### 3.5.3.2 20kW光伏屋顶并网发电系统

按照太阳能光伏发电系统的规模,可以将其分为如下两类:

(1) 集中大型并网光伏系统。这类系统由于投资大、建设周期长、占地面积大而很少使用。

(2) 分散式小型光伏系统。这类系统,特别是与建筑结合的光伏发电系统,由于投资小、建设快、占地面积小,发展较为迅速。

所谓建筑集成光伏发电系统,具体是指用建筑光伏构件组成的、光伏发电系统与建筑物集成一体的并网光伏发电系统。光伏组件附着于建筑物表面,不作为建筑物围护结构的并网光伏发电系统称为建筑附加光伏发电系统。随着技术和世界经济的可持续发展，越来越多的国家开始有计划地推广太阳能电池与城市建筑相结合的技术，如中国的“金太阳示范工程”和美国的“百万太阳能屋顶计划”等。目前，建筑集成光伏发电系已成为众多发达国家竞相发展的热点，发展十分迅速，市场广阔，前景诱人。

由北京自动化技术研究所与合肥工业大学能源所、北京计科技术有限公司共同承担的“20kW光伏屋顶并网发电系统”是建筑集成光伏发电系统的典型代表。该项目于2002年6月启动，2003年2月开始工程施工，2003年4月15日整个系统试运行，2003年9月通过北京供电局并网质量检测，2004年1月2日通过科技部主持的项目验收。系统建造在北京核心区内，位于北京中轴线鼓楼西300m处。该系统由太阳能电池阵列、逆变器、计算机监控三部分组成，可通过并网逆变器装置将直流电调整成电网电压、波形、幅度、相位角完全同步的三相交流电，并将能量输入城市电网。实践证明，该系统具有如下显著优点：

(1) 避免了光伏阵列占用额外的空间，省去了单独为发电设备提供的支撑结构。

(2) 使用新型建筑维护材料，节约了昂贵的外装饰材料(玻璃幕墙等)，减少建筑物的整体造价，并使建筑外观更有美学价值。

(3) 光伏阵列安装在屋面和墙面上，直接吸收太阳能。因此避免了墙面和屋顶温度过高，降低了空调负荷，并改善了室内环境。

(4) 具有安全可靠、无噪声、无污染、无须燃料消耗、无须架输电线路、无须蓄电池、建设周期短、无人值守、全自动运行等特点。

系统的主要技术指标为：额定容量30kV，最大匹配太阳能电池阵列功率20kW(峰值)，适配电网三相380V/50Hz，并网电流波形为正弦波，正弦电流畸变率不大于3%，整机效率不小于

90%;具有过热、过载、短路、过压、欠压等常规保护;具有电网断电识别功能(即防“孤岛效应”功能),具有阵列最大功率点跟踪控制功能(MPPT),全天自动识别日照变化自启动和停止,具有键盘操作和系统运行参数的状态显示监控功能,具有远程通信接口。

有必要特别强调的是,该项目采用的19.8kW(峰值)太阳能低电池板由上海国飞公司生产,系统完全国产化,具有完整的自主知识产权。

## 3.6 太阳能热发电技术

太阳能热发电技术是一种把太阳辐射热能转化为电能的技术,世界上最早的太阳能热电站于1878年在法国巴黎建成,该技术无化石燃料的消耗,对环境无污染。广义上看,太阳能热发电技术分为两类:一类是利用太阳热能直接发电,无中间转换环节,但目前尚处于原理试验阶段;另一类是有中间环节的发电过程中,一般要经过“太阳辐射能→热能→机械能→电能”等几种能量形式的转换。

目前,世界上最常见的太阳能热发电系统主要有五大类型,分别是槽式太阳能发电系统、塔式太阳能发电系统、碟式太阳能发电系统、太阳能烟囱发电系统和太阳池发电系统。

### 3.6.1 槽式抛物面太阳能发电系统

图3-40所示是槽式抛物面太阳能热发电系统的原理示意图,该系统的全称为槽式抛物面反射镜太阳能热发电系统。从原理上看,槽式太阳能热发电系统是将多个槽形抛物面聚光集热器经过串并联的排列,加热工质,产生高温蒸汽,驱动汽轮发电机组发电,其集热器结构如图3-41所示。目前,世界上最大的槽形抛物

面太阳能发电站的发电功率是 10～100MW，远远超过其他类型太阳能光热发电站的发电功率。槽式太阳能热发电系统的聚光集热器通常是分散布置的，对太阳跟踪系统的精度要求较低，不需要太高端的太阳跟踪系统，极大程度地降低了成本。另外，与其他形式的聚光型太阳能热发电技术相比，槽式太阳能热发电技术最为成熟，已经率先实现了规模化应用。

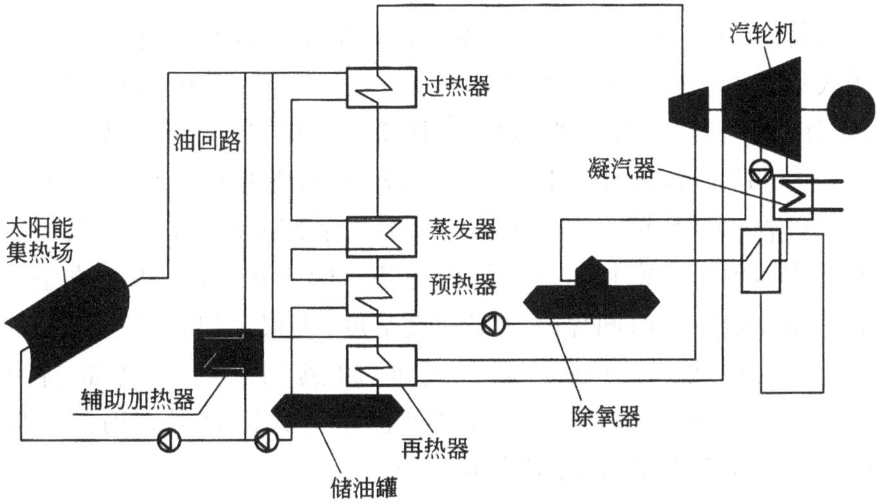


**图 3-40　槽式太阳能热发电系统原理示意图**

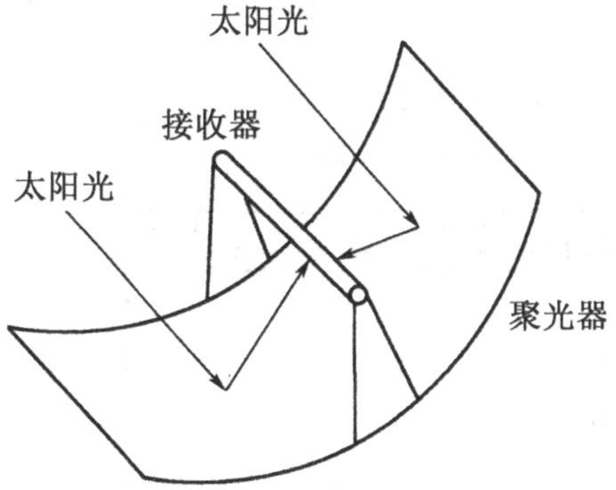


**图 3-41　槽式抛物面聚光集热器**

LS-3 槽式抛物面集热器是 LUZ 公司设计的最新一代集热器，图 3-42 和图 3-43 所示分别是 LS-3 槽式抛物面槽式集热器与其真空管吸收器结构图。由图可以看出，槽式抛物面集热器由抛物反射镜、金属支架、吸热管和跟踪系统（驱动器、传感器、控制元件）等组成。LS-3 的反射镜由热弯成型的玻璃板组成，支架为桁架结构。反射镜的口径或宽度为 5.76m，总长 95.2m（镜面净长）。镜面为在低铁浮法玻璃的背面用银镀，再覆盖多层保护膜，其透射率为 98%。镜子在特殊的、具有高精度的抛物线形窑里热弯成型。陶瓷垫用来将镜子固定在集热器支架上。高质量的镜子能将 97%的反射光反射到线性接收器上。吸热管作为抛物面槽式集热器的热收集元件 HCE，是一根外径为 70mm 的不锈钢管，外镀金属陶瓷选择性涂层。钢管外套真空玻璃管，玻璃管的直径为 115mm，玻璃管上涂覆双层反射膜，阳光透过率为 0.965。玻璃罩管和不锈钢管之间抽真空，用玻璃金属密封垫结合波纹管的方式达到真空密封。真空管内还装有吸气剂，吸收渗入真空管的气体分子以长时间保持一定的真空度，不仅可以保护选择性涂层，而且还可减少在高温工作时的热损。真空度维持在 0.0001mmHg（0.013Pa）时，选择性涂层对太阳直射辐射的吸收率为 0.96，350℃时的发射率为 0.19。

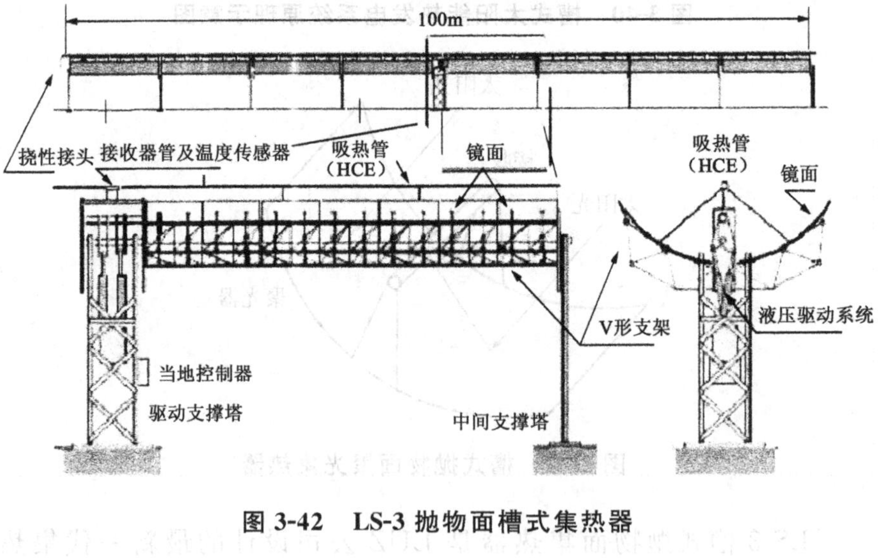


图 3-42　LS-3 抛物面槽式集热器

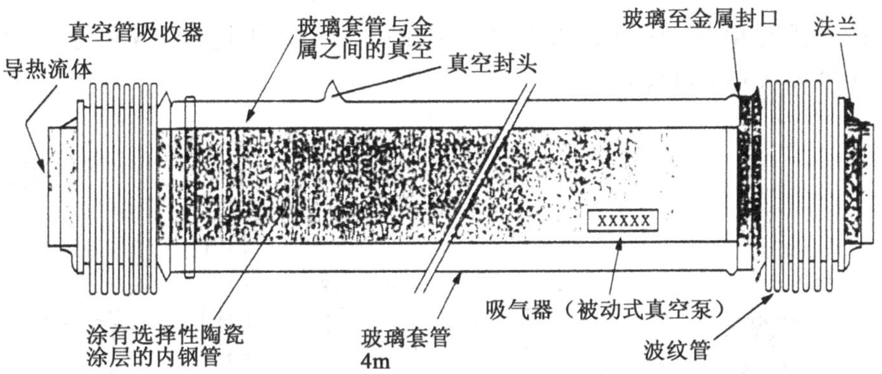


图 3-43　真空管吸收器

## 3.6.2　塔式太阳能发电系统

塔式太阳能发电系统是在空旷平地上建立高塔，高塔顶上安装接收器。以高塔为中心，在周围地面上布置大量的太阳能反射镜群（能够自动跟踪阳光的定日镜群）；定日镜群把阳光积聚到接收器上，加热工质（熔盐储），产生高温高压蒸汽推动汽轮机发电。

在塔式太阳能发电系统中，接收器通过特定的光热转换设备把太阳光能转化成热能并传给工质，经过蓄热环节，再输入热动力机，进而推动发电机转动，获得电能。这里的传热工质有多种，可以是水，也可以是导热油或熔盐等，还可以是空气。根据最新的研究成果，通过高温空气推动微型燃机发电的新技术的发电效率非常之高。图 3-44 所示是配置熔盐储热系统的塔式太阳能发电系统原理示意图。由于该系统的聚光比高达 1000 以上，所以通常可以将介质温度加热的很高，一般高于 350℃，所以这类发电系统属于高温热发电系统。

一般地，塔式太阳能发电系统的总效率可以达到 15%以上，经济效益十分可观。而且可以直接利用火力发电的有关技术或设备，技术条件成熟，设备购买方便，成本相对较低。塔式热发电系统起步较早。1976 年，法国最先把一台 64kW 的塔式太阳热电装置投入运行。1982 年,美国建成一座世界上最大的 10MW 塔式太阳热电站,该塔式太阳能热电站于 1999 年退役,现用于加州戴维斯大学的科研。

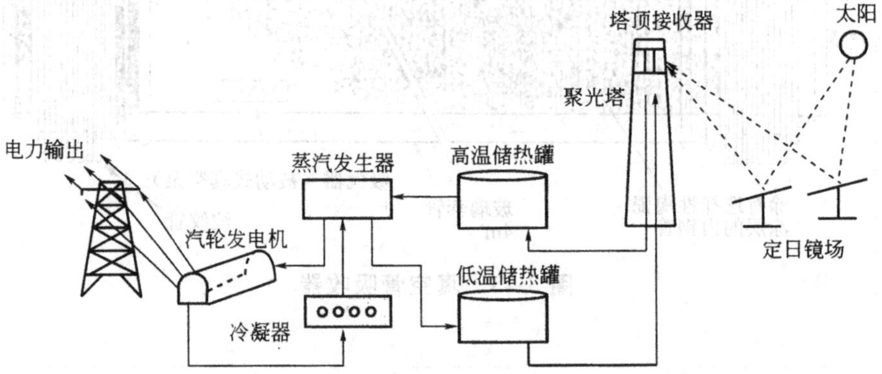


**图 3-44　塔式太阳能发电系统原理示意图**

## 3.6.3　碟式太阳能发电系统

碟式太阳能发电系统又名抛物面反射镜/斯特林系统,由许多反射镜组成一个大型抛物面,在该抛物面的焦点上安放热能接收器,利用反射镜把入射的太阳光聚集到热能接收器所在的很小的面积上,收集的热能将接收器内的传热工质加热到 750℃左右,驱动发动机进行发电。由于碟式/斯特林系统光学效率高,启动损失小,效率高达 29%,实际应用十分广泛。

图 3-45 给出了碟式聚光器的工作原理示意图。整个碟式发电系统安装在一个双轴跟踪支撑装置上,实现定日跟踪,连续发电。工作时,发电系统借助于双轴跟踪,抛物型碟式镜面将接收到的太阳能集中在其焦点的接收器上,接收器的聚光比可超过 3000,温度达 800℃以上。接收器把太阳辐射能用于加热工质,变成工质的热能,常用的工质为氦气或氢气。加热后的工质送入发电装置进行发电。

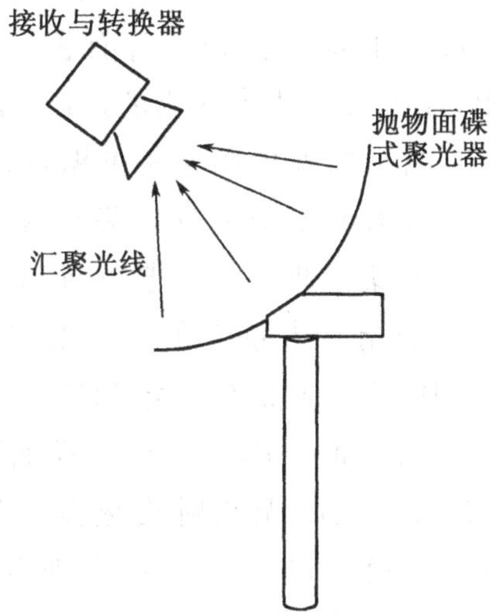


图 3-45　碟式聚光器工作原理

碟式太阳能热发电系统的优点主要有如下两大方面：

(1) 碟式太阳能热发电系统光热转换效率较高，高达 85%以上。

(2) 碟式太阳能热发电系统使用起来十分灵活，单独供电、并网发电均可以十分便捷地实现。

碟式太阳能热发电系统的缺点也主要包括如下两大方面：

(1) 碟式太阳能热发电系统成本极高，远远超过了其他类型太阳能热发电系统的成本。

(2) 碟式太阳能热发电系统的高聚光比导致了 2000℃以上的高温，这不仅是发电所不需要的，而且还极容易给系统带来破坏。

## 3.6.4　太阳能烟囱发电系统

太阳能烟囱发电技术是太阳能热发电技术的主要形式之一，其具有有以下特点：

(1) 发电功率随集热棚的面积和烟囱的高度增加而变大，设备简单、建造材料易取、技术档次不高、使用维修容易。

(2) 不产生有害物,具有良好的环境效应。研究表明,太阳能烟囱发电站在运行过程中既没有 $SO_2$ 等有害气体排出,也没有温室气体 $CO_2$ 的排出,还没有固体废弃物的排出,不影响生态环境。

(3) 太阳能烟囱电站的理想场所是戈壁沙漠地区。

如图 3-46 所示,给出了太阳能烟囱发电系统的示意图,该系统主要由透光的太阳能集热棚、太阳能烟囱和涡轮发电机机组 3 个基本部分构成。太阳能集热棚建在一块太阳辐照强、绝热性能比较好的土地上;集热棚和地面有一定间隙,可以让周围空气进入系统;集热棚中间离地面一定高度处装着烟囱;在烟囱底部装有涡轮机/发电机机组。太阳光照射集热棚,集热棚下面的土地吸收透过覆盖层的太阳辐射能,并加热土地和集热棚之间的空气,使集热棚内空气温度升高,密度下降,并沿着烟囱上升,集热棚周围的冷空气进入系统,从而形成空气的连续流动。由于集热棚内的空间很大,当集热棚下的空气流到达烟囱底部的时候,在烟囱内将形成强大的气流,利用这股强大的气流推动装在烟囱底部的涡轮机,带动发电机发电。在空气流动过程中,产生了如下三个能量转换过程:

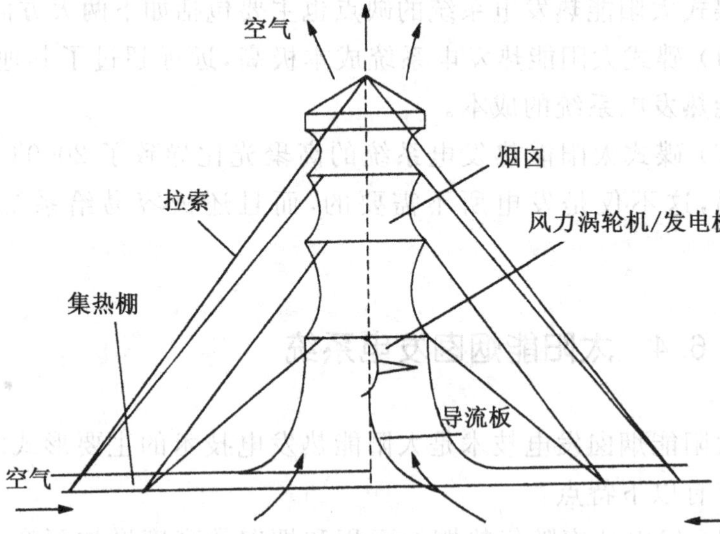


图 3-46　太阳能烟囱发电系统

（1）空气被加热，太阳能转化为空气内能。

（2）空气在烟囱内上升流动，内能转化为动能。

（3）当空气流经涡轮机时，气流推动涡轮机转子转动，带动发电机发电，动能又转化成电能。

### 3.6.5 太阳池发电系统

太阳池是利用具有一定盐浓度梯度的池水作为集热器和蓄热器的一种太阳能发电系统。

图 3-47 所示是太阳池的基本构造图。太阳池的最上层称为上对流层，该层通常由清水组成，温度接近与周围环境中的温度，其主要功能是保护下层溶液被扰动和隔热；最下层称为下对流层，该层由盐溶液组成，温度较高，可达 100℃，其主要功能是储热和吸热；中间层称为非对流层，又称梯度层，该层盐溶液的浓度和密度均随深度的增加而变大，是太阳池的关键部分，其主要功能是防止自然对流，收集并保持由太阳能转化而来的热能。

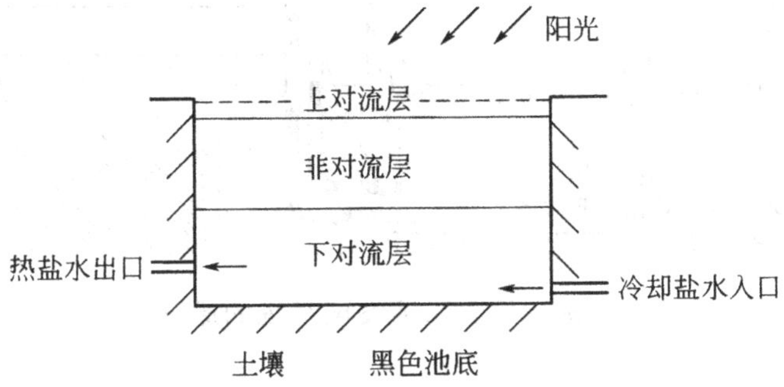


**图 3-47 太阳池发电系统的结构**

图 3-48 所示是太阳池发电系统的原理示意图。太阳池发电系统的工作过程分为如下三步。

（1）将太阳池底层的热水抽入蒸发器，蒸发器中存有沸点较低的工质（一般是有机液体），这些工质遇到热水就会加速蒸发（汽化），形成有机工质蒸汽。

(2) 将有机工质蒸汽加压，形成高压有机工质蒸汽，并将高压有机工质蒸汽导入汽轮机，通过喷嘴喷射技术推动汽轮机转动，进而由转动的汽轮机带动发电机转动并发电，此时高压有机工质蒸汽在推动汽轮机转动时对外做功，温度降低，气压降低，成为低压蒸汽。

(3) 将第二步得到的低压的有机工质蒸汽引入冷凝器进行冷却，转化为有机工质液体，并用循环泵将其抽回到蒸发器。

上述三步刚好构成一个循环过程，太阳池发电系统就是反复进行这一循环而源源不断地发电的。

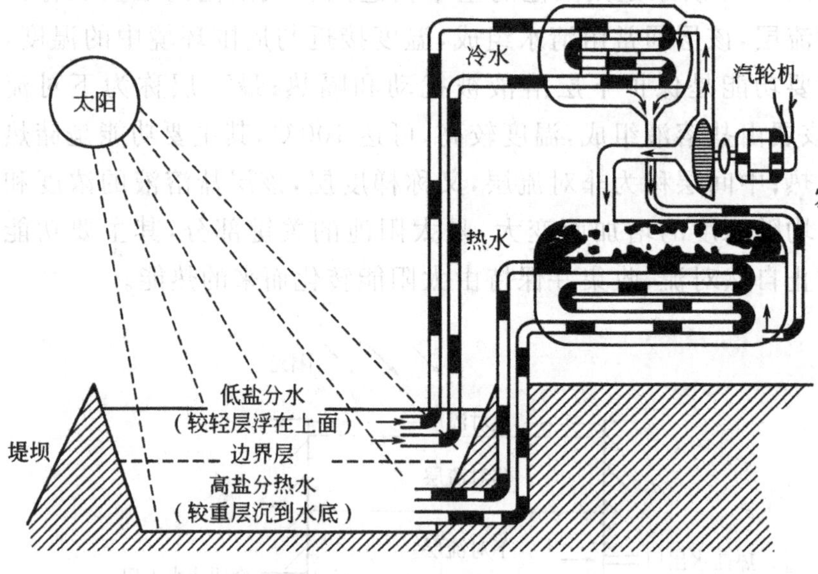


图 3-48　太阳池发电系统的原理

太阳池发电系统构造简单、成本低廉、使用方便、受季节性影响低、供电稳定，受到了不少国家的高度重视。需要特别指出的是，在太阳池的上部对流层中，存有大量的冷水，这些冷水可以作为冷凝器的冷却水使用。另外，太阳池发电系统还配置有预热器，该装置可以把汽轮机出口处蒸汽的热量传给进入蒸发器以前的液体，有效避免热损失，提高转换效率。

# 3.7　风光互补发电系统及其应用

由太阳光电池组成的太阳光电池方阵(阵列)供电系统称为太阳光发电系统。就目前的应用情况来看,太阳光发电系统主要有如下三种方式:

(1) 太阳光发电系统与常规的电力网连接,即并网连接运行。

(2) 由太阳光发电系统独立地向用电负荷供电,即独立运行。

(3) 由风力发电系统与太阳光发电系统联合运行。

## 3.7.1　风光互补发电系统的组成与结构

由于光伏电池是将光能转换成电能的一种半导体器件,将光伏电池组件与风力发电机有机地组成一个系统,可充分发挥各自的特性和优势,最大限度地利用好大自然赐予的风能和太阳能。对于用电量大、用电要求高,而风能资源和太阳能资源又较丰富的地区,风光互补供电无疑是一种最佳选择。太阳能与风能在时间上和地域上都有很强的互补性。白天太阳光最强时,可能风很小,晚上太阳落山后,光照很弱,但由于地表温差变化大而风能加强。在夏季,太阳光强度大而风小;冬季,太阳光强度弱而风大。太阳能和风能在时间上的互补性使风光互补发电系统在资源上具有最佳匹配性,风光互补发电系统是利用资源条件最好的独立电源系统。

图 3-49 给出了风光互补发电系统主要组成与结构示意图。一般地,独立运行的太阳光发电系统由太阳光电池方阵、太阳光跟踪系统、电能储存装置(蓄电池)、控制装置、辅助电源及用户负荷等组成。

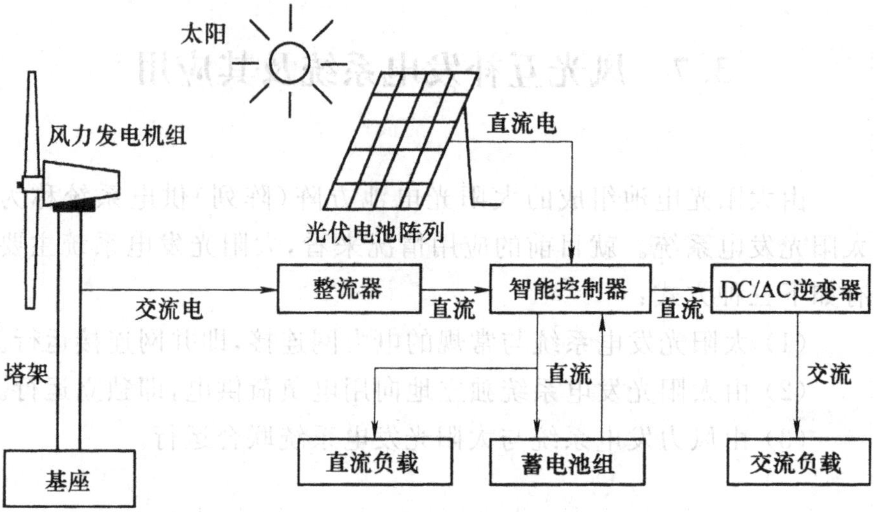


图 3-49　风光互补发电系统的组成与结构

采用风力-太阳光联合发电系统是为了更高效地利用可再生能源，实现风力发电与太阳光发电的互补，在风力强的季节或时间内以风力发电为主，以太阳光发电为辅向负荷供电。在适宜气象条件下，风光互补系统可提高系统供电的连续性和稳定性。由于通常夜晚无阳光时恰好风力较大，所以互补性好，可以减少系统的光伏电池板配置，从而大大降低系统造价，单位容量的系统初始投资和发电成本均低于独立的光伏发电系统。

## 3.7.2　风光互补发电系统的特点与设计

### 3.7.2.1　风光互补发电系统的特点

相对于独立风能发电系统和独立光伏发电系统，风光互补发电系统具有如下特点：

(1) 在太阳能和风能都比较丰富，且互补性较好的条件下，可以对系统组成、运行模式及负荷调度方法等进行优化设计，负载只要靠风光互补发电系统就可获得连续、稳定的电力供应。这样的风光互补系统会具有更好的经济效益和社会效益。

(2) 风光互补发电系统可以同时利用风能和太阳能进行发电，充分利用了自然气象资源，白天可能具有较好的太阳能资源，夜间则可能具有较丰富的风能资源。在合适的气象资源条件下，风光互补发电系统可以大大提高供电的连续性和稳定性，使得整个供电系统更加可靠。

(3) 相同容量系统的初投资和发电成本均低于独立的光伏发电系统。如果电站所在地太阳资源和风力资源具有较好的互补性，则可以适当地减少蓄电池容量，降低系统成本。

当然，风光互补发电系统也有其不足之处，主要如下：

(1) 风光互补发电系统与风电、光伏独立系统相比，其系统的设计较为复杂，系统的控制要求较高。

(2) 风力发电具有一些可动部件，设备需要定期进行维护，增加了较多的工作量。

(3) 一般情况下，由于各种因素所限，与光伏互补发电的风力发电机组为微小型机组。

#### 3.7.2.2　风光互补发电系统的设计

一般情况下，风光互补发电系统的设计步骤如下：

(1) 汇集及测量当地风能资源、太阳能资源、其他天气及地理环境数据，包括每月的风速、风向数据、年风频数据、每年最长的持续无风时数、每年最大的风速及发生的月份、韦布尔分布系数等，全年太阳日照时数、在水平表面上全年每平方米面积上接收的太阳辐射能、在具有一定倾斜角度的太阳光电池组件表面上每天太阳辐射峰值时数及太阳辐射能等，当地在地理上的纬度、经度、海拔高度、最长连续阴雨天数、年最高气温及发生的月份、年最低气温及发生的月份等。

(2) 计算当地负荷状况，包括负荷性质、负荷的工作电压、负荷的额定功率、全天耗电量等。

(3) 确定风力发电及太阳光发电分担的向负荷供电的份额。

(4) 根据确定的负荷份额计算风力发电及太阳光发电装置的容量。

(5) 选择风力发电机及太阳光电池阵列的型号，确定及优化系统的结构。

(6) 确定系统内其他部件(蓄电池、整流器、逆变器及控制器、辅助后备电源等)。

(7) 编制整个系统的投资预算，计算每度电(kW·h)的发电成本。

### 3.7.3 风光互补发电系统的容量计算

在具体实践中，一般假设用户负荷所需电能全部由光电池供给，并根据用户负荷来确定风光互补发电系统中太阳光电池方阵的容量。

独立运行的太阳光电池供电系统总是和蓄电池配套使用，一部分电能供负载使用，另一部分电能则储存到蓄电池内以备夜晚或阴雨天使用。设太阳光电池对蓄电池的浮充电压值 $U_F$ 的计算式为

$$U_F = U_f + U_d + U_t。$$

式中：$U_f$ 为根据负载的工作电压确定的蓄电池在浮充状态下所需的电压；$U_d$ 为线路损耗及防反充二极管的电压降；$U_t$ 为太阳电池工作时温升导致的电压降。

假设太阳光电池单体(或组件)的工作电压为 $U_m$，则太阳光电池单体(或组件)的串联数为

$$U_S = \frac{U_f + U_d + U_t}{U_m} = \frac{U_F}{U_m}。$$

太阳光电池单体(或组件)的并联个数 $N_P$ 可以根据公式

$$N_P = \frac{Q_L}{I_m H} \eta_C F_C$$

来计算。式中：$Q_L$ 为负载每天耗电量；$H$ 为平均日照时数；$I_m$ 为太阳光电池单体(或组件)平均工作电流；$\eta_C$ 为蓄电池的充、放电

效率的修正系数；$F_C$ 为其他因素的修正系数。

关于太阳光电池方阵的容量 $P_m$，可以根据公式

$$P_m=(N_S U_m)\cdot(N_P I_m)=N_S U_m N_P I_m$$

来计算。另外，太阳光电池方阵独立供电时蓄电池容量为

$$Q_B=1.2DQ_L K。$$

式中：$Q_B$ 为蓄电池容量；$D$ 为最长连续阴雨天数；$K$ 为蓄电池允许释放容量的修正系数；1.2 为安全系数。

### 3.7.4　风光互补发电系统的应用

由于风光互补发电系统兼具了风力发电系统和太阳能发电系统的优点，所以在实际中得到了更多的应用。

风光互补通信基站供电系统在现代通信中有十分重要的应用，尤其是在一些偏远的山区，这类供电系统不可或缺。它主要由风电机组、太阳能光伏组件、蓄电池、风光互补控制器、逆变器等组成，其结构和安装图图 3-50 所示。

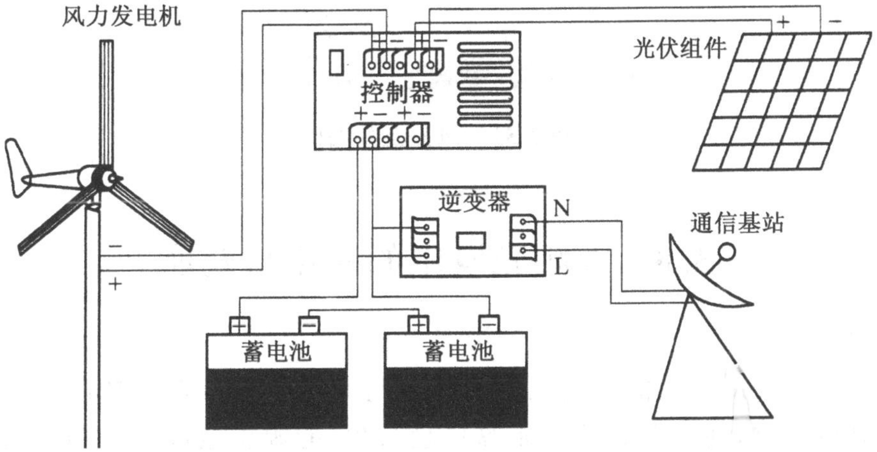


**图 3-50　风光互补通信基站结构及其安装示意图**

另外，风光互补路灯照明系统也是风光互补发电系统的典型应用。图 3-51 所示是风光互补路灯的实物图。这类路灯充分利

用绿色清洁能源，实现零耗电、零排放、零污染，产品广泛应用于道路、景观、小区照明及监控、通信基站、船舶等领域。风光互补路灯具有不需要铺设输电线路，不需开挖路面埋管，不消耗电网电能等特点，风光互补路灯独特的优势在城市道路建设、园林绿化等市政照明领域十分突出。全国各地已将风光互补路灯照明系统纳入了市政道路照明设计范畴，并开始大规模应用推广。晴天光照强，阴雨天风力较大；夏天太阳照射强，冬天风力较大，利用太阳能和风能的互补性，通过风光互补路灯的太阳能和风能发电设备集成系统供电，白天储存电能，晚上通过智能控制系统实现风光互补路灯供电照明。

图 3-51 风光互补路灯

# 3.8 太阳光发电的应用与发展

人类对太阳能的使用有着非常悠久的历史。在科技高度发达的今天，地球上的矿物能源日趋减少，能源供应成为限制人类文明进步的主要因素之一。与火力、水力、柴油发电比较，太阳能发电独具许多优点：安全可靠、无噪声、无污染，能量随处可得，不受地域限制，无须消耗燃料，无机械转动部件，故障率低，维护简便，可以无人值守，建站周期短，规模大小随意，无须架设输电线路，可以方便地与建筑物相结合等。因此，无论从近期还是远期，无论从能源环境的角度还是从边远地区和特殊应用领域需求的角度来考虑，太阳能发电都极具吸引力。随着科技的进步，太阳能发电的应用领域在逐步扩展，已在很多行业里得到推广应用。图 3-52 给出的是太阳能电池的应用。

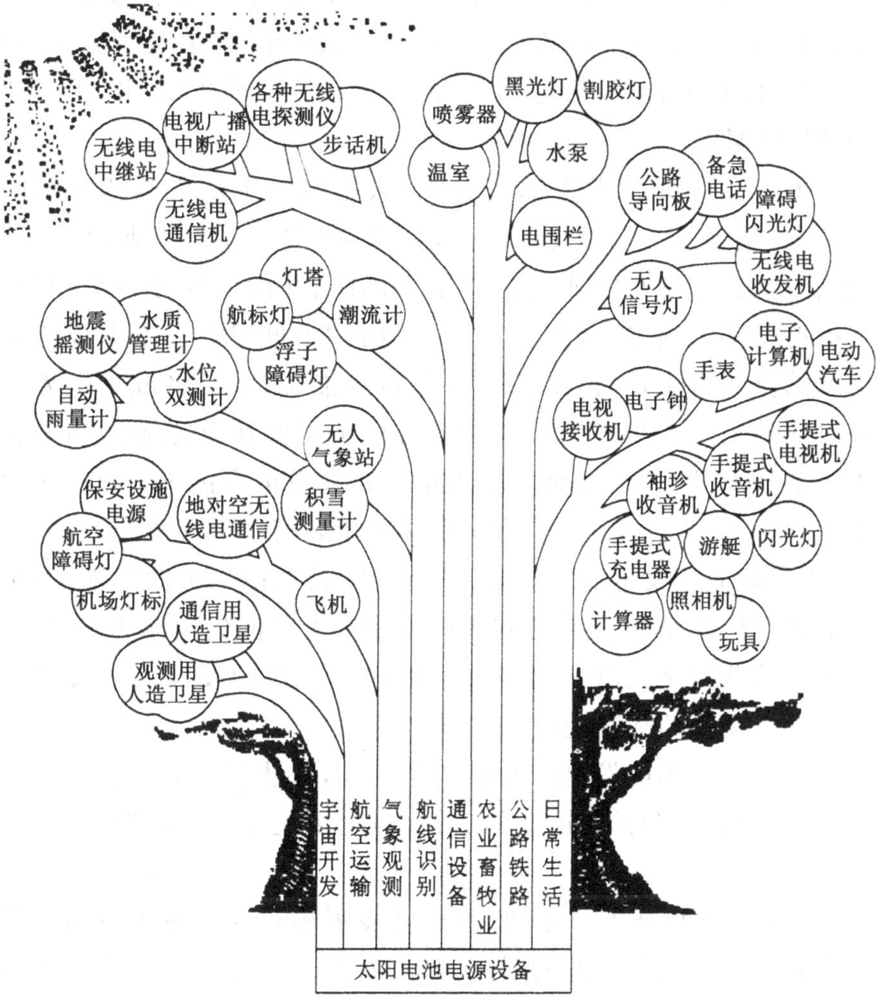


**图 3-52　太阳电池的应用**

展望未来，太阳光发电具有十分广阔的发展前景。

就太阳能热发电技术而言，其至今仍是一个发展中的新技术，经过这么多年来广大太阳能科学研究者的不断研究与探索,已经取得了很大进展。目前,世界上太阳总辐照量超过 2000kW·h($m^2$·a)的 36 个国家,都具有很好的发展太阳能热发电技术的能源资源基础。这些国家的常规能源发电的装机容量约 400GW,如按世界用电量平均增长水平 4.5%计算,每年需要新增装机容量为 18GW。国际能源署曾以地中海为例,对该地区适合发展太阳能热电技术的国家,如意大利、西班牙、埃及、阿尔及利亚等 14 个国家的太阳能热发电站前景做过预测,到 2025 年可以达到 23000MW。

就太阳能光伏发电而言,随着太阳电池生产成本的逐渐降低,它已遍及生活照明、铁路交通、水利气象、通信事业、广播电视、管道阴极保护、农业、牧业、军事国防、并网调峰等各个领域。根据有关部门预测,太阳能光伏发电在 21 世纪会占据世界能源消费的重要席位,不但要替代部分常规能源,而且将成为世界能源供应的主体。预计到 2030 年,可再生能源在总能源结构中将占到 30%以上,而太阳能光伏发电在世界总电力供应中的占比也将达到 10%以上;到 2040 年,可再生能源将占总能耗的 50%以上,太阳能光伏发电将占总电力的 20%以上;到 21 世纪末,可再生能源在能源结构中将占到 80%以上,太阳能发电将占到 60%以上。这些数字足以显示出太阳能光伏产业的发展前景及其在能源领域重要的战略地位。

就我国太阳能发电的发展状况来看,虽然我国的光伏发电发展迅速,取得了令世界震惊的成就,但也出现了很多问题,主要表现如下:

(1) 光伏科技人才紧缺,与产业发展不适应。由于我国高校开设光伏发电相关专业的时间比较晚,光伏发电的相关人才比较缺乏,特别是能解决科研和生产实际问题的中、高级人才更加紧缺,与光伏产业的快速发展很不适应,成为一个薄弱环节。

(2) 产业链发展不协调,关键技术仍未突破。目前中国太阳能光伏产业规模居全球第一,但产业链发展不协调,且整体技术薄弱，与国际先进水平相比，仍有不小差距，如对于整个太阳能光伏产业链技术壁垒最大的多晶硅的生产，国外的主要厂商采用的是闭式改良西门子方法，而这在中国还是空白。中国的多晶硅生产企业使用的多为直接或者间接引进的俄罗斯的多晶硅的提纯技术，其成本高、耗能大，重复性建设严重，在整个国际竞争中处于劣势。

(3) 国内需求不足，光伏产品主要依赖海外市场。目前，我国国内的太阳能电池应用市场规模较小，国内生产的太阳能电池的绝大部分都出口到了海外市场。这种过度依赖出口的产业发展模式导致行业风险很大，易受国际需求量变化的影响。

# 第4章 海洋能发电技术

我们日常所说的海洋，是指地球表面广大连续的水体。权威资料显示，地球表面70.9%的面积被海洋覆盖，其总面积约为3.62亿$km^2$。海洋的海水中蕴藏着大量的能量，称为海洋能，它是一种清洁的可再生能源。广义上说，海上风能也属于海洋能的范畴。但是我们常说的海洋能包括五种，具体是指海水盐度差、海水温差能、海洋流能、潮汐能和波浪能。

## 4.1 海洋能与我国海洋能资源开发利用

### 4.1.1 海洋

要了解海洋能，先了解下海洋。地球表面分布着五个大洋，分别为太平洋、大西洋、印度洋、北冰洋和南大洋。海洋面积为36105.9万$km^2$，占地球表面的70.78%。其中，大陆架上的海洋面积为2743.8万$km^2$，占全部海洋面积的7.6%；大陆坡上的海洋面积为5524.3万$km^2$，占全部海洋面积的15.3%；大洋底上的海洋面积为27404.4万$km^2$，占全部海洋面积的75.9%；超过6000m的深沟的海洋面积为433.4万$km^2$，占全部海洋面积的1.2%。海洋的体积为13732.3万$km^3$，全部海水的总质量为$13\times10^8$亿t。海水占地球上所有水量的97.2%，冰占地球上所有水量的2.15%，淡水地球上所有水量的0.63%。

人们把海洋的中间部分称为洋，约占海洋总面积的 89%，它的深度一般在 2～3km，海水的温度、盐度、颜色等不受大陆影响，有独立的潮汐和洋流系统。海洋的边缘部分称为海，深度较浅，一般在 2km 以内。海没有独立的潮汐和海流系统，水温因受大陆影响而有显著的季节变化，盐度受附近大陆河流和气候的影响也较明显，水色以黄绿色较多，透明度小。海面以下 100～200m 的范围内，海底的倾斜是平缓的，由此向下，深度很快增大，坡度也很快变陡，到 3km 左右的深度，坡度又突然变得很平。大陆架是大陆延伸进海洋的浅海中的陆地，称为水下平原。大陆架曾经是陆地的一部分，只是由于海平面的升降变化，使得陆地边缘的这一部分，在一个时期里沉溺在海面以下，成为浅海的环境。世界大洋底部起伏的复杂程度不亚于陆地。世界大洋的大尺度地形结构可分为大陆边缘、大洋盆地，大洋中脊也叫中央海岭，伴有地震和火山活动的巨大海底山系贯穿于全球的 4 个大洋中且互相连接，还有海沟，主要分布在大陆边缘与大洋盆地交接处，比相邻海底深 2km 以上。图 4-1 所示是海底的地形示意图。

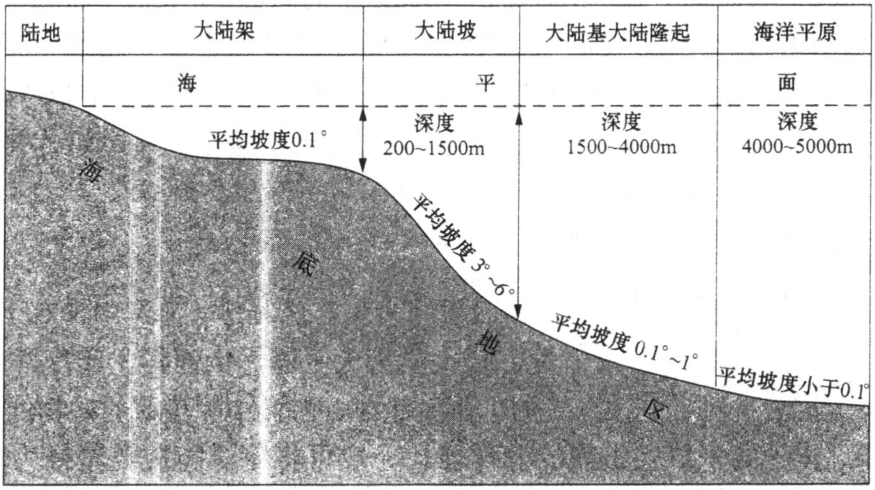


**图 4-1　海底的地形**

### 4.1.2 海洋能及其分类

海洋里蕴藏着极为丰富的自然资源和巨大的可再生能源，海洋中除蕴藏的矿物能源外还有以位能、热能、动能、化学能等形式出现的海洋能。理论上讲，海洋能是指依附于海水作用和蕴藏在海水中的能量。根据联合国教科文组织的统计数据，全世界理论上可以利用的海洋能的总量为766亿kW，技术允许利用的功率为64亿kW，都是清洁的可再生的自然能源。我们经常提及的海洋能，主要包括以下几种形式：

(1) 盐差能。盐差能是指海水和淡水之间或两种含盐浓度不同的海水之间的化学电位差能，是以化学能形态出现的海洋能，主要存在于河海交接处。同时，淡水丰富地区的盐湖和地下盐矿也可以利用盐差能。盐差能是海洋能中能量密度最大的一种可再生能源。在淡水与海水之间有着很大的渗透压力差，如图4-2所示，一般海水含盐度为3.5%时，其与河水之间的化学电位差有相当于240m水头差的能量密度。从理论上讲，如果这个压力差能利用起来，从河流流入海中的淡水可利用的能量是相当可观的，一条流量为$1m^3/s$的河流的发电输出功率可达2MW以上。这种水位差可以利用半透膜在盐水和淡水交接处实现。如果在这一过程中盐度不降低，那么产生的渗透压力足可以将盐水水面提高240m，利用这一水位差就可以直接由水轮发电机提取能量。1973年以色列某科学家就曾发表过利用盐差能发电的论文，其后相关研究和实践项目陆续出现，我国的温差能发电和盐差能发电也处于研究试验阶段。

(2) 温差能。海水温差能是指由海洋表层海水和深层海水之间水温差形成的温差热能，是海洋能的一种重要形式。低纬度的海面水温较高，与深层冷水存在较大的温度差，因而储存着较多的温差热能，其能量与温差的大小和水量成正比。温差能利用的最大困难是温差太小，能量密度低，其能量转换效率一般只有3%

左右，而且换热面积大，建设费用高。海水温差利用(主要是发电)涉及耐压、绝热、防腐材料、热能利用效率等诸多问题，目前各国仍在积极探索中。

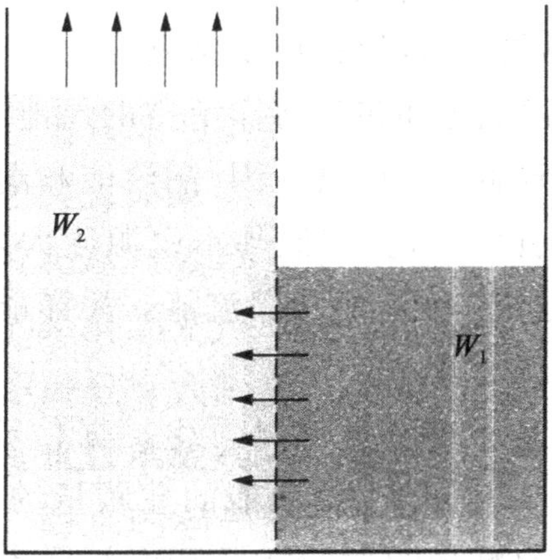


图 4-2　渗透压力差

(3) 海流能。海流能是指海水流动所产生的动能，是另一种以动能形态出现的海洋能。主要是指海底水道和海峡中较为稳定的流动，以及由潮汐导致的有规律的海水流动(潮流)。由于海流遍布各大洋，纵横交错，川流不息，所以它们蕴藏的能量也是可观的。潮流是海(洋)流中的一种，海水在受月亮和太阳的引力产生潮位升降现象(潮汐)的同时，还产生周期性的水平流动，这就是人们所说的潮流。潮流要比潮汐复杂一些，它除了有流向的变化外，还有流速的变化。海流能的利用方式主要是发电，其原理和风力发电相似。目前洋流发电技术仍处于研究试验阶段，欧、美、日等发达国家和地区居领先水平。

(4) 潮汐能。潮汐能是指海水潮涨和潮落形成的水的势能，其利用原理和水力发电相似。但潮汐能的能量密度低，相当于微水头发电的水平。世界上潮差较大的值为 13～15m，我国的最大值(杭州湾澉浦)为 8.9m。一般来说，平均潮差在 3m 以上就有实际应用价值。

(5) 波浪能。波浪是在海面风的作用下引起的海水起伏和沿水平方向的周期性运动。波浪能就是指波浪所具有的动能和势能。波浪的能量与波浪的高度、波浪的运动周期以及迎波面的宽度等多种因素有关。因此，波浪能是各种海洋能源中能量最不稳定的一种。波浪能利用的主要方式是波浪发电。此外，波浪能还可以用于抽水、供热、海水淡化以及制氢等。

更广义的海洋能源还包括海洋上空的风能、海洋表面的太阳能以及海洋生物质能等。就其成因，潮汐能和潮流能来源于太阳和月亮对地球的引力变化，其他基本上源于太阳辐射。目前，有应用前景的是潮汐能、波浪能和潮流能。海洋能是一类清洁的可再生能源，它具有以下特征：

(1) 蕴藏量大、分布广、可以再生。据估算，全球潮汐能的理论蕴藏量约为 30 亿 kW，波浪能的蕴藏量约为 700 亿 kW，海水温差能的理论蕴藏量约为 500 亿 kW，海洋流能的总功率约为 50 亿 kW，盐度差能的蕴藏量约为 300 亿 kW。

(2) 稳定性好。潮汐能和海洋流能的变化有规律，海水温差能及盐差能比较稳定。

(3) 能量密度低。潮汐能水头低，一般小于 10m；海水中可利用的温差通常只有 20～25℃；海水流动速度较低，多数近岸开阔海域流速小于 2m/s，某些海岛之间的狭窄水道的流速较高，最大可达 4m/s。

(4) 海洋环境恶劣，对能量转换设备的可靠性要求高，施工难度大，投资较高。

### 4.1.3 我国海洋能资源及开发利用

人类很早就开始了对海洋能的利用，主要是直接利用潮汐和潮流来推磨、行舟。到 20 世纪初，才着手研究将海洋能转换为电能。目前，从技术层面讲，潮汐发电技术已经成熟，并且已经实用化；小型波浪发电技术也已成熟；波浪能和海洋流（海流与潮流）能发电技术处于海上示范验证阶段，正快速向商业化应用成长

(欧盟正逐步推动海流发电机产品产业化进程),已出现兆瓦级商业样机;海水温差能发电技术开始了小型机组的海试研究阶段;盐度差能发电仅处于原理研究和不成熟的规模较小的实验室研究阶段。

我国海域辽阔,海洋能资源丰富。从北向南分布着四个内海和近海,分别是渤海、黄海、东海和南海。渤海三面环陆,面积较小,约为9万$km^2$,平均水深为2.5m,总容量不过$1.73\times10^{12}m^3$。黄海西临山东半岛和苏北平原,东边是朝鲜半岛,北端是辽东半岛,面积约为40万$km^2$,最深处约深为140m。东海北连黄海,海域面积约为70多万$km^2$,平均水深为350m左右,最大水深为2719m。我国流入东海的河流多达40余条,东海形成一支巨大的低盐水系,成为我国近海营养盐比较丰富的水域,其盐度在3.4%以上。而且东海位于亚热带,年平均水温为20~24℃,年温差为7~9℃。与渤海和黄海相比,东海有较高的水温和较大的盐度,潮差为6~8m。南海是我国最深、最大的海,也是仅次于珊瑚海和阿拉伯海的世界第三大大陆缘海。南海也是邻接我国最深的海区,平均水深约为1212m,中部深海平原中最深处达5567m,超过了大陆上西藏高原的高度。南海四周大部分是半岛和岛屿,陆地面积与海洋面积相比显得很小。注入南海的河流主要分布于北部,包括珠江、红河、湄公河等。由于这些河流的含砂量很小,所以海阔水深的南海清澈度较高,总是呈现碧绿色或深蓝色。南海地处低纬度地域,是我国海区中气候最暖和的热带深海。

我国的潮汐能资源较为丰富,理论上估值为$10^8$kW量级。只有潮汐能量大且适合潮汐电站建造的地方,潮汐能才具有开发价值,因此,实际可利用数远小于此数。中国沿海可开发的潮汐电站坝址为424个,总的装机容量约为$2.2\times10^7$kW。浙江、福建、广东沿海为潮汐能较为丰富地区。

除潮汐能外,波浪能和海水温差能也较为丰富。统计显示,我国沿岸波浪能的蕴藏量约为$1.5\times10^5$MW,可开发利用量为

$3\times10^4\sim3.5\times10^4$ MW。这些资源在沿岸的分布很不均匀，以台湾沿岸为最多，占全国总量的1/3，其次是浙江、广东、福建和山东沿岸也较多，约占全国总量的55%，其他省市沿岸则很少。

我国海流发电研究始于20世纪70年代末，首先在舟山海域进行了8kW海流发电机组原理性试验。20世纪80年代一直进行立轴自调直叶水轮机海流发电装置试验研究，目前正在采用此原理进行70kW海流试验电站的研究工作，在舟山海域的站址已经选定。我国已经开始研建实体电站，在国际上居领先地位，但尚有一系列技术问题有待解决。

总体上看，我国海水沿岸有丰富的海洋能资源，尤其是东海沿岸（福建、浙江近海）海洋能蕴藏量大，能量密度高，开发条件优越，具有较大的开发利用价值。而且，海洋资源分布在煤、水等能源贫乏的沿海工业基地附近，更适合就近开发利用。

## 4.2 盐差发电

在海洋咸水和江河淡水交汇处，蕴含着一种盐差能。盐差能是两种浓度不同的溶液间以物理化学形态储存的能量，这种能量有渗透压、稀释热、吸收热、浓淡电位差及机械化学能等多种表现形式。盐差能的利用主要是发电，其基本方式是将不同盐浓度的海水之间的化学电位差能转换成水的势能，再利用水轮机发电，具体主要有渗透压式、蒸汽压式和机械-化学式等，其中渗透压式方案最受重视。

### 4.2.1 渗透压法发电

1939年，美国人首先提出利用海水和河水靠渗透压或电位差发电的设想。1954年，建造并试验了一套根据电位差原理运行的装置，最大输出功率为15MW。1973年，发表了第一份利用渗透压发电的报告。1975 年，以色列人建造并试验了一套渗透压法的装置，表明其利用的可行性。

研究表明，在两种不同浓度的盐溶液中间置一渗透膜，浓度低的溶液就会向浓度高的溶液渗透，这一过程一直要持续到膜两侧盐浓度相等为止。根据这一原理，可以人为地从淡水水面引一股淡水与深入海面几十米的海水混合，在混合处将产生相当大的渗透压力差，该压力差将足以带动水轮机发电。据测定，一般海水含盐浓度为 3.5%时，所产生的渗透压力相当于 25 个标准大气压力，而且浓度越大，渗透压力也越大，例如，在死海其渗透压力甚至相当于 5000m 的水头。美国俄勒冈大学的科学家已经研制出了利用该落差进行发电的系统。图 4-3 给出了根据上述渗透压法设计的盐差能发电的示意图。

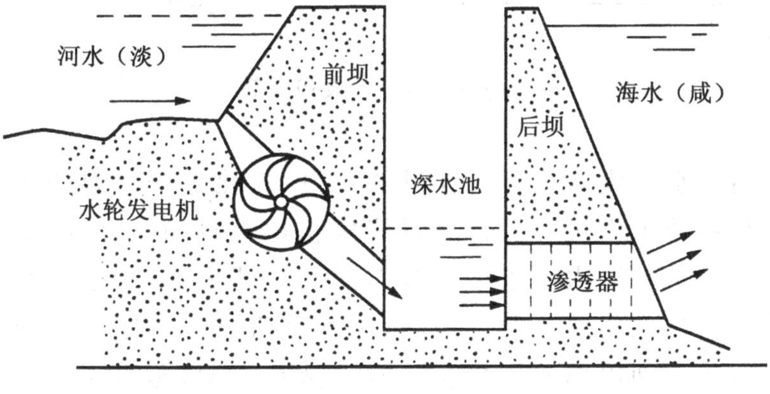


**图 4-3　根据渗透压法设计的盐差能发电系统**

## 4.2.2　蒸汽压法发电

蒸汽压法是根据淡水和海水具有不同蒸汽压力的原理研究出来的，其装置示意图如图 4-4 所示。蒸汽压发电装置为一个桶状物，它由树脂玻璃、PVC 管、热交换器（薄铜片）、汽轮机组成。

由于在同样的温度下淡水比海水蒸发得快，所以淡水侧的气压要比海水侧的气压高得多。于是，在空室内，水蒸气会很快从淡水上方流向海水上方，装上汽轮机，就可以利用盐差能产生的水蒸气气流使汽轮机转动。这种方法的产生源自于20世纪初法国工程师克劳德建造的一台利用深海冷水和表海热水之间的蒸气压差发电装置，后来研究人员发现如果用海水和淡水之间的蒸气压差来发电，这种装置更具有发展前景。

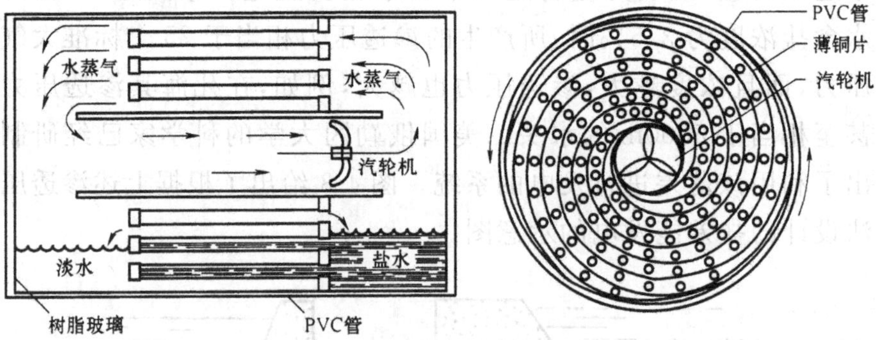


图 4-4 蒸气压发电装置

由于水汽化时要吸收大量的热量，汽化过程导致的热量转移会使系统工作过程减慢并最终停止，采用旋转桶状物的目的就是使海水和淡水溶液分别浸湿热交换器表面，用于海水向淡水传递水汽化所要吸收的潜热，这样蒸汽就会不断地从淡水侧向海水侧流动以驱动汽轮机。有关试验表明，蒸汽压盐差发电装置的热交换器表面积的功率密度可达10W/m$^2$，是渗析电池法的10倍，而且蒸汽压法不需要使用半透膜，在成本方面占有一定优势，也不存在与半透膜有关的诸如膜性能退化、水的预处理等有关问题。

### 4.2.3 浓差电池法发电

浓差电池法是化学能直接转换成电能的形式。浓差电池，也叫渗透式电池、反电渗析电池。有人认为，这是将来盐差能利用中最有希望的技术。一般选择两种不同的半透膜,一种只允许带正电荷的钠离子($Na^+$)自由进出,一种则只允许带负电荷的氯离子($Cl^-$)自由出入。浓差电池由阴阳离子交换膜、阴阳电极、隔板、外壳、浓溶液和稀溶液等组成,如图 4-5 所示,图中 C 代表阳离子交换膜,A 代表阴离子交换膜。

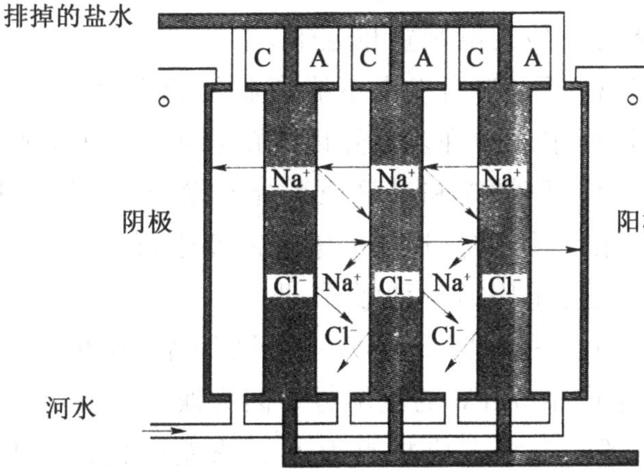


图 4-5　浓差电池示意图

这种电池所利用的是由带电薄膜分隔的浓度不同的溶液间形成的电位差。阳离子渗透膜和阴离子渗透膜交替放置,中间的间隔交替充入淡水和盐水,$Na^+$ 透过阳离子交换膜向阳极流动,$Cl^-$ 透过阴离子交换膜向阴极流动,阳极隔室的电中性溶液通过阳极表面的氧化作用维持;阴极隔室的电中性溶液通过阴极表面的还原反应维持。

由于该系统需要采用面积大且昂贵的交换膜,因此发电成本很高。不过这种离子交换膜的使用寿命长,而且即使膜破裂了也不会给整个电池带来严重影响。例如 300 个隔室组成的系统中有一个膜损坏,输出电压仅减少 0.3%。另外,由于这种电池在发电过程中电极上会产生 $Cl_2$ 和 $H_2$,可以帮助补偿装置的成本。

2006年，荷兰可持续用水技术研究所开始对海水反电渗析发电进行研究，通过对几种不同浓度的溶液分别进行试验，发现装置发电的有效膜面积是总膜面积的80%，膜的寿命为10年，反电渗析发电的最大能量密度（单位面积膜产生的功率）为460mW/$m^2$，装置投资为6.79美元/kW，这个投资是很高的，其中低电阻离子交换膜最昂贵，占了绝大部分，如果价格降低100倍，反电渗析发电就可能与其他发电装置相竞争。

研究还发现，反电渗析发电不能商业化的主要障碍不单是膜的价格问题，运行中还受许多未知因素的影响，包括生物淤塞、水动力学、电极反应、膜性能和对整个系统的操作等，为了能使反电渗析发电装置很好地运行，这些因素都需要进行研究。

浓差电池也可采用另一种形式，即在一个U形连接管内，用离子交换膜隔开，一端装海水，另一端装淡水，如果两端插上电极，电极间就会产生0.1V的电动势。因为淡水的导电性很差，为了减小电池内阻，淡水中应加点海水。浓差电池的原理并不复杂，实验均获成功，然而要把实验成果转化为实用化程度，应该说还有一段距离。

综上所述，尽管盐差能发电还处于研究之中，但其潜力已日益为人们所认识，例如，美国有人估计，若利用密西西比河的流量的1/10去建设盐差能电站，其装置容量可达$10^6$kW，即每立方米的淡水入海可获得约0.65kW·h的电力。目前，盐能差的研究以美国、以色列的研究为先，中国、瑞典和日本等也展开了一些研究。但总的来说，盐度差能发电目前处于初期原理和实验阶段，发电成本相当高，离实际应用还有较长的距离。

## 4.3 温差发电

在太阳辐射的作用下，海洋表面水温上升，从而使得表面的海水与深处的海水存在温差。温差能就是指这种温差之间的热能，亦称为海洋热能。太阳辐射强度随纬度的不同而变化，纬度越低，对应海水水温越高；纬度越高，对应海水水温越低。海水温度随深度不同也发生变化，表层因吸收大量的太阳辐射热，温度较高，随着海水深度加大，水温逐渐降低。南纬 20°至北纬 20°之间，海水表层(130m 左右深)的温度通常是 5～29℃。红海的表层水温高达 35℃，而深达 500m 的水温则保持在 5～7℃。海水温差发电是指利用海水表层与深层之间的温差能发电，海水表层与底层之间形成的 20℃温度差可使低沸点的工质通过蒸发及冷凝的热力过程推动汽轮机发电。

一般地，温差发电有三种常见方式，分别是开式循环系统、闭式循环系统和混合循环系统。另外，也可以将温差发电和其他发电方式结合起来使用，如海洋温差能-太阳能联合发电等。

### 4.3.1　开式循环温差发电系统

开式循环温差发电系统以表层的温海水作为工作介质，先用真空泵将循环系统内抽成一定程度的真空，再用温水泵把温海水抽入蒸发器。由于系统内已保持有一定的真空度，温海水就在蒸发器内沸腾蒸发，变为蒸汽；蒸汽经管道喷出推动蒸汽轮机运转，带动发电机发电。蒸汽通过汽轮机后，又被冷水泵抽上来的深海冷水所冷却，凝结成淡化水后排出。冷海水冷却了水蒸气后又回到海里。作为工作物质的海水，一次使用后就不再重复使用，工作物质与外界相通，所以称这样的循环为开式循环。图 4-6 所示为开式循环海水温差发电系统的示意图。

开式循环温差发电系统工作时，由于要用水泵送大量冷海水进行冷却，同时只有不到 0.5%的温海水变为蒸汽，故而必须用水泵送大量的温海水，以便产生出足够的蒸汽来推动巨大的低压汽轮机。由于水泵抽水要消耗大量的电能，因而开式循环系统的净发电能力会受到限制。

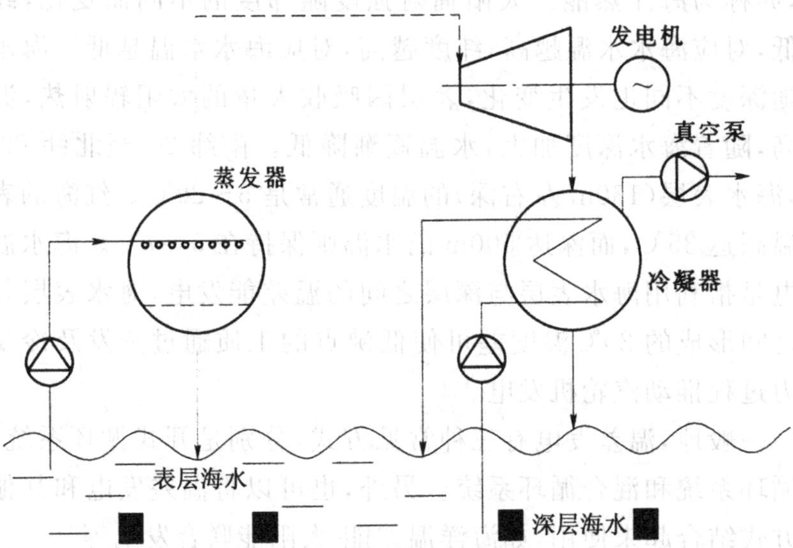


**图 4-6　开式循环海水温差发电系统**

开式循环温差发电系统不但可以获得电能，而且还可以获得很多有用的副产品。例如，温海水在蒸发器内蒸发后所留下的浓缩水可被用来提炼很多有用的化工产品；水蒸气在冷凝器内冷却后可以得到大量的淡水。

## 4.3.2 闭式循环温差发电系统

闭式循环温差发电系统以低沸点的物质（如丙烷、异丁烷、氟利昂、氨等）作为工作介质。系统工作时，表层温海水通过热交换器把热量传递给低沸点的工作介质，例如氨水从温海水吸收足够的热量后开始沸腾，变为氨气，氨气经过管道推动汽轮发电机，深层冷海水在冷凝器中使氨气冷凝、液化，用氨泵把液态氨重新压进蒸发器，以供循环使用。闭式循环系统能使发电量达到工业规模，但其缺点是蒸发器和冷凝器采用表面式换热器，导致这一部分不仅体积庞大，而且耗资昂贵。此外，闭式循环系统不能产生淡水。图 4-7 所示为闭式循环海洋温差发电系统示意图。

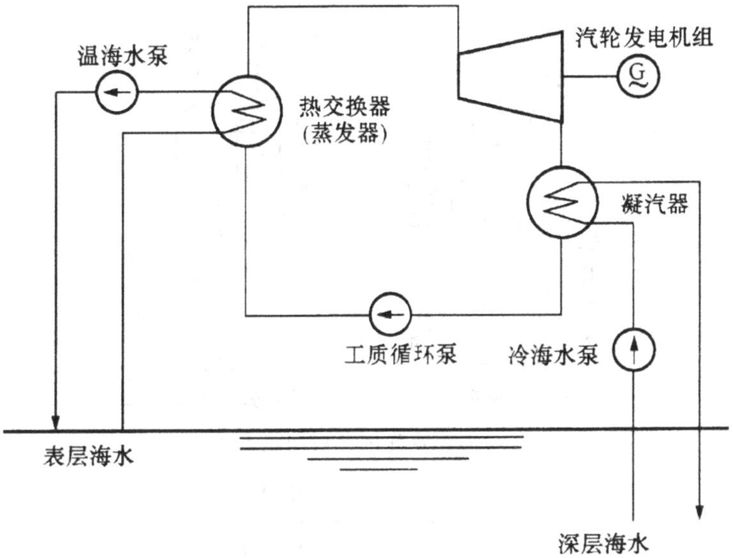


图 4-7　闭式循环海洋温差发电系统

### 4.3.3　混合循环温差发电系统

顾名思义，所谓混合式循环温差发电系统，就是在闭式循环的基础上结合开式循环改造而成的。该系统基本与闭式循环相同，不同之处是该系统是用温海水闪蒸出来的低压蒸汽来加热低沸点工质。这样做的好处在于减少了蒸发器的体积，可节省材料，便于维护。

图 4-8 所示为混合式循环温差发电系统示意图。其中，图 4-8(a)为温海水先闪蒸，闪蒸出来的蒸汽在蒸发器内加热工质的同时被冷凝成水。其优点是蒸发器内工质采用蒸汽加热，换热系数较高，可使换热面积减小，蒸发设备体积减小，且淡水产量较高；缺点是闪蒸系统需要脱气，且存在着二次换热，闭路系统有效利用温差降低。图 4-8(b)为温海水通过蒸发器加热工质，然后再在闪蒸器内闪蒸，闪蒸出来的蒸汽用从冷凝器出来的冷海水冷凝。优点是没有影响发电系统的有效温差，所以系统效率较高，而且可以根据需要调节进入闪蒸器的海水流量，从而控制淡水产率；缺点是系统布置比较复杂，需配备淡水冷凝器，系统的初始投资更大。

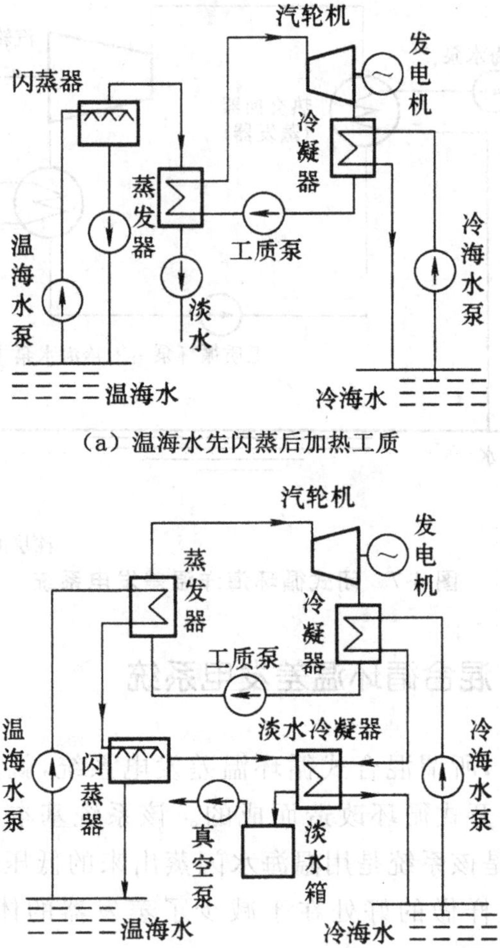


(a) 温海水先闪蒸后加热工质



(b) 温海水先加热工质后闪蒸

**图 4-8　混合式循环温差发电系统**

### 4.3.4　海洋温差能-太阳能联合热发电系统

海洋温差能-太阳能联合热发电系统相当于引入新的热源，但需要考虑太阳能的不稳定性及昼夜交叉太阳能的不连续性。目前，提出了光照条件工作系统和无光照条件工作系统，同样有如下三种发电形式：

(1) 闭式温差能-太阳能联合热发电循环系统。以氨-水非共沸混合液为循环工质，利用太阳能进行再加热，同时加装回热器，如图 4-9 所示。

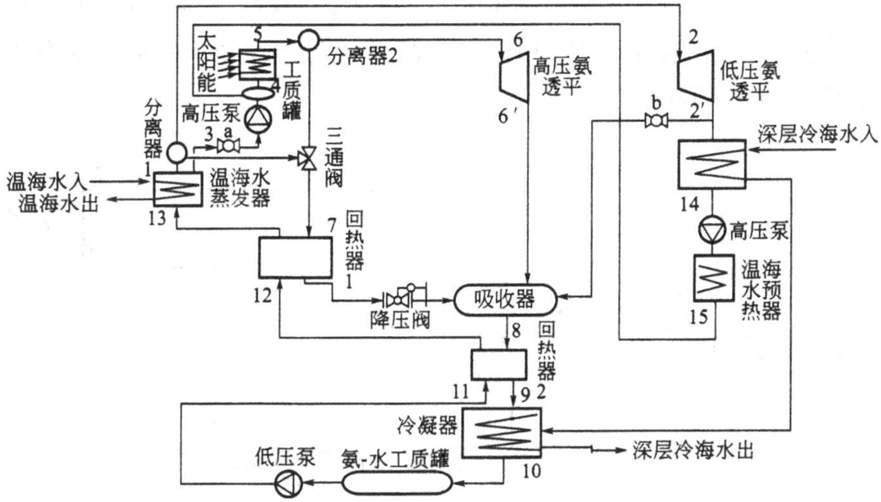


**图 4-9　闭式温差能-太阳能联合热发电循环系统**

(2) 有光照条件工作系统。该系统采用非共沸混合工质氨-水作为循环工质。图 4-10 所示为有光照条件的温差能-太阳能联合热发电循环示意图。其中数字代表系统循环工质在所处热力设备位置点处的状态。

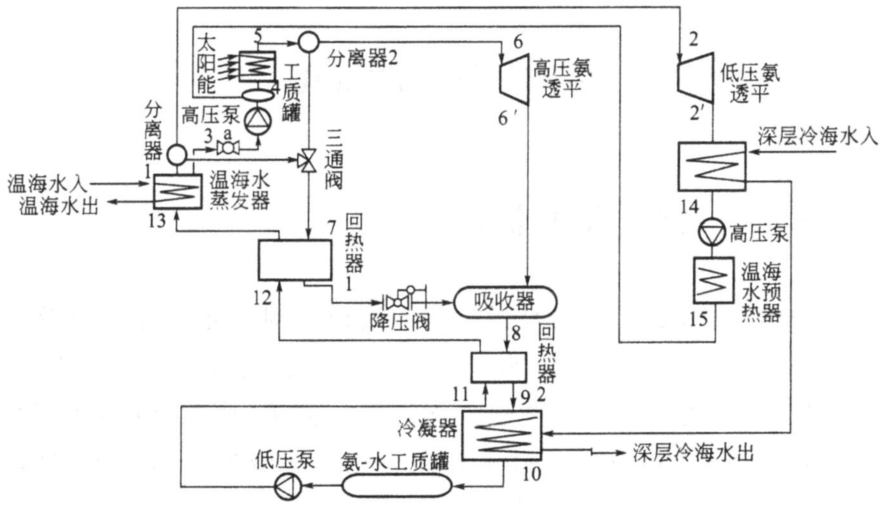


**图 4-10　有光照条件的温差能-太阳能联合热发电循环系统**

（3）无光照条件工作系统。该系统采用非共沸混合工质氨-水作为循环工质。图4-11所示为无光照条件海洋温差能-太阳能联合热发电示意图。其中数字代表系统循环工质在所处热力设备位置点处的状态。

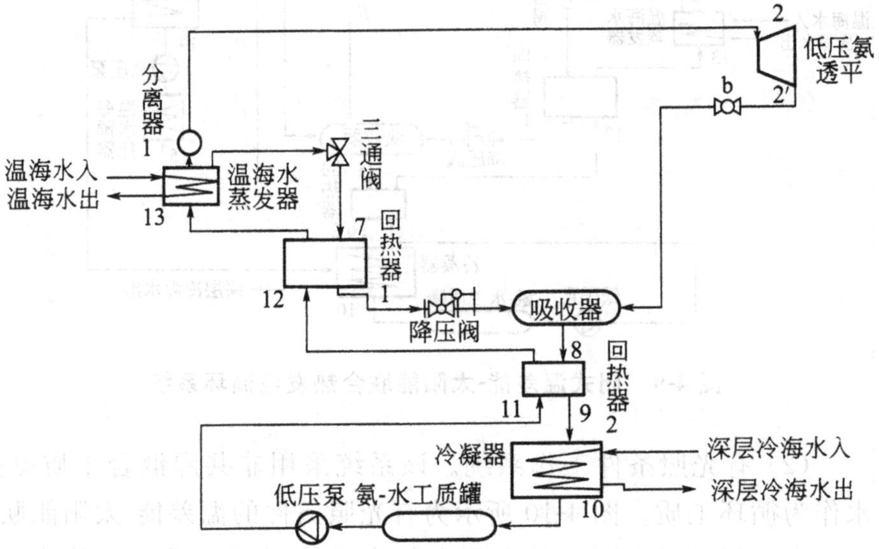


**图4-11 无光照条件海洋温差能-太阳能联合热发电系统**

# 4.4 海流能发电

## 4.4.1 海流及海流能

海流又称潮流，主要是指海水大规模相对稳定的流动以及由于潮汐导致的有规律的海水流动。海洋和海洋上空的大气吸收太阳辐射，因海水和空气受热不均而形成温度、密度梯度，从而产生海水和空气的流动，并形成大洋环流。海流的流向是固定的，因此也被称为定海流，而潮流的流速、流向则有周期性变化。在世界大洋中，最大的海流有数百千米宽，上万千米长，数百米深，它们的规模非常巨大。

所谓海流能，具体是指海水流动所储存的动能，其能量与流速的二次方和流量成正比，海流能功率 $P$ 可以表示为

$$P=\frac{1}{2}\rho Qv^3。$$

式中：$\rho$ 为海水密度，单位为 $kg/m^3$；$Q$ 为海水流量，单位为 $m^3/s$；$v$ 为海水流速，单位为 $m/s$。

## 4.4.2　海流能发电的主要形式

海流能发电是海流能利用的主要方式，其原理和风力发电相似，几乎任何一个风力发电装置都可以改造成为海流能发电装置。目前最常见的海流能发电形式有四种，分别是水下风车式、轮叶式、降落伞式和磁流式。

### 4.4.2.1　水下风车式海流发电

水下风车海流发电装置由于其结构、工作原理与现代风力机基本相似。机组通过水平轴水轮机的叶轮捕获海流能，当海水流经桨叶时，产生垂直于水流方向的升力并使叶轮旋转，通过机械传动机构带动发电机发电。2004 年，英国 MCT 有限公司制造第一台额定容量为 300kW 的并网型水下风车式海流发电机组，2005 年又开发了 1MW 机组。同年，美国 Verdant Power 公司于纽约东海岸建成 6 台 35kW 的机组，水下风车式海流发电将逐步成为大规模利用海流能的有效途径之一。

### 4.4.2.2　轮叶式海流发电

轮叶式海流发电的原理和风力发电类似，就是海流推动轮叶，轮叶带动发电机发电。区别在于动力来源于海洋里的水流而不是天空的气流。轮叶可以是螺旋桨式的，也可以是转轮式的。轮叶的转轴有与海流平行的（类似于水平轴风力机），也有与海流垂直的（类似于垂直轴风力机）。轮叶可以直接带动发电机，也可

以先带动水泵，再由水泵产生高压水流来驱动发电机组。

图 4-12 所示为英国洋流涡轮机公司设计制造的 SeaGen 海流发电机。据英国《独立报》报道，该新型海流能涡轮发电机由英国工程师彼得弗伦克尔设计，长约 37m，形似倒置的风车。2008 年安装于在北爱尔兰斯特兰福德湾入海口，这一海湾的海水流速超过 13km/h。该装置装有两个潮汐能涡轮机，可为当地提供 1.2MW 的电力，是世界上第一个利用洋流发电的商用系统。

**图 4-12　安装中的 SeaGen 轮叶式海流发电机**

#### 4.4.2.3　降落伞式海流发电

20 世纪 70 年代末期，一种设计新颖的伞式海流发电站诞生了。这种电站是建在船上的。这是将 50 个降落伞串在一根长 154m 的绳子上，用来集聚海流能量。绳子的两端相连，形成一环形，然后，将绳子套在锚泊于海流中的船尾两个轮子上。置于海流中串联起来的 50 个降落伞由强大的海流推动着。在环形绳子的一侧，海流就像大风那样把伞吹胀撑开，顺着海流方向运动。在环形绳子的另一侧，绳子牵引着伞顶向船运动，伞不张开。于是，拴着降落伞的绳子在海流的作用下周而复始的运动，带动船上两个轮子旋转，连接着轮子的发电机也就跟着转动而发出电来，如图 4-13 所示。

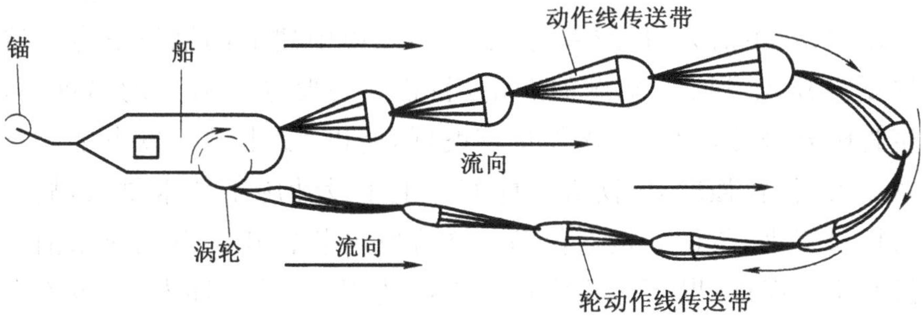


图 4-13　降落伞式海流发电装置

#### 4.4.2.4　磁流式海流发电

目前，磁流式海流发电还处在原理性研究阶段，其基本原理与磁体发电原理大体相同。用高温等离子气体为工作介质，高速垂直流过强大的磁场后直接产生电流。目前主要考虑以海水作为工作介质，当存在有大量离子（如氯离子、钠离子）的海水垂直流过放置在海水中的强磁场时，就可以获得电能。磁流式发电装置没有机械传动部件，不用发电机组，海流能的利用效率很高，可成为海流发电系统中性能最优的装置。

### 4.4.3　海流能发电的特点

海流发电与常规能源发电相比较主要有以下三个特点：

（1）能量密度低，但总蕴藏量大，可以再生。潮流的流速最大值在我国约为 40m/s，相当于水力发电水头的 0.5m，故能量转换装置的尺度大。

（2）能量随时间、空间变化，但有规律可循，可以提前预报，海流能是因地而异的，有的地方大，有的地方小，同一地点表、中、底层的流速也不相同。由于潮流流速变化使潮流发电输出功率存在不稳定性、不连续。但潮流的地理分布变化可以通过海洋调查研究掌握其规律，目前，国内外海洋科学研究已经能对潮流流速做出准确的预报。

(3) 开发环境严酷、投资大、单位造价高，但是对环境无污染、不用农田、不需人口迁移。由于海洋环境中建造的潮流发电装置要抵御狂风、巨浪、暴潮的袭击，装置设备要经受海水的腐蚀、海生物附着破坏，加之潮流能量密度低，所以，要求潮流发电装置设备庞大、材料强度高、防腐性能好。由于设计施工技术复杂，故一次性投资大，单位装机造价高。潮流发电装置建在海底或系泊于海水中或海面，既不占用农田又不需建坝，不需迁移人口，也不会影响航道。

# 4.5 潮汐发电

## 4.5.1 潮汐及潮汐能

潮汐是海洋的基本特征，与波浪在海面上不同，潮汐现象主要表现在海岸边。到了一定的时间，潮水低落，沙滩慢慢露出水面，人们在沙滩上捡贝壳，又过了一段时间，潮水又奔腾而来。这样，海水日复一日，年复一年的上涨、下降，人们把白天海面的涨落现象称作“潮”，晚上海面的涨落称作“汐”，合起来就为“潮汐”。图 4-14 所示为潮汐涨落的过程曲线，它表现为海面相对于某一基准面的垂直高度。从低潮到高潮，海面上涨过程称为涨潮。海水起初涨得较慢，接着越涨越快，到低潮和高潮中间时刻涨得最快，随后涨速开始下降，直至发生高潮为止。这时海面在短时间内处于不涨不落的平衡状态，称为停潮。把停潮的中间时刻定为低潮时。

研究表明，潮汐是月球和太阳对地球的万有引力共同作用的结果。在月球和太阳两者中，由于月球离地球更近，所以月球引力占主要地位。主要的潮汐循环有规律地与月球同步，但也随着地球—月球—太阳体系的复杂作用而不断变化和调整。

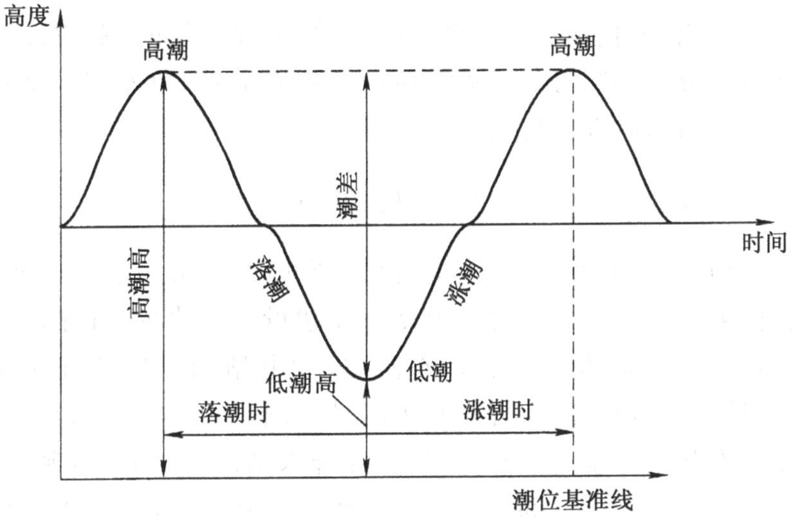


**图 4-14　潮汐涨落的过程曲线**

潮汐变化由于地球表面的不规则外形而复杂化。在深海中，巨大的潮汐波峰仅能超过 1m，相对于整个海水深度的比率极小，所以由于摩擦力的作用而损失的能量非常小。在陆地边缘，尤其对于那些水深梯度大的区域，潮汐的能量变化剧烈。随着潮汐能传递区域相对于海水总容量的概率增大，相当大的能量也随之消失。潮汐运动实质上如同一个巨大的制动器，潮汐作用引起的能量损失削弱了由地球—月球—太阳运行体系所形成的作用力。在地球的漫长变化过程中，白昼的变化以 $1\times10^{-5}$ s/a 的速度变长。

所谓潮汐能，就是指蕴藏在海水潮汐中的能量，它是一种以位能形态表现的海洋能。由于白昼的变化可以测量，因此潮汐能的损失量亦可被估算出来，具体损失量为 2.7TW/s。这些能量若全部转换成电能，每年发电量大约为 1200TW · h。

## 4.5.2　潮汐发电的主要形式

潮汐发电与水力发电的原理基本相似，它是利用潮水涨、落产生的水位所具有势能来发电的，也就是把海水涨、落潮的能量变为机械能，再把机械能转变为电能的过程。目前，潮汐发电站根据布置形式不同可分为单库单向潮汐发电站、单库双向潮汐发电站和双库单向潮汐发电站三种。

#### 4.5.2.1 单库单向型潮汐发电站

如图 4-15 所示，单库单向型潮汐发电站一般只有一个水库，水轮机采用单向式。这种发电站只需建设一个水库，在水库大坝上分别建一个进水闸门和排水闸门，发电站的厂房建在排水闸处。当涨潮时，打开进水闸门，关闭排水闸门，这样就可以在涨潮时使水库蓄满海水。当落潮时，打开排水闸门，关闭进水闸门，水库内外形成一定的水位差，水从排水闸门流出时，带动水轮机转动并拖动发电机发电。由于落潮时水库容量和水位差较大，因此通常选择在落潮时发电。在整个潮汐周期内，电站共存在充水、等候、发电和等候四个工况。单库单向型发电站只要求水轮机组满足单方向的水流发电，只需安装常规贯流式水轮机即可，所以机组结构和水工建筑物简单，投资较少。由于只能在落潮时发电，而每天有两次潮汐涨落的时候，一般仅有 10～20h 发电时间，所以潮汐能未被充分利用。

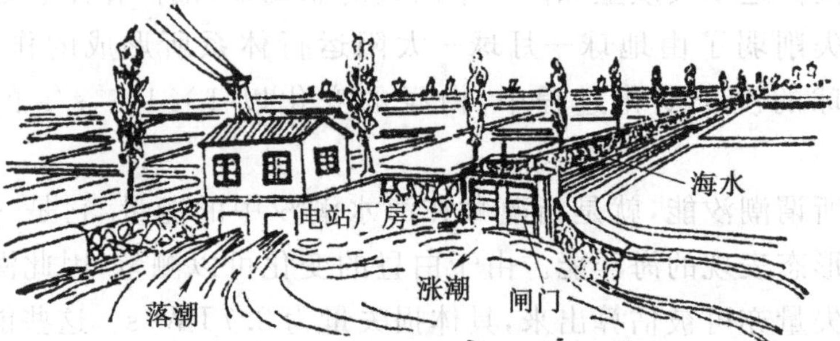


图 4-15 单库单向型潮汐发电站

#### 4.5.2.2 单库双向型潮汐发电站

单库双向型潮汐发电站只修建一个水库，发电机组一般有两种形式：一种是设置双向发电的水轮发电机组，这种水轮机既可顺转也可以倒转，并配有可正反转的发电机，涨潮时反向发电，落潮时正向发电；一种是仍采用单向发电机组，但从水工建筑物布置上使流道在涨潮和落潮时，都能使水流按同一方向进入和流出水轮机，从而使涨落潮两向均能发电。这是 20 世纪 60 年代开发的一种新型潮汐发电技术，这种技术极大地提高了潮汐能的利用率。我国于 1980 年建成投产的浙江江厦潮汐试验电站就属于这种形式。

#### 4.5.2.3　双库单向型潮汐发电站

为了提高潮汐能的利用率，在有条件的地方可建立双库单向型潮汐发电站，如图 4-16 所示。发电站需要建立两个相邻的水库，一个水库仅在涨潮时进水，称上水库或高位水库。另一个水库在退潮时放水，称下水库或低位水库。发电站建在两个水库之间。涨潮时，打开上水库的进水闸门，关闭下水库的排水闸，上水库的水位不断增加，超过下水库水位形成水位差，水从上水库通过电站流向下水库时，水流带动水轮机并拖动发电机发电。落潮时，打开下水库的排水闸门，下水库的水位不断降低，与上水库仍保持水位差。水轮发电机可全日发电，提高了潮汐能的利用率。但由于需建造两个水库，一次性投资较大。

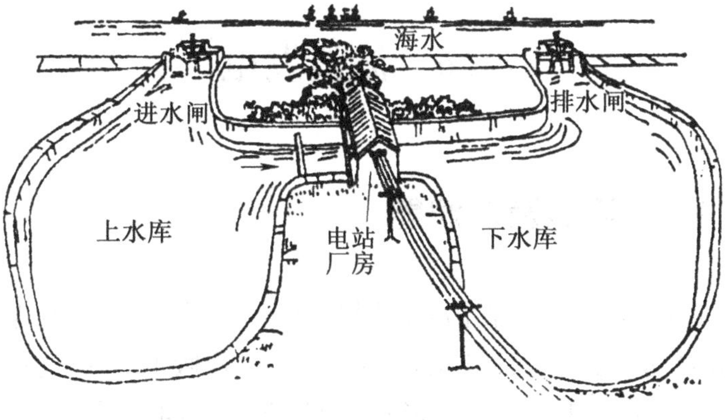


图 4-16　双库单向型潮汐电站

### 4.5.3 潮汐发电面临的技术挑战

目前,潮汐发电技术还在进一步发展中,各个国家都在努力研究如何能更安全、有效、环保地利用潮汐能。在探索的路上,潮汐发电面临的技术挑战主要来自如下几个方面:

(1) 潮汐电站建在海湾口,水深坝长,建筑物结构复杂,施工、基底处理难度大,土建投资高,一般占总造价的45%。传统的建设方法,大多采用重力结构的当地材料或钢筋混凝土,工程量大、造价高。采用现代浮运沉箱技术进行施工,可节省大量投资。

(2) 潮汐电站的选址较为复杂,既要考虑潮差、海湾地形及海底地质,又要考虑当地的海港建设、海洋生态环境保护。

(3) 潮汐发电站中,水轮发电机组约占电站总造价的50%,同时,机组的制造安装也是电站建造工期的主要控制因素。潮汐发电站是在变工况下工作的,水轮发电机组的设计要考虑变工况、低水头、大流量及防海水腐蚀等因素,比常规水电站复杂,效率也低于常规水电站。大、中型水电站由于机组数量多,控制技术要求高。

(4) 由于海水、海生物对金属结构物和海工建筑物有腐蚀、沾污作用,因此,电站需作特殊的防腐、防污处理。

## 4.6 波浪发电

### 4.6.1 波浪及波浪能

海面上的波浪一般由风引起,海水在风力与重力作用下波动,波面向前行进,这种波浪叫风浪;海水若吸收从很远距离外的暴风雨中传递而来的能量,形成的波动现象叫涌浪;海水涨潮与落潮时,也常伴随着涌浪与波浪现象。

波浪的起伏运动，具有位能和动能。其能量密度不大，但是是经常变化着的。海洋面积占地球表面 70%左右，宏观地看，波浪能的蕴藏量是非常丰富的。研究表明，波浪能与波高的平方、波浪运动的周期以及迎波面的宽度成正比，通常，以单位时间在传播峰面单位长度上的能量 $P_w$ 来表示，即有

$$P_w=\frac{\rho g^2}{32\pi}H^2T。$$

式中：$\rho$ 为海水密度；$g$ 为重力加速度；$H$ 为波高；$T$ 为波周期。

大量的计算表明，如一个周期为 10s，波高为 2m 的波浪蕴藏的能量密度为 40kW/m。波浪产生的随机性很大，在狂风巨浪中，波浪能量密度可以达 $1\times10^3$kW/m 数量级，而在平静的海面，却只有 $1\times10^{-3}$kW/m 的数量级。

从全球范围来看，纬度在 40°～50°区域的波浪能最大。北大西洋的波浪能达 80～90kW/m，日本海域有 50kW/m，地中海因其封闭性，只有 3kW/m。据世界能源委员会的调查显示，全球可利用的波浪能达 $20\times10^8$kW，相当于目前世界发电量的 2 倍。

## 4.6.2　波浪能发电的形式

波浪能发电是继潮汐发电之后发展最快的一种海洋能源利用手段。据不完全统计，目前已有 28 个国家（地区）研究波浪能的开发，建设大小波力电站（装置、机组或船体）上千座（台），总装机容量超过 80 万 kW，其建站数和发电功率分别以每年 2.5%和 10%的速度上升。一般来说，波浪能发电的主要原理如下：

（1）利用物体在波浪作用下的振荡和摇摆运动产生能量。

（2）利用波浪压力的变化产生能量。

（3）利用波浪的上升将波浪能转换成水的势能。

目前，波浪能发电装置种类繁多。图 4-17 所示为各种利用波浪能装置的示意图。接下来，我们仅就接近实用化的振荡水柱式装置、振荡浮子式波浪能转换装置、聚波储能式波浪能转换装置和自升式波浪能发电装置进行讨论。

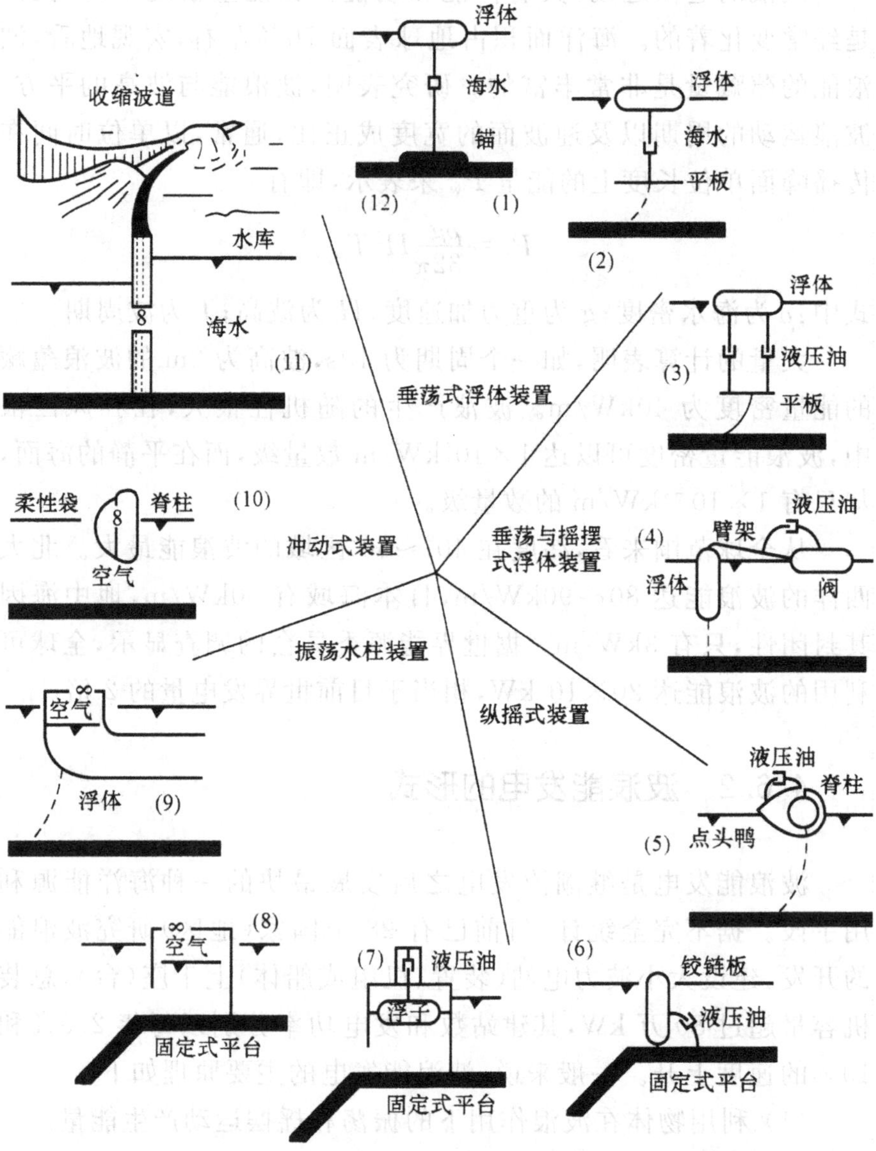


**图 4-17　各种利用波浪能装置的示意图**

### 4.6.2.1　振荡水柱式波浪能发电系统

振荡水柱式波浪能发电装置根据振荡水柱停泊的方式分成固定式和漂浮式，其波浪能转换装置的原理及结构如图 4-18 所示。

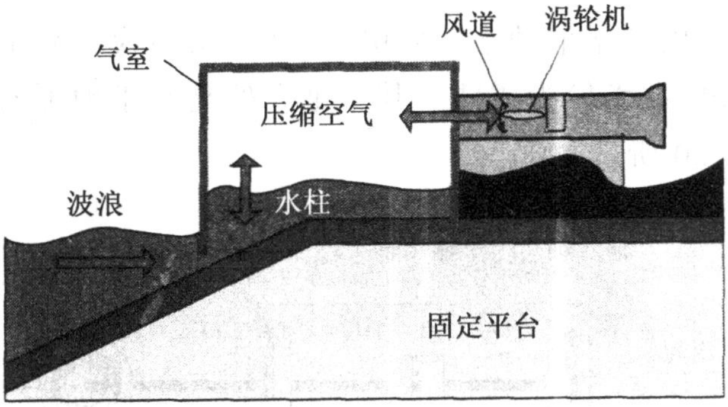


图 4-18　振荡水柱式波浪能转换发电装置

在入射波浪的作用下,气室内的水柱受力发生振荡,使水柱上方的空气往复地推动风道,从而使涡轮机产生机械能量进行发电。由于波浪的推动作用气室内的水柱进行上下往复运动,且具有固定的频率,当入射波浪的频率与水柱的固有频率相同或者接近时,将会产生共振作用,使气室内水柱的振幅加大。处于共振状态时,入射波浪与水柱的共同作用使得入射波浪的波高增加,而振荡体背部的波高减小,从而增加了波能转换装置的效率。

振荡水柱式装置的优点是抗恶劣气候的性能好、故障率低和使用寿命长,缺点是制造费用高,同时转换率低(将波浪能转化为电能的总效率仅为 10%～30%)。

### 4.6.2.2　振荡浮子式波浪能转换发电系统

振荡浮子式波浪能转换发电的原理是电磁转换器随浮子运动吸收能量,通过电磁转换器将波浪能转换成电能,其结构与原理如图 4-19 所示。振荡浮子式波浪能转换发电装置的优点是成本低且转化的效率较高,缺点是浮子受外界冲击容易损坏。振荡浮子式波浪能转换发电装置适用于一些提供电源的场合。

### 4.6.2.3　聚波储能式波浪能转换发电系统

聚波储能式波浪能转换发电装置舍弃了波浪的动能,利用波浪在沿岸的爬升将波浪能转换成水的势能。它利用狭道将波浪能集中，使波高增高至 3～8m 而溢出蓄水池，然后像潮汐发电一样用蓄水池内的水推动水轮发电机，其二次转换实际上就是一般的水力发电，技术较为成熟。其不足之处是对于地形有一定的要求，如图 4-20 所示。

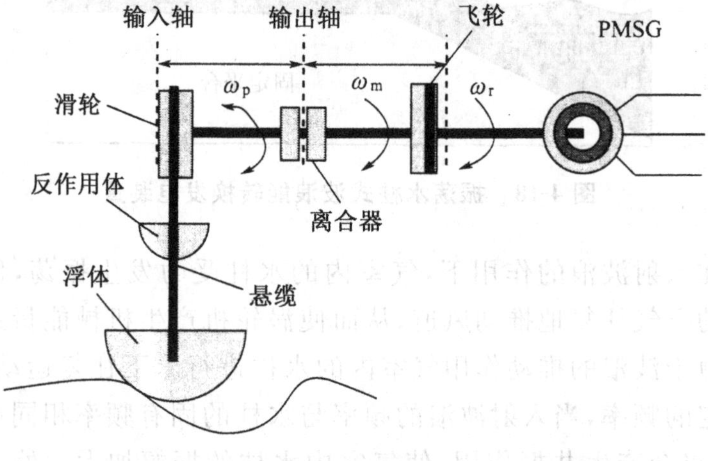


**图 4-19　振荡浮子式波浪能转换发电装置**

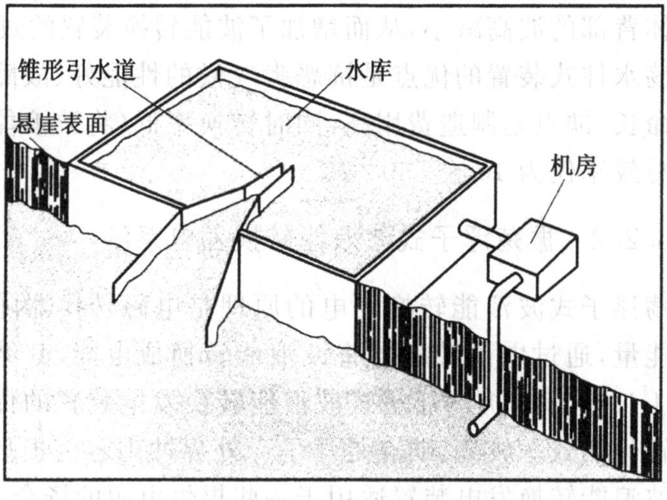


**图 4-20　聚波储能式波浪能转换发电装置**

### 4.6.2.4　自升式波浪能转换发电系统

自升式波浪能转换发电装置包括三级能量的转换系统。一级能量转换机构直接与波浪相互作用，将波浪能转换成装置的动能和势能等；二级能量转换机构将一级能量转换所得的能量转换成旋转机械的液压能；三级能量转换将旋转机械的液压能通过发电机转换成电能。自升式波浪能发电装置包括浮筒、液压油缸、导向柱、自升式平台、液压油缸安装底座、蓄能库、液压控制系统和发电系统，如图 4-21 所示。

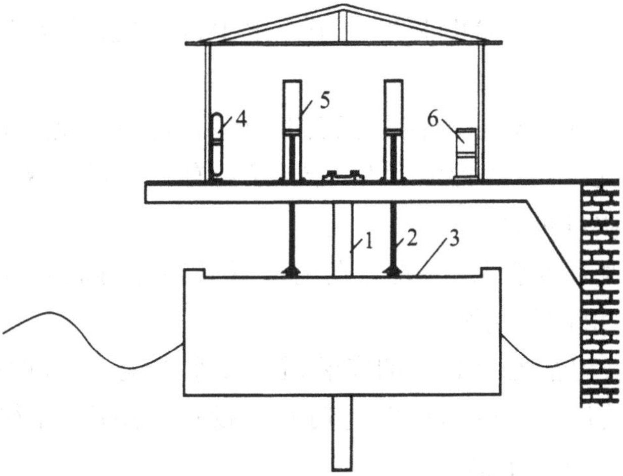


**图 4-21　自升式波浪能转换发电装置的组成**

1—导向柱；2—液压油缸活塞杆；3—浮筒；
4—蓄能器；5—液压油缸；6—发电机系统

当波浪上升时，波浪推动浮筒沿着导向柱向上运动并带动液压油缸的活塞杆上升，接下来引发一系列变化：迫使液压油缸的无杆腔油液排出→通过液压控制系统进入高压蓄能库→再经过恒压调节后进入高压液压马达→高压液压马达连续驱动大发电机发电。

当波浪下降时，浮筒靠自重沿着导向柱下降→带动液压油缸的活塞杆下降→使得液压油缸的油液排出→通过液压控制系统进入低压蓄能库→经过恒压调节后进入低压液压马达→使低压液压马达连续平稳地驱动小发电机发电。

大量的实践表明，自升式波浪能转换发电装置具有抗风抗浪、连续高效、性能稳定的特点。该装置在电力输出稳定性、装置可靠性、发电效率、管理和维护成本方面具有优势。

### 4.6.3 影响波浪能发电系统推广应用的因素

尽管目前波力发电装置已经取得了数十种专利，但真正得到使用的却不多，主要原因如下：

(1) 由于波力发电装置置于海水中，所以必须考虑装置的耐腐蚀性。

(2) 波浪中蕴藏的能量虽然巨大，但它的运动速度慢、压力低、能流密度小。要使波力发电装置具有一定的功率，装置本身往往需要做得很大。

(3) 因为风浪无常，波力发电装置必须经得起狂风巨浪的冲击，应有足够的结构强度。

(4) 波浪能发电装置的安装需要在水中施工，难度极大。

(5) 波浪能发电单位发电功率的投资费用高，往往是常规能源的数倍甚至数十倍。

## 4.7 海洋能发电工程应用瓶颈及未来展望

### 4.7.1 海洋能发电工程应用瓶颈

从理论上来说，海洋中蕴含的能量足以满足全球的电力需求，而且不会产生任何污染。与风能、太阳能等可再生能源相比，其具有独特的优势，如能量密度高、不受天气的影响、更加稳定可靠等。此外，海洋能也拥有地理上的优势，全球有大约44%的人生活在距离海岸线150km内。但海洋能开发利用技术还比较落后，而且其发电成本高昂，一些小型海洋能电站在进行一段时间后因为经济性差而停办或废弃。究其原因，主要是在海洋能发电技术的研究中遇到了很多难以解决的瓶颈问题，主要有以下几个方面：

(1) 海洋能发电装置出力不平稳。海洋能多是不平稳的能量，而装置自身无法控制其电力输出的大小，只能随海洋能功率输入的变化而变化。因此，产生出力不平稳的问题。

(2) 海洋能发电装置难以实现并网。装置发电不稳定，具有间歇性与波动性，并网会对局部电网的稳定造成影响。因此，海洋能发电装置一般未实现并网，限制了海洋能的产业化进程。

(3) 海洋能发电装置难以进行海上测试。由于装置通常安装于环境条件恶劣的海域，因此缺少试验平台以及系统的海上安装技术。

(4) 海洋能发电装置无统一的工作性能评估方法。由于装置形式多种多样，未形成统一的评价体系。

(5) 海洋能发电装置转换效率低。我国海洋能能流密度偏低，在装置装换效率较低的情况下，单纯通过扩大装置规模来提高发电功率，成本过高。因此，单一能源难以满足用户端的电力需求。

### 4.7.2　海洋能发电的未来展望

海洋也是人类文明的能量之海，未来海洋能源必将在人类文明中扮演重要角色。海洋能源都具有可再生性和不污染环境等优点，是亟待开发利用并具有战略意义的新能源。近些年来，受化石燃料能源危机和环境变化压力的驱动，作为主要可再生能源之一的海洋能事业取得了很大发展，在相关技术后援的支持下，海洋能应用技术日趋成熟，为人类在 21 世纪充分利用海洋能展示了美好的前景。

总体上看，海洋能中的潮汐能作为成熟的技术将得到更大规模的利用；波浪能将逐步发展成为独立行业，近期主要是岸式波浪能发电站，大规模利用并发展漂浮式波浪能发电站；可作为战略能源的海洋温差能将得到更进一步的发展，并将与海洋开发综合实施，建立海上独立生存空间和工业基地；海流能也将在局部地区得到规模化应用。

经过多年研究试点，潮汐发电行业在技术上日趋成熟，在降低成本、提高经济效益方面也取得了较大进展。相关文献数据表明，到2014年年底，全球海洋能发电累计装机容量已达520mW，其中潮汐能装机容量约占98%。已建成的电站中，韩国和法国的装机容量达到最大的比例。表4-1给出了世界各地2014年潮汐电站装机容量。近年来，中国潮汐能开发进程加速，潮汐电站建设掀起了新高潮，已经建成一批性能良好、效益显著的潮汐电站。现在，我国潮汐发电量仅次于法国、加拿大，位居世界第三位。专家认为，中国沿海必将不断地有更多、更大的潮汐电站建成，潮汐能发电技术前景广阔。

**表4-1　世界各地2014年潮汐电站装机容量**

| 序号 | 地址 | 装机容量(mW) | 国家 | 状态 |
|---|---|---|---|---|
| 1 | 始华湖 | 254 | 韩国 | 运营 |
| 2 | 运营朗斯 | 240 | 法国 | 运营 |
| 3 | 芬迪湾 | 18 | 加拿大 | 运营 |
| 4 | 浙江江厦 | 4 | 中国 | 运营 |
| 5 | 基洛湾 | 4 | 俄罗斯 | 运营 |
| 6 | 加露林湾 | 480 | 韩国 | 计划建设 |
| 7 | 仁川 | 1000 | 韩国 | 计划建设 |

尽管目前海洋能发电的成本是传统电力的10倍，但英国、西班牙等欧洲国家仍提供政府补贴，风险资本及能源公司也不断投资于波浪能发电技术的研发，这有力地推动了欧洲波浪发电产业化。波浪发电的增长潜力吸引了巨大的投资热情。我国在波浪能技术方面与世界先进水平差距不大。考虑到世界上波浪能丰富地区的资源是我国的5～10倍，以及我国在制造成本上的优势，因此发展外向型的波浪能利用行业大有可为，并且已在小型

航标灯用波浪发电装置方面有良好的开端。因此，当前应加强百 kM 级机组的商业化工作，经小批量推广后，再根据欧洲的波浪能资源，设计制造出口型的装置。

温差能利用应放到相当重要的位置，与能源利用、海洋高技术和国防科技综合考虑。海洋温差能的利用可以提供可持续发展的能源、淡水、生存空间，并可以和海洋采矿与海洋养殖业共同发展，解决人类生存和发展的资源问题。

就海流能而言，我国是世界上海流能量资源密度最高的国家之一，发展海流能有良好的资源优势。海流能也应先建设百 kM 级的示范装置，解决机组的水下安装、维护和海洋环境中的生存问题。海流能和风能一样，可以发展“机群”，以一定的单机容量发展标准化设备，从而达到工业化生产以降低成本的目的。

就海洋盐差能而言，全球盐差能达 30TW，约有 2.6TW 可供人类开发利用。我国的盐差能估计为 $1.1\times10^5$mW，主要集中在各大江河的出海处，同时，青海省等地还有不少内陆盐湖可以利用。人类要大规模地利用盐差能发电还有一个相当长的过程。从全球情况来看，盐差能发电的研究都还处于不成熟的小规模实验室研究阶段。随着对能源越来越迫切的需求和各国政府对科研力量的重视，盐差能发电技术研究必将有新的突破。

海洋孕育了生命，海洋对人类文明有着巨大的影响。现在，在人类寻找新能源继续发展文明的时候，人们又将目光回望海洋中，那里蕴藏了巨大的能源。在新能源开发的热潮下，各国政府正加强对海洋能开发的重视程度，资本市场也很看好把海洋作为新能源建设下一轮热点开发项目。我们有理由相信，在未来海洋能的开发利用将有着十分广阔的前景。

# 第5章 生物质能发电技术

生物质能是太阳能以化学能形式蕴藏在生物质中的一种能量形式，它直接或间接地来源于植物的光合作用，是以生物质为载体的能量。生物质能具有低排放、永不枯竭的自然特性，是一种清洁的可再生能源。当今世界，能源资源约束日益加剧，生态环境问题突出，调整结构、提高能效和保障能源安全的压力进一步加大，生物质能的开发利用得到了更加广泛的重视。生物质能发电是生物质能利用的主要途径，本章我们就对其展开详细的讨论。

## 5.1 生物质能与我国生物质资源开发利用

### 5.1.1 生物质与生物质能

广义地讲，生物质是一切直接或间接利用绿色植物进行光合作用而形成的有机物质，它包括世界上所有动物、植物和微生物，以及有这些生物产生的排泄物和代谢物。生物质遍布世界各地，其资源数量庞大，形式繁多。通常，人们将生物质资源分为农作物类、林作物类、水生藻类、光合成微生物类、农产品的废弃物（如稻秸、谷壳等）类、城市垃圾类、林业废弃物类、畜牧废弃物类等。

生物质能是太阳能以化学能形式蕴藏在生物质中的一种能量形式，它直接或间接地来源于植物的光合作用，是以生物质为

载体的能量，其作用过程为

$$xCO_2 + yH_2O \xrightarrow{\text{植物的光合作用}} C_x(H_2O)_y + xO_2。$$

生物质能的原始能量来源于太阳，所以，从广义上讲，生物质能是太阳能的一种表现形式。在太阳能直接转换的各种形式中，光合作用效率最低，转化率约为 0.5%～5%。据估计，温带地区植物光合作用的转化量按全年平均计算，约为太阳全部辐射能的 0.5%～1.3%，亚热带地区为 0.5%～2.5%。整个生物圈的平均转化率为 0.25%。在最佳田间条件下，农作物的转化率可达 3%～5%。

在各种可再生能源中，生物质能是独特的，它是储存的太阳能，也是唯一的一种可再生碳源。它可以转化为常规的固态、液态和气态燃料。据估计，地球上每年植物光合作用所固定的碳达 $2\times10^{11}$ t，含能量达 $3\times10^{21}$ J，按照目前全球的能源消费情况来看，每年通过光合作用储存在植物体中的太阳能，相当于全世界每年耗能量的 10 倍。

研究表明，生物质能蕴藏在植物、动物和微生物等可以生长的有机物中，主要来源如下：

(1) 薪柴。至今仍是许多发展中国家的重要能源。但由于薪柴的需求导致林地日减，今后应适当规划与广泛植林。

(2) 牲畜粪便。牲畜的粪便，经干燥可直接燃烧供应热能。若将粪便经过厌氧处理，可产生甲烷和肥料。

(3) 制糖作物。制糖作物可经发酵转变为乙醇。

(4) 城市垃圾。其主要包括纸屑(占 40%)、纺织废料(占 20%)和废气食物(占 20%)等。将城市垃圾直接燃烧可产生热能，或经过热分解处理制成燃料使用。

(5) 城市污水。一般情况下，城市污水约含有 0.02%～0.03%的固体与 99%以上的水分，下水道污泥有望成为厌氧消化槽的主要原料。

(6) 水生植物。同薪柴一样，水生植物也可转化成燃料。

### 5.1.2 生物质能利用技术

生物质能的利用方式相似于常规石化燃料，因此常规能源的利用技术无须作大的变动，就可以应用于生物质能。但是生物质的种类各异，分别具有不同的特点和属性，利用技术远比石化燃料复杂与多样。除了和常规能源的利用技术以外，还有其独特的利用技术。生物质能的转化利用途径主要包括物理转化、热化学转化、化学转化和生化转化等，转化为多种形式的二次能源。如图 5-1 所示为目前生物质能的主要转化利用途径。

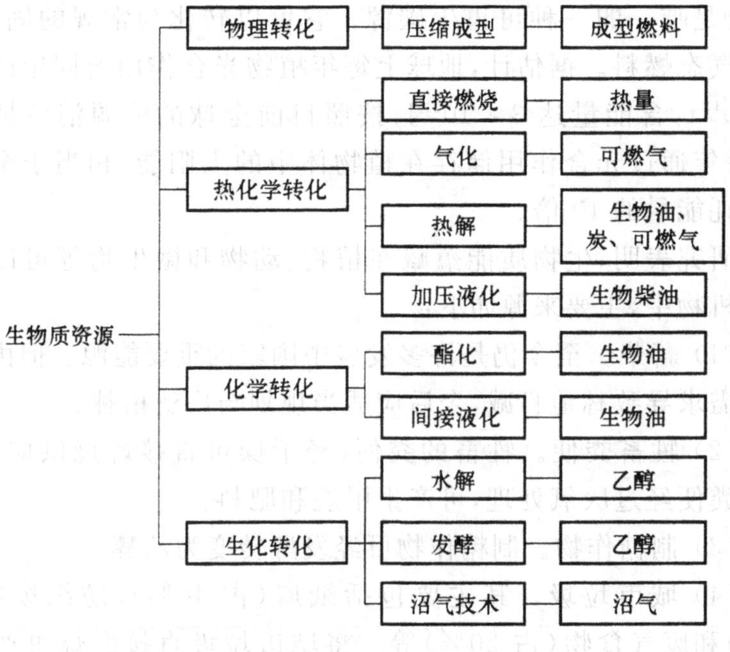


**图 5-1 生物质能的主要转化利用途径**

生物质的物理转化是指生物质的压缩成型，生物质成型是生物质能利用技术的一个重要方面。生物质的热化学转化包括直接燃烧、气化、热解和加压液化技术。生物质的直接燃烧是最普通的生物质能转化技术，直接燃烧是指燃料中的可燃成分和氧化剂（一般为空气中的氧气）进行化合的化学反应过程。生物质的气化是以氧气、水蒸气或氢气作为气化剂，在高温下通过热化学反应将生物质的可燃部分转化为可燃气。生物质的热解是指生物质在完全没有氧或缺氧条件下热降解，最终生成生物油、木炭和可燃气的过程。生物质的加压液化是在较高压力下的热化学转化过程，温度一般低于快速热解，与热解相比，加压液化可以生产出物理稳定性和化学稳定性都较好的产品。生物质的间接液化是将由生物质气化得到的合成气（$CO+H_2$），经催化合成为液体燃料（甲醇或二甲醚）。生物质的酯化是将植物油与甲醇或乙醇等短链醇在催化剂或者无催化剂超临界甲醇状态下进行酯化反应，生成生物柴油，并获得副产品甘油。生物质的生化转化是利用微生物或酶的作用，对生物质能进行生物转化，生产出如乙醇、氢、甲烷等液体或气体燃料，通常分为水解、发酵生产乙醇和沼气技术。

### 5.1.3 我国生物质资源的开发利用

我国生物质能资源非常丰富，发展生物质发电产业大有可为。

据统计表明，我国农作物播种面积有 18 亿亩（1 亩≈666.67$m^2$）。年产生物质约 7 亿 t。除部分用于造纸和畜牧饲料外，剩余部分都可作燃料使用。另外，我国现有森林面积约 1.75 亿 $hm^2$，森林覆盖率为 18.21%，每年通过正常的灌木平茬复壮、森林抚育间伐、果树绿篱修剪以及收集森林采伐、造材、加工剩余物等，可获得生物质资源量约 8 亿～10 亿 t。此外，我国还有 4600 多万公顷宜林地，可以结合生态建设种植农植物，这些都是我国发展生物质发电产业的优势。

我国畜禽养殖业每年产生约 30 亿 t 粪便，从区域分布上看，分布在河南、山东、四川、河北和湖南等养殖业与畜牧业较为发达的地区，五省共占全国总量的 39.50%。从构成上看，畜粪资源主要来源是大牲畜和大型畜禽养殖场。其中牛粪占据全部畜禽粪便总量的 33.61%，主要来自于养殖场的猪粪则占据全部畜禽总量的34.45%。这些资源为我国发展沼气技术提供了得天独厚的优势。

城市垃圾和废水主要是现代社会产生的生物质资源，因此其分布与经济发展水平、城市人口等因素紧密相关。有关资料显示，我国年产城市垃圾1.5亿t，主要分布在广东、山东、黑龙江、湖北和江苏等省，五省共占全国总量的35.93%。城市生活垃圾中含有大量有机物，可以作为一种能源资源，若按热值约900～1500kcal/kg计算，全国城市垃圾资源量可折合2357万t标准煤。

另外，我国生物质资源主要集中在农村，开发利用农村丰富的生物质资源，可以缓解农村及边远地区的用能问题，显著改进农村的用能方式，改善农村的生活条件，提高农民的收入，增加农民的就业机会，开辟农业经济和县域经济新的领域。

在国家有关政策的鼓励下，国家电网公司、五大发电集团等大型国有、民营以及外资企业纷纷投资参与中国生物质发电产业的建设运营。在社会各界的共同努力之下，我国生物质发电产业的发展势头良好。

## 5.2 生物质燃烧发电技术

利用生物质原料生产热能的传统办法是直接燃烧，目前该技术已经基本达到成熟阶段。在发达国家，生物质燃烧发电方式已占到可再生能源（不含水电）发电量的70%左右。丹麦的BME公司率先研究开发了秸秆燃烧发电技术，其秸秆焚烧炉采用水冷式振动炉排，迄今在这一领域仍保持着世界最高水平。除了丹麦，瑞典、芬兰、西班牙、德国和意大利等多个欧洲国家都建成了多家秸秆发电厂。

作物的秸秆、薪炭木材和一些农林作物的废弃物是直接燃烧发电最常见的原料。研究表明，秸秆是一种很好的清洁可再生能源，其平均含硫量只有煤的1/10。过去，由于缺乏资源再利用渠道，秸秆都被农民白白焚烧，严重污染环境，又浪费资源。秸秆的热值并不低，大约 2t 秸秆燃烧产生的热量与 1t 标准煤燃烧产生的热量大致相当。自 2004 年以来，秸秆发电技术开始在我国推广和普及，目前，全国各地已建成多个生物质秸秆发电厂。

生物质直接燃烧发电就是利用生物质燃烧后的热能转化为蒸汽进行发电，在原理上，与燃煤火力发电没什么太大区别，基本上可以借鉴火力发电成熟技术。从原料上区分，生物质直接燃烧发电目前主要包括燃料（如农林废弃物、秸秆、畜禽粪便、工业垃圾等）的直接燃烧发电。

生物质燃料的燃烧过程是强烈的化学反应过程和二相流动过程，同时还包括燃料和空气间的传热、传质过程。燃烧除需燃料存在外，必须有足够的热量供给和适当的空气供应。如图 5-2 所示为燃料燃烧的过程，它可分为预热、干燥（水分蒸发）、焦炭（固定炭）燃烧等过程。

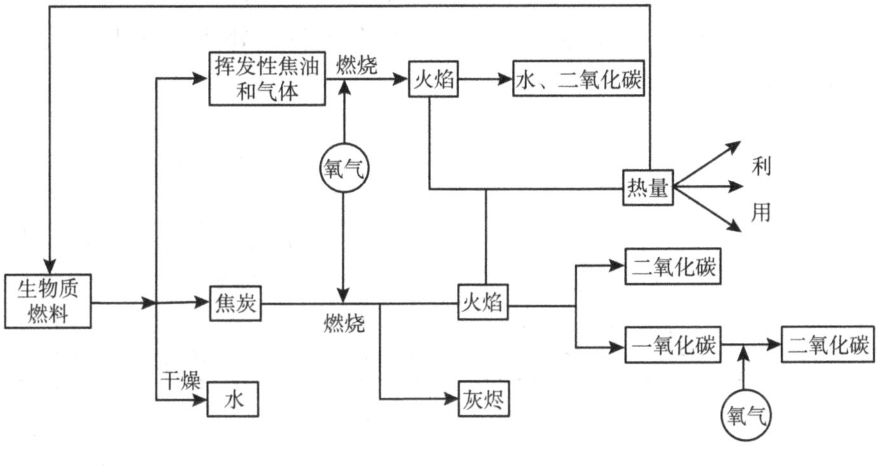


**图 5-2　生物质燃料的燃烧过程**

在生物质直接燃烧发电过程中，人们通常把生物质原料送入适合生物质燃烧的特定蒸汽锅炉中，生产蒸汽，驱动汽轮机，带动发电机发电。根据技术路线的不同，生物质燃烧发电技术可分为汽轮机、蒸汽机和斯特林发动机等。三种生物质直接燃烧发电技术对比,如表5-1所示。

**表5-1　三种生物质直接燃烧发电技术对比**

| 工作介质 | 发电技术 | 装机容量/MW | 发展状况 |
| --- | --- | --- | --- |
| 水蒸气 | 汽轮机 | 5～500 | 技术成熟 |
| 水蒸气 | 蒸汽机 | 0.1～1 | 技术成熟 |
| 气体(无相变) | 斯特林发动机 | 20～100 | 发展和示范阶段 |

图5-3给出了直接燃烧发电的工艺流程。首先,将生物质原料从附近各个收集点运送至生物质电厂,经破碎、分选等预处理后存放到原料存储仓库,仓库容积要保证可以存放五天的发电原料;然后,由原料输送车将预处理后的生物质输送锅炉燃烧,通过热烟气和水之间的换热,生物质化学能转化为蒸汽的热能,为汽轮机发电机组提供高温高压的汽源进行发电,实现蒸汽的热能向机械能和电能的转换。生物质燃烧后的灰渣落入除尘装置,由输灰机送入灰坑,进行灰渣处理。烟气经过烟气处理系统后由烟囱排放入大气中。

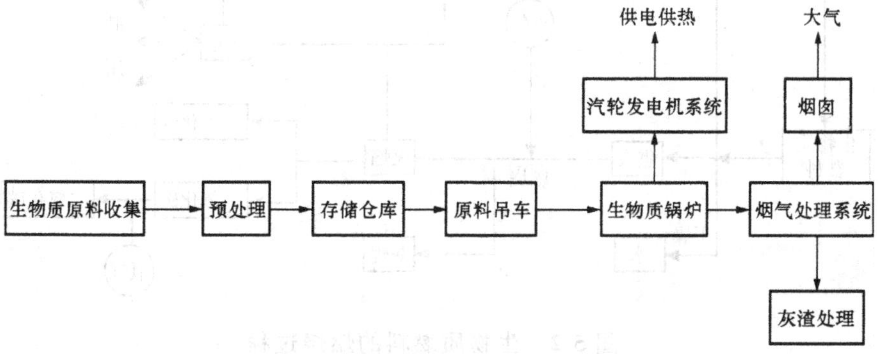


**图5-3　生物质直接燃烧发电工艺流程**

实践证明,影响生物质直接燃烧发电效率的关键因素是生物质燃烧效率的高低,而燃烧设备是影响生物质直接燃烧效率的关键因素。为了提高热效率,可以考虑采取各种回热、再热措施和各种联合循环方式。

从目前的发展情况来看,生物质发电项目造价高、总投资大、运行成本高,尽管国家给予了电价优惠政策,但从盈利水平看还不如常规火电。主要原因有如下两个:

(1)单位造价高。单位造价大约为1.2万元/kW。

(2)燃料成本高。电价成本中的燃料成本约为0.4元/kW·h,远高于燃煤发电。

## 5.3 生物质气化发电技术

生物质直接燃烧发电技术简化了环节和设备,减少了投资,技术也比较成熟,目前已进入推广应用阶段。同时,这种技术大规模下效率较高,单位投资也较合理,但它要求生物质集中,数量巨大,适于现代化大型农场或大型加工厂的废物处理,对生物质较分散的发展中国家并不适合。生物质气化发电是更洁净的利用方式,它几乎不排放任何有害气体,生物质气化技术能够在一定程度上缓解我国对气体燃料的需求,生物质被气化后利用的途径也得到了扩展,提高了利用效率。

生物质气化发电技术的基本原理是把生物质转化为可燃气,再利用可燃气推动燃气发电设备进行发电,它在一定程度上解决了生物质难于燃用而且分布分散的缺点,可以充分发挥燃气发电技术设备紧凑而污染小的优点,是生物质能有效和洁净的利用方法之一。一般地,生物质气化发电基本流程如下:

(1)生物质气化。把固体生物质转化为气体燃料。

(2)气体净化。气化出来的燃气都带有一定的杂质,包括灰分、焦炭和焦油等,需增设净化系统把杂质除去,以保证燃气发电设备的正常运行。

(3)燃气发电。利用燃气轮机或燃气内燃机进行发电,有的工艺为了提高发电效率，发电过程可以增加余热锅炉和蒸汽轮机，这符合能量梯级利用原则。

图 5-4 给出了生物质气化发电的工艺流程。经预处理（以符合不同气化炉的要求）的生物质原料，由进料系统送进气化炉内。由于有限地提供氧气，生物质在气化炉内，在缺氧环境下不完全燃烧，发生气化反应，生成可燃气体——气化气。气化气余热一般要回收，即高温的气化气与物料进行热交换以加热生物质原料，然后经过冷却系统及净化系统降温和净化。在该过程中，灰分、固体颗粒、焦油及冷凝物被除去，净化后的气体即可用于发电，通常采用内燃机、燃气轮机及蒸汽轮机进行发电。

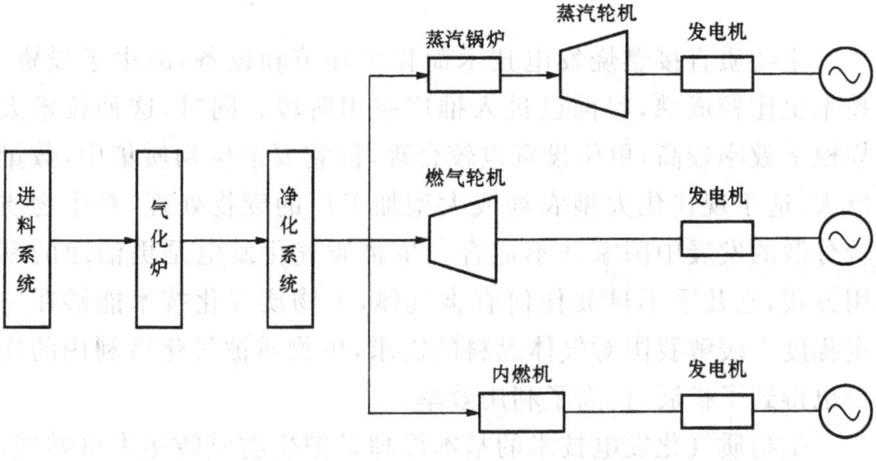


**图 5-4　生物质气化发电工艺流程**

# 5.4　沼气发电

沼气是在厌氧条件下由有机物经多种微生物的分解与转化作用后产生的可燃气体。其主要成分是甲烷和二氧化碳，其中，甲烷含量（容积比）一般为 60％～70％，二氧化碳含量为 30％～40％。沼气中的甲烷是一种温室气体，其导致温室效应的效果远高于二氧化碳，但沼气却是一种良好的生物质可再生能源，纯燃料热值达 21.98MJ/$m^3$（甲烷含量 60％、二氧化碳含量 32％）。因此，高效利用沼气，具有控制沼气污染、开发新能源的双重意义。以沼气作为动力机的燃料，带动发电机运转，获得高品位电能的沼气发电技术，是沼气综合利用的有效方式之一，已成为国际趋向的技术路线。

沼气发电的途径有沼气燃烧发电、沼气燃料电池发电等，这里我们就沼气燃烧发电展开讨论。

沼气以燃烧方式进行发电，是利用沼气燃烧产生的热能直接或间接地转化为机械能并带动发电机发电。沼气可以被多种动力设备使用，如沼气发动机（内燃机）、燃气轮机、蒸汽轮机（锅炉）。图 5-5 所示的是采用沼气发动机（内燃机）、燃气轮机和蒸汽轮机（锅炉）发电的结构示意图。燃料燃烧释放的热量通过动力发电机组和热交换器转换再利用，相对于不进行余热利用的机组，其综合热效率较高。通过图 5-5 可以发现，采用发动机方式的结构最简单，而且还具有成本低、操作简便等优点。

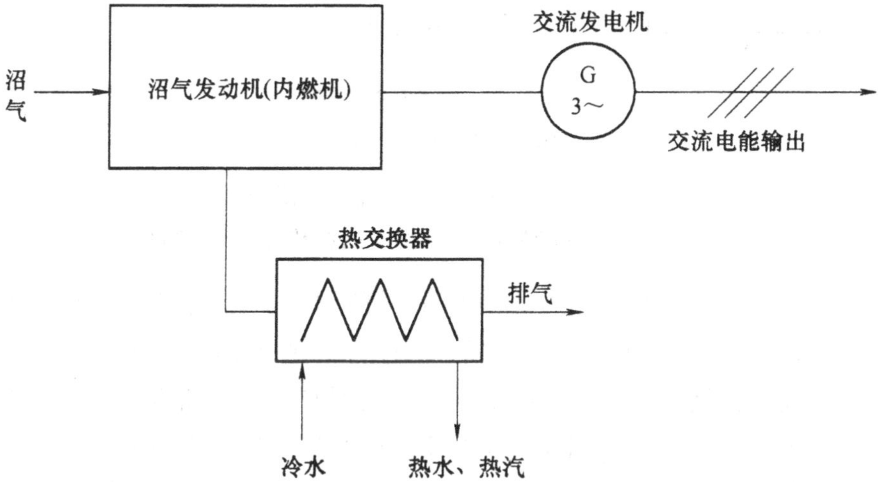


（a）沼气发动机内燃机发电结构

**图 5-5　采用沼气发动机（内燃机）、燃气轮机和蒸汽轮机（锅炉）发电的结构示意图**

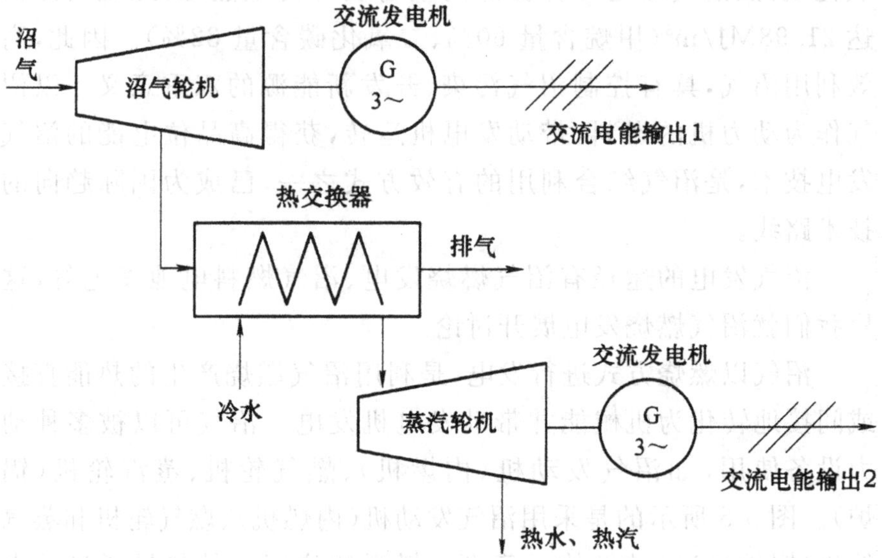


（b）燃气轮机发电结构

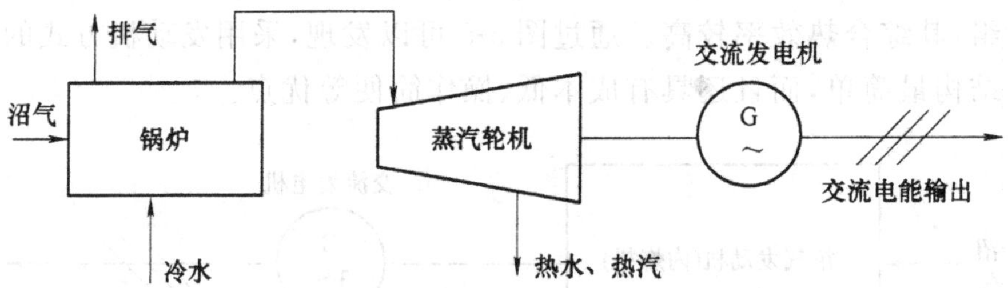


（c）蒸汽轮机（锅炉）发电结构

**图 5-5　采用沼气发动机(内燃机)、燃气轮机和蒸汽轮机(锅炉)发电的结构示意图(续)**

图 5-6 给出了采用上述三种不同种类动力发电装置的效率比较。从图中可见，在 4000kW 以下的功率范围内，采用沼气发动机(内燃机)具有较高的利用效率。相对燃煤、燃油发电来说，沼气发电的特点是功率小，对于这种类型的发电动力设备，国际上普遍采用沼气发动机(内燃机)发电机组进行发电，否则在经济上不可行。因此采用沼气发动机(内燃机)发电机组是目前利用沼气发电的最经济而高效的途径。

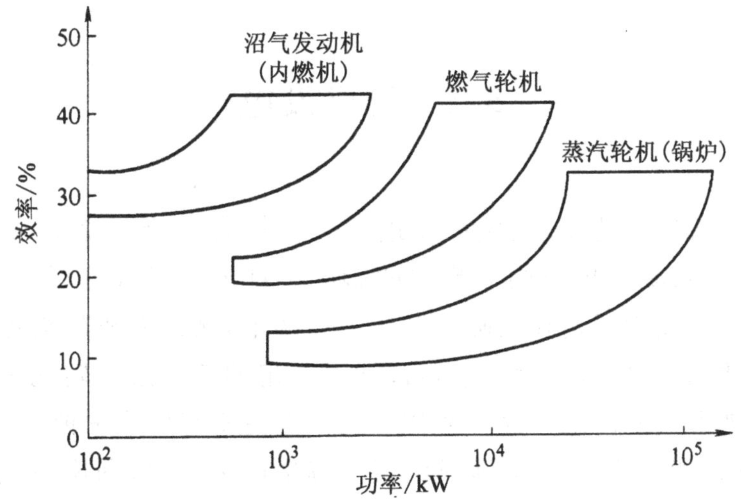


**图 5-6　不同种类动力发电装置的效率比较**

日本是较早开发沼气发电技术的国家之一，其在沼气发电方面处于国际领先水平。如图 5-7 所示为日本某污水处理厂沼气发电系统的流程简图。该厂所产沼气一部分用于沼气锅炉，另一部分用于发电机，发电机排出的废气余热由冷却水收回。热水送至废热锅炉或沼气锅炉，产出的蒸汽回用于加热消化池，可满足消化池所需的全部热量。沼气发电解决了沼气烧锅炉的热量供需矛盾，而且，沼气发电的经济收益要比直接烧锅炉高得多。

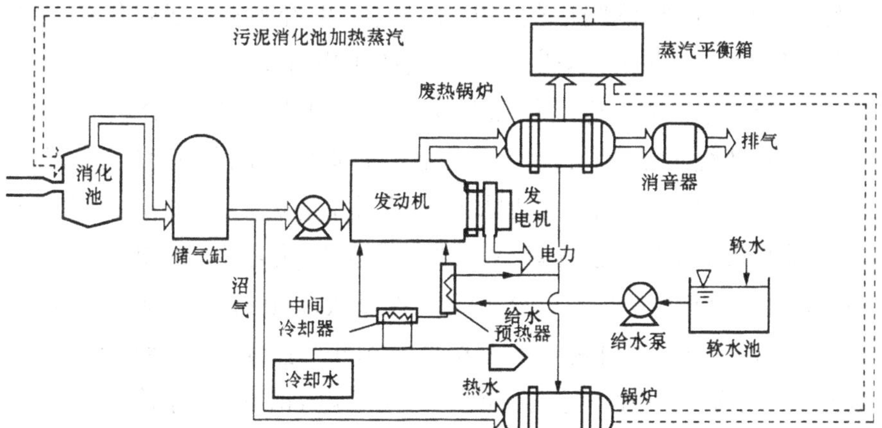


**图 5-7　日本某污水处理厂沼气发电系统的流程简图**

# 5.5 垃圾发电

随着经济的发展、城镇化进程的不断推进，城市垃圾快速增加，逐步对城市环境构成严重的影响。对于很多城市而言，垃圾处理已经成为了迫在眉睫的问题。事实上，城市有机垃圾也是一种重要的生物质能资源，它可以通过一定的工艺过程转化为电能或其他形式的能源产品。利用垃圾发电主要有如下三种途径：

(1) 将有机垃圾填埋或沼气发酵生产沼气，再利用沼气发电技术进行发电。

(2) 采用特殊的垃圾焚烧炉燃烧，生产蒸汽，以蒸汽轮机发电机组发电。该技术与生物质直接燃烧发电原理相同，但需要前处理、特殊焚烧炉和较严格的烟气处理工艺。

(3) 焚烧与发酵并用。一般是把各种垃圾收集后，进行分类处理。一是对燃烧值较高的垃圾进行高温焚烧(也彻底消灭了病源性生物和腐蚀性有机物)，在高温焚烧(产生的烟雾经过处理)中产生的热能转化为高温蒸汽，推动涡轮机转动，使发电机产生电能。二是对不能燃烧的有机物进行发酵、厌氧处理，最后干燥脱硫，产生一种气体叫甲烷，也叫沼气。再经燃烧，把热能转化为蒸汽，推动涡轮机转动，带动发电机产生电能。

限于本书篇幅，这里仅就垃圾焚烧发电展开讨论分析。

垃圾焚烧能够尽可能焚毁废物，使被焚烧的物质变为无害和最大限度减容，减少新污染物质的产生，避免造成二次污染。焚烧处理的最大优点是减量效果好，使焚烧废物体积和重量减少90%以上。与其他处理方法相比，焚烧法能更好地达到“减量化、资源化、无害化”的目标，而且占地面积小、运行稳定、对周围环境影响较小、选址难度较低。垃圾焚烧发电，既可以有效地解决垃圾污染问题，又可以实现能源再生，因此，作为处理垃圾最为快捷和最为有效的技术方法，近年来在国内外得到了广泛应用。

垃圾焚烧发电从原理上看似容易，但实际的生产流程却并不简单。首先要对进厂垃圾进行质量控制，这是垃圾焚烧的关键。一般都要经过较为严格的分选，凡是有毒有害的垃圾、无机的建筑垃圾和工业垃圾都不能进入。符合规格的垃圾卸入巨大的封闭式垃圾贮存池。垃圾贮存池内始终保持负压，巨大的风机将池中的“臭气”抽出，将垃圾送入焚烧炉内，然后使垃圾和空气充分接触并有效燃烧。图 5-8 所示的是垃圾焚烧发电系统的工作流程图。

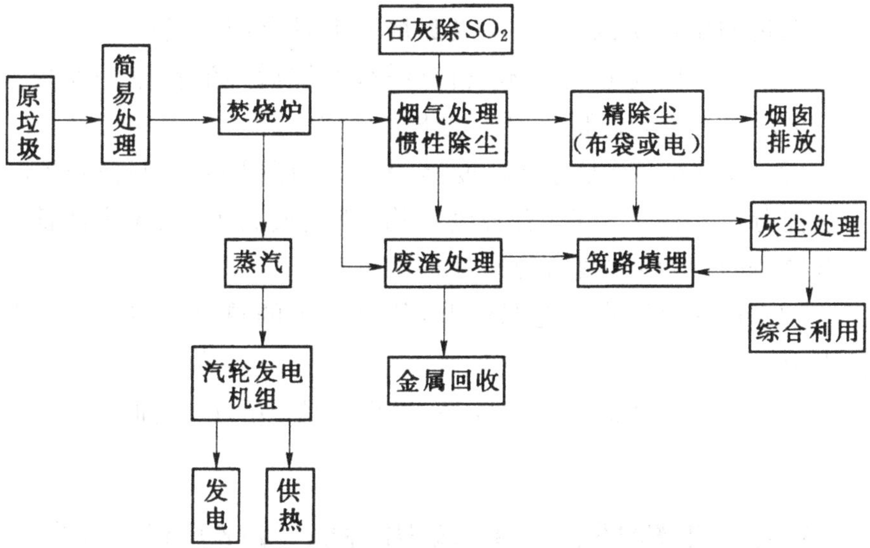


**图 5-8　垃圾焚烧发电系统的工作流程图**

焚烧垃圾需要利用特殊的垃圾焚烧设备。目前，垃圾焚烧系统主要有以下几种方式：

（1）垃圾层燃焚烧系统。采用滚动炉排、水平往复推饲炉排和倾斜往复炉排（包括顺推和逆推倾斜往复炉排）等，垃圾不需要进行严格的预处理。滚动炉排和往复推饲炉排的拨火作用强，比较适用于低热值、高灰分的城市垃圾焚烧。

（2）流化床式焚烧系统。采用垃圾悬浮燃烧，空气与垃圾充分接触，燃烧效果好。流化床燃烧需要颗粒大小均匀的燃料，燃料给料均匀，难以焚烧大块垃圾，因此流化床式焚烧系统对垃圾的预处理要求严格，限制了其在工业废弃物和城市垃圾焚烧领域的发展。

(3) 旋转筒式焚烧炉。将垃圾投入连续、缓慢转动的筒体内焚烧，直到燃尽，能够实现垃圾与空气的良好接触，充分燃烧。西方国家多将该类焚烧炉用于有毒、有害工业垃圾的处理。

(4) 熔融焚烧炉。目前还处于开发阶段，是用高温熔融铁水作为焚烧炉料，温度高达1400℃，垃圾投入炉中便迅速熔化或气化，是二次污染极少的新型锅炉。

大量的生产实践表明，垃圾焚烧发电具有如下优点：

(1) 能大幅度地减少体积和重量，焚烧后残渣重量是垃圾重量的25%～30‰，体积是原来的8%～12%。

(2) 处理彻底，无害化程度高，易达到环保要求的排放标准。焚烧能分解和破坏有毒、有害废弃物，使之成为无毒、无害的简单化合物，而且排出的残渣容易处理。

(3) 易有效地收回能源资源，焚烧产生的热量可以用来供热和发电。

(4) 焚烧处理机械化程度高，操作方便，劳动强度低。

## 5.6 生物质能发电应用现状与存在的问题

### 5.6.1 生物质能发电应用现状

世界能源消费构成是以煤、石油、天然气等不可再生能源为主。不可再生能源的过度开发和利用，不仅带来了能源危机，更带来了日益严重的环境污染问题。燃煤电厂、工业锅炉及民用锅炉向大气中排放大量$SO_2$和$NO_x$，使得我国的酸雨污染问题日趋严重；燃煤还产生大量的温室气体$CO_2$；同时，粉尘的大量排放，造成空气质量下降。据估计，我国大气中90%的$SO_2$、70%的烟尘和85%以上的$CO_2$，均来自煤炭的燃烧。作为一个迅速崛起的发展中国家，我国要在保护环境的前提下，实现国民经济的持续增长，必须改变传统的能源生产和消费方式，开发低污染、可再生的新能源。生物质能的利用不仅可节约非再生能源，而且有利于环境的改善，因此受到越来越多人们的关注，其中也包括各级政府有关部门的重视。与煤相比，生物质含灰少，含N、S也少，排放的$SO_2$和$NO_x$远小于化石燃料。因此，生物质能的利用已经成为新能源的一个重要方向。

与西方发达国家相比，我国生物质发电产业起步较晚，最初发展生物质能发电的主要目的是消费一些多余的农作物秸秆，为农业发展和农民增收摸索一条路子。就生物质能发电技术来看，目前我国已经基本掌握了农林生物质发电、城市垃圾发电、生物质致密成型燃料等生物质发电技术，只是开发利用规模还需进一步扩大。早在2006年，我国生物质发电装机容量超过220万kW·h，其中蔗渣发电170万kW·h，碾米厂稻壳发电5万kW·h，城市垃圾焚烧发电40万kW·h，此外还有一些规模不大的生物质气化发电的示范项目。而就在同年，国家出台了生物质发电价格政策，从而掀起了秸秆、林木废弃物发电的热潮，中央和政府总计核准了39个项目，合计装机容量为128.4万kW·h，投资预计为100.3亿元。在2006年年底，我国已投产发电装机5.4万kW·h，生物质气化以及垃圾填埋气发电投产3万kW·h，2010年年底我国约550万kW·h的生物质发电装机，预计在2020年生物质发电装机容量可实现3000万kW·h。

我国农林生物质资源蕴藏丰富，但是由于生物质资源综合利用范围广，有必要对可用于生物质发电的农林剩余物资源量进行客观评价，以减少生物质发电项目规划和建设风险。做好生物质发电规划，是促进生物质发电产业科学、有序发展的重要前提。编制生物质发电规划，必须以生物质资源评价为基础。同时，要加强管理，严格生物质发电项目的核准，防止生物质发电产业投资过热，避免无序竞争，保障生物质发电产业健康发展。

## 5.6.2 生物质能发电存在的问题

从目前已建成的生物质发电厂来看，我国生物质能发电暴露出了资源收集、管理等方面的矛盾和问题，主要表现如下：

(1) 研究的技术含量低。相对于科研内容来说，投入过少，使得研究的技术含量低，多为低水平重复研究。最终未能解决一些关键问题。例如，厌氧消化产气率低，设备与管理自动化程度较差；气化利用中焦油问题没有彻底解决，给长期应用带来严重问题；沼气发电与气化发电效率较低，相应地，二次污染问题没有彻底解决，导致许多工程系统常常处于维修或故障状态，大大降低了系统的运行强度和效率。

(2) 新技术开发不力，利用技术单一。我国早期的生物质利用主要集中在沼气利用上，近年逐渐重视热解气化技术的开发与应用，也取得了一定的突破。但其他技术的开展却非常缓慢，包括生产酒精、热解液化、直接燃烧的工业技术和速生林的培育等，都没有突破性的进展。

(3) 投资回报率低，运行成本高。由于资源分散、收集手段落后，我国的生物质能利用工程的规模很小。为了降低投资，大多数工程采用简单工艺和简陋设备，设备利用率低，转化效率低下。所以，生物质能项目的投资回报率低，运行成本高，难以形成规模效益，不能发挥其应有的能源作用。

此外，在我国现实的社会经济环境中还存在一些消极因素制约或阻碍生物质能利用技术的发展、推广和应用，主要表现如下：

(1) 在现行能源价格条件下，生物质能源产品缺乏市场竞争能力，投资回报率低挫伤了投资者的投资积极性，而销售价格高又挫伤了消费者的积极性。

(2) 技术标准未规范，市场管理混乱。在秸秆气化供气与沼气工程开发上，由于没有合适的技术标准和严格的技术监督，很多不具备技术能力的单位或个人参与沼气工程承包和秸秆气化供气设备的生产,导致项目技术不过关,达不到预期目标,甚至带来了安全问题,这给今后开展生物质利用工作带来很大的负面影响。

(3) 目前,有关扶持生物质能源发展的政策尚缺乏可操作性。

(4) 民众对于生物质能源缺乏足够的认识。

(5) 政府应对生物质能源的战略地位予以足够重视。开发生物质能源是一项系统工程,应视作实现可持续发展的基本建设工作。

# 第6章 地热能发电技术

地热能是来自地球深处的热能，它源于地球的熔融岩浆和放射性物质的衰变。深部地下水的循环和来自深处的岩浆侵入到地壳后，把热量从地下深处带至近地表层。在有些地方，热能随自然涌出的蒸汽和水而到达地面。地热能是一种新型的能源，同时也是一种绿色环保能源。严格地说，地热能不是一种可再生的资源，而是像石油一样，是可开采的能源，最终的可回采量将依赖于所采用的技术。地热能可广泛应用于发电、供热供暖、温泉洗浴、医疗保健、种植养殖、旅游等领域。地热资源的开发利用，不仅可以取得显著的经济和社会效益，更重要的是还可以取得明显的环境效益。

## 6.1 地热能及地热资源开发利用

### 6.1.1 地球与地热能

我们生活的地球是一个平均直径为12742.2km的巨大实心椭圆球体，其构造像是一只半熟的鸡蛋，主要分为三层，如图6-1所示。地球最外面一层是地壳，平均厚度约为30km，主要成分是硅铝盐和硅镁盐；地壳下面是地幔，厚度约为2900km，主要由铁、镍和镁硅酸盐构成，大部分是熔融状态的岩浆；地幔以下是地核，由铁、镍等物质构成，分为内核和外核，内核呈固态，深5100km，以下至地心，外核深2900～5100km。研究表明，地壳表层温度为0～50℃，地壳下层温度为 500～1000℃，地幔温度为 1100～1300℃，地核的温度为 2000～5000℃。图 6-2 所示的是地球内部温度示意图。

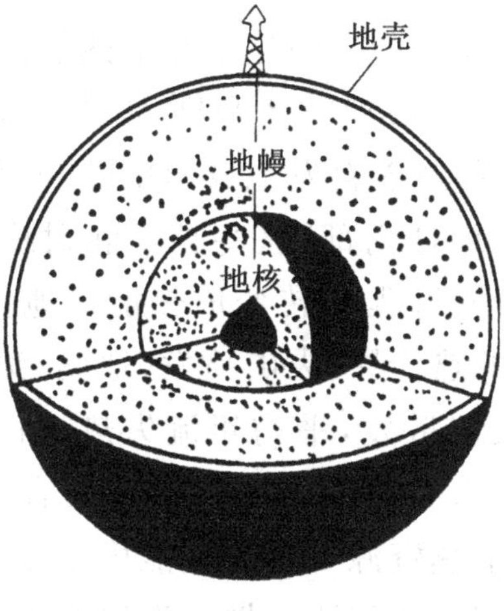


图 6-1　地球构造示意图

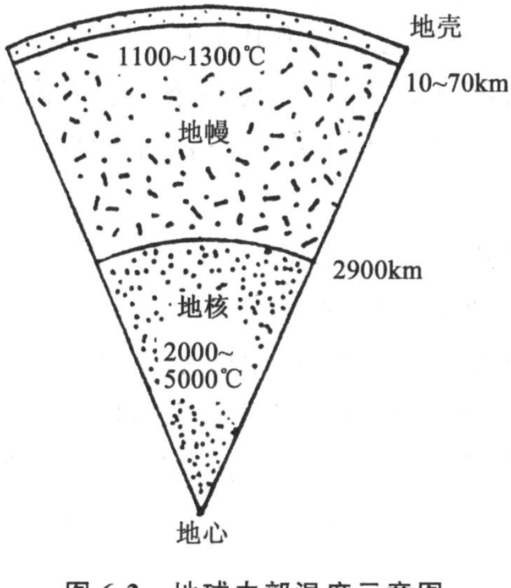


图 6-2　地球内部温度示意图

物理学理论表明，温度表示物体内部分子热运动的剧烈程度，而热能则是物体内部分子动能的总和。地球各层均具有较高的温度，可见地球内部的热能是十分巨大的。

所谓地热能，具体是指地壳层以下 5000m 深度内，15%以上岩石和热流体所含的总热量。据有关监测资料显示，全世界的地热资源达 $1.26\times10^{27}$J，相当于 $4.6\times10^{16}$t 标准煤，超过了当今世界技术和经济水平可采煤储量含热量的 7 万倍。研究表明，地球物质中放射性元素衰变产生的热量是地热能的主要来源，包括放射性元素铀 238、铀 235、钍 232 和钾 40 等。放射性物质的原子核，无须外力的作用，就能自发地放出电子和氦核、光子等高速粒子并形成射线。在地球内部，这些粒子和射线的动能与辐射能，在同地球物质的碰撞过程中转变成热能。地球内部所蕴藏的巨大热能，通过大地的热传导、火山喷发、地震、深层水循环、温泉等途径不断地向地表层散发，平均年流失热量达到 $1\times10^{21}$ kJ。地热资源是指在某一未来时间内能被经济而合理地取出来的那部分地下热能，可见地热资源只是地热能中很小的一部分。在地质学上，人们习惯于把地热能资源划分为如下四大类型：

(1) 水热型地热能，即地球浅处（地下 400～4500m）的热水或热蒸汽，目前已达到商业开发利用阶段。

(2) 干热岩地热能，是特殊地质条件造成高温但少水甚至无水的干热岩体，需用人工注水的方法才能取出，目前处于研发阶段。

(3) 地压地热能，即在某些大型沉积（或含油气）盆地深处存在的高温高压流体，其中含有大量甲烷气体。

(4) 岩浆热能，是储存在高温（700～1200℃）熔融岩浆体中的巨大热能，其开发利用目前尚处于探索阶段。

地热能是清洁的能源，具有分布广、热流密度大、使用方便、流量与温度参数稳定且不受天气状况的影响的特点。

### 6.1.2 地热能的分布

地热作为一种埋藏于地下的矿产资源，它也和其他矿产资源一样，有数量和品质的问题，与构造条件、地层、岩性、地下水资源等条件相关，有着独特的成矿规律和地域性。就全球来说，地热资源的分布是不平衡的，大部分集中分布在构造板块边缘一带，该区域也是火山和地震多发区。根据权威资料显示，世界地热资源主要分布于以下五个地热带：

（1）环太平洋地热带。该地热带指太平洋板块与美洲、欧亚、印度板块的碰撞边界，即从美国的阿拉斯加、加利福尼亚到墨西哥、智利，从新西兰、印度尼西亚、菲律宾到中国沿海和日本。世界许多地热田都位于这个地热带，如美国的盖瑟尔斯地热田、墨西哥的普列托、新西兰的怀腊开、中国台湾的马槽和日本的松川、大岳等地热田。

（2）地中海-喜马拉雅地热带。它是欧亚板块与非洲板块和印度板块的碰撞边界。世界第一个地热发电站——意大利的拉德瑞罗地热田就位于这个地热带中。中国的西藏羊八井及云南腾冲地热田也在这个地热带中。

（3）大西洋中脊地热带。大西洋板块的开裂部位，冰岛的克拉弗拉、纳马菲亚尔和亚速尔群岛等一些地热田就位于这个地热带。

（4）红海-亚丁湾-东非大裂谷地热带。该地热带包括肯尼亚、乌干达、扎伊尔、埃塞俄比亚、吉布提等国的地热田。

（5）其他地热区。除板块边界形成的地热带外，在板块内部靠近边界的部位，在一定的地质条件下也有高热流区，可以蕴藏一些中低温地热，如中亚、东欧地区的一些地热田和中国胶东半岛、辽东半岛及华北平原的地热田。

我国地热资源分布较广，资源也较丰富，接近全球的8%。在距地表2000m以内，约有相当于2500亿t标准煤的地热资源量，初步估计有相当于500亿t标准煤的地热可采资源量。根据现有资料，按照地热资源的分布特点、成因和控制等因素，可把我国地热资源的分布划分为如下七个带：

（1）藏滇地热带。该地热带主要包括喜马拉雅山脉以北，冈底斯山、念青唐古拉山以南，西起西藏阿里地区，向东至怒江和澜沧江，呈弧形向南至云南腾冲火山地区，特别是雅鲁藏布江流域。

这一地带水热活动强烈，是中国大陆上地热资源潜力最大的地区。

(2) 台湾地热带。台湾地热资源主要集中在东、西两条强地震集中发生区。在8个地热区中有6个温度在100℃以上。台湾北部大屯火山区是一个大的地热田，已发现13个气孔和热田区，热田面积在$50km^2$以上，在11口300～1500m深度不等的热井中，最高温度可达294℃，地热蒸汽流量在350t/h以上。大屯地热田的发电潜力可达80～200MW。

(3) 东南沿海地热带。该地热带包括福建、广东、浙江以及江西和湖南的一部分地区，其地下热水的分布和出露受一系列北东向断裂构造的控制。这个带主要是中、低温热水型的地热资源。

(4) 鲁皖鄂断裂地热带。庐江断裂带自山东招远向西南延伸，贯穿皖、鄂边境，直达汉江盆地。这是一条将整个地壳断开的、至今仍在活动的深断裂带，也是一条地震带。这里蕴藏的主要是低温地热资源。

(5) 祁吕弧形地热带。该地热带包括河北、山西、汾渭谷地、秦岭及祁连山等地，是近代地震活动带，主要是低温热水型地热资源。

(6) 松辽地热带。该地热带包括整个东北大平原的松辽盆地，属于新生代沉积盆地，沉积厚度不大，盆地基地多为燕山期花岗岩，有裂隙地热形成，温度为40～80℃。

(7) 川滇青新地热带。该地热带主要分布在从昆明到康定一线的南北狭长地带，经河西走廊延伸入青海和新疆境内。以低温热水型资源为主。

### 6.1.3 地热能的开发利用现状

人类很早以前就懂得利用地热能，古罗马人建造了利用地热能的浴池和房屋，在冰岛、土耳其和日本等国的地热地区至今仍保留类似做法。其中，冰岛是地热较多的国家，已有40%的居民利用地热取暖，其首都雷克雅未克在 20 世纪 40 年代就利用地热实现了暖气天然化，是世界上最清洁的城市之一。

就现阶段的技术发展情况来看，人类对地热能的开发利用主要有如下两个方面：

(1) 地热直接利用。地热能的直接利用技术要求较低，所需设备也较容易。目前对地热能的直接利用发展十分迅速，已广泛地用于工业加工、民用采暖和空调、洗浴、医疗、农业温室、农田灌溉、土壤加温、水产养殖、畜禽饲养等各个方面，收到了良好的经济技术效益，减轻了环境污染，节约了能源。

(2) 地热发电。地热发电是利用地下热水和蒸汽为动力的一种新型发电技术。地热发电原理与火力发电是基本一样的，都是将蒸汽的热能经过汽轮机转变为机械能，然后带动发电机发电。不同的是，地热发电不需要消耗燃料，它所用的能源就是地热能，另外由于地热能源温度和压力总是较低，因此地热发电一般采用低参数小容量机组。

目前，美国是地热发电的装机容量最大的国家，世界最大的地热电站是美国的盖瑟尔斯地热电站。除此之外，许多发展中国家也在积极地利用地热发电以补能源的不足，如萨尔瓦多、肯尼亚、尼加拉瓜、哥斯达黎加等国的国家电网有 10%以上的电力是来自地热发电。

我国地热发电起步较晚，但也有了较大的发展。目前，西藏羊八井地热电站是我国最大、运行最久的地热电站，至今仍在安全、稳定发电。羊八井地热电站装机容量已达到 9 台共 25.18MW，机组最大单机容量为 3MW 等级。羊八井电站还具有很大的开发潜力，而在羊八井地热田西南 45km 处的羊易地热田，也是一个亟待开发的高温地热田。就技术层面来看，目前国内已可以独立建造 30MW 以上规模的地热电站，单机可以达到 10MW。

相对于太阳能和风能的不稳定性，地热能是较为可靠的可再生能源。另外，地热能是较为理想的清洁能源，能源蕴藏丰富并且在使用过程中不会产生温室气体，地热能可以作为煤炭、天然气和核能的最佳替代能源。专家指出,倘若给予地热能源相应的关注和支持,在未来几年内,地热能很有可能成为与太阳能、风能等量齐观的新能源。

我国地热资源以中低温为主,适用于工业加热、建筑采暖、保健疗养和种植养殖等,但适用于发电的高温地热资源较少,主要分布在藏南、川西、滇西地区,可装机潜力约为6000MW。而当地水能资源丰富,地热发电竞争力不强,近期难以大规模发展。

近年来,地热能的直接利用发展较快,主要是热水供应及供暖、水源热泵和地源热泵供热、制冷等。我国目前年利用地热能水资源约4.45亿$m^3$,居世界第一位,而且每年以近10%的速度增长。随着地下水资源保护的不断加强,地热水的直接利用将受到更多的限制,地源热泵将是未来产业化的主要发展方向。

## 6.2 蒸汽型地热发电

蒸汽型地热发电是把地热蒸汽田中的干蒸汽直接引入汽轮机发电机组进行发电的一种发电模式。有些高温地热田能够获得地下干蒸汽,并且具有较大的压力,可以直接驱动汽轮发电机组发电。不过,在把地热蒸汽引入汽轮机之前,先要把地热蒸汽中的岩屑、矿粒和水滴分离出去。这种发电方式最为简单,但干蒸汽地热资源十分有限,且多存于较深的地层,开采技术难度大,所以其发展有一定的局限性。一般地,蒸汽型地热发电系统又可分为两种形式,即背压式汽轮机发电系统和凝汽式汽轮机发电系统。

### 6.2.1 背压式汽轮机发电系统

背压式汽轮机发电系统主要由净化分离器和汽轮机组成,如图6-3所示。背压式汽轮机发电系统工作时,首先把干蒸汽从蒸汽井中引出，加以净化，经过分离器分离出所含的固体杂质，然后把蒸汽通入汽轮机做功，驱动发电机发电。做功后的蒸汽可直接排入大气，也可用于工业生产中的加热过程。

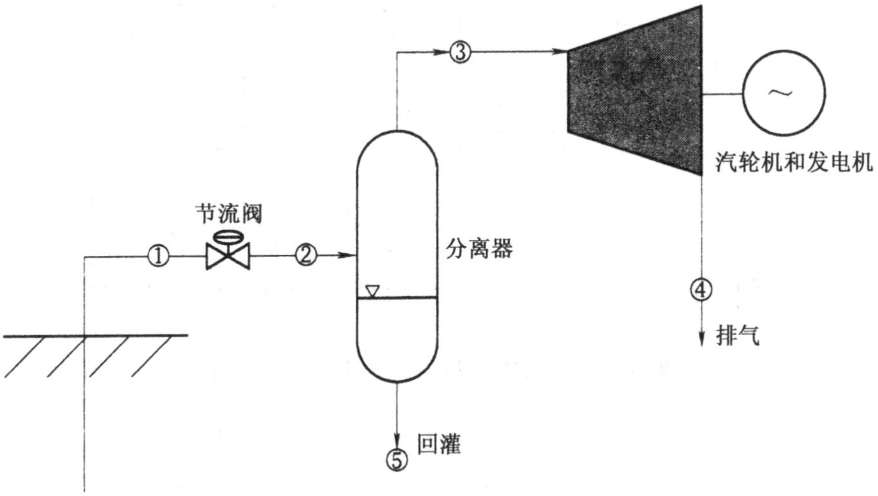


**图 6-3　背压式汽轮机地热蒸汽发电系统**

背压式汽轮机发电系统是最简单的地热干蒸汽发电方式，这种系统大多用于地热蒸汽中不凝性气体含量很高的场合，或者综合利用于工农业生产和人们的日常生活中。

### 6.2.2　凝汽式汽轮机发电系统

为提高地热电站的机组出力和发电效率，地热发电实践中通常采用凝汽式汽轮机地热蒸汽发电系统，其结构如图 6-4 所示。在该系统中，由于蒸汽在汽轮机中能膨胀到很低的压力，因而能做出更多的功。做功后的蒸汽排入混合式凝汽器，并在其中被循环水泵打入的冷却水所冷却而凝结成水，然后排走。在凝汽器中，为保持很低的冷凝压力，即真空状态，设有两台带有冷却器的射汽抽气器来抽气，把由地热蒸汽带来的各种不凝结气体和外界漏入系统中的空气从凝汽器中抽走。

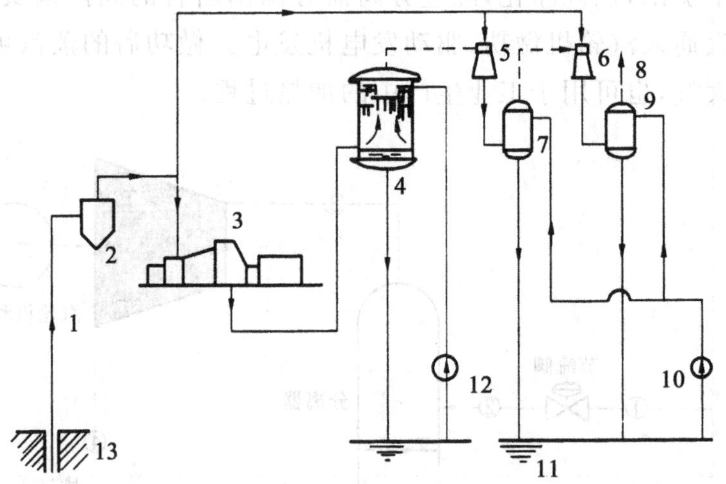


图 6-4 凝汽式汽轮机地热蒸汽发电系统

1—干蒸汽;2—净化分离器;3—汽轮发电机组;4—气压式凝汽器;
5——级抽气器;6—二级抽气器;7—中间冷却器;8—排气;
9—最后冷却器;10—冷却水泵;11—冷却水;12—循环水泵;13—蒸汽井

一般情况下,地热蒸汽发电适用于高温地热田的发电,这类系统结构简单,热效率较低,仅为10%~15%,厂用电率在12%左右。

## 6.3 热水型地热发电

目前,热水型地热发电是地热发电的主要方式。利用地下热水发电不像利用地热蒸汽那样方便,因为地热蒸汽发电时,蒸汽既是载热体,又是工作流体。而地下热水中的水,按照常规的发电方法,是不能送入汽轮机中做功的。地下热水发电有三种方式:第一种是直接利用地下热水所产生的蒸汽进入汽轮机工作,叫作闪蒸地热发电系统;第二种是利用地下热水来加热某种低沸点工质,使其产生蒸汽进入汽轮机工作,叫作中间介质(双循环)地热发电系统;第三种则是联合循环地热发电系统。

## 6.3.1　闪蒸地热发电系统

闪蒸地热发电方法也称减压扩容法，就是把低温地热水引入密封容器中，通过抽气降低容器内的气压（减压），使地热水在较低的温度（例如 90℃）下沸腾生产蒸汽，体积膨胀的蒸汽做功（扩容）推动汽轮发电机组发电。这类系统适合于地热水质较好且不凝性气体含量较少的地热资源。不论地热资源是湿蒸汽田还是热水田，闪蒸地热发电系统都是直接利用地下热水所产生的水蒸气来推动汽轮机做功，从而得到机械能。闪蒸后剩下的热水和汽轮机中的凝结水可以供给其他热水用户利用，利用完后的热水再回罐到地层内。

闪蒸地热发电又可以分为单级闪蒸地热发电系统、两级闪蒸地热发电系统和全流地热发电系统，详述如下：

（1）单级闪蒸地热发电系统。根据地热资源的不同，单级闪蒸地热发电系统又可以分为湿蒸汽型和热水型两种，分别如图 6-5 和图 6-6 所示。两种形式的差别在于蒸汽的来源或形成方式，如果地热井出口的流体是湿蒸汽，则先进入汽水分离器，分离出的蒸汽送往汽轮机，分离下来的水再进入闪蒸器，得到的蒸汽再进入汽轮机发电。

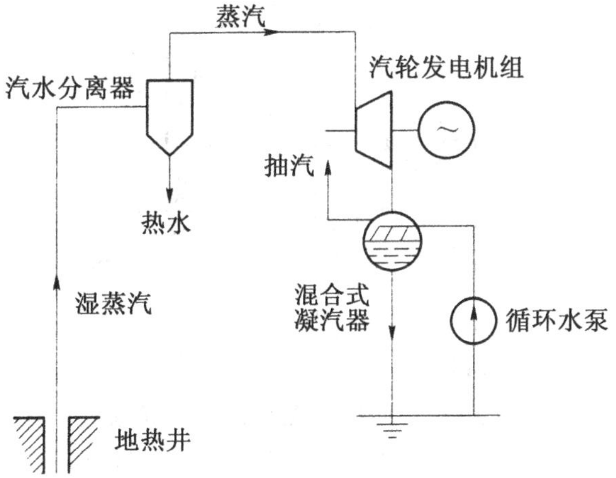


图 6-5　单级闪蒸地热发电系统（湿蒸汽型）

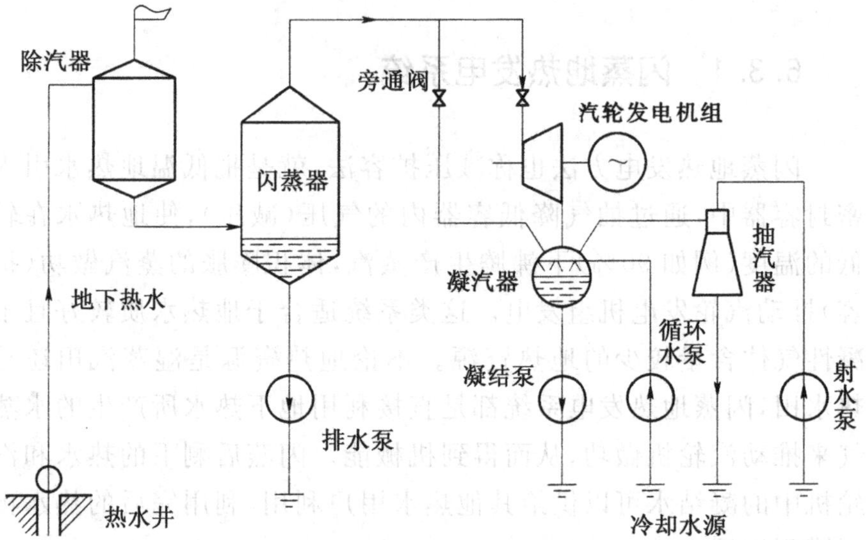


图 6-6　单级闪蒸地热发电系统(热水型)

(2) 两级闪蒸地热发电系统。两级闪蒸地热发电系统,即第一次闪蒸器中剩下来汽化的热水,又进入第二次压力进一步降低的闪蒸器,产生压力更低的蒸汽再进入汽轮机做功,其系统结构如图 6-7 所示。它的发电量比单级闪蒸发电系统增加 15%～20%,厂用电率较低,但系统复杂,投资较高,适用于中温(90～150℃)地热田发电,我国西藏的羊八井为两级闪蒸式地热发电。

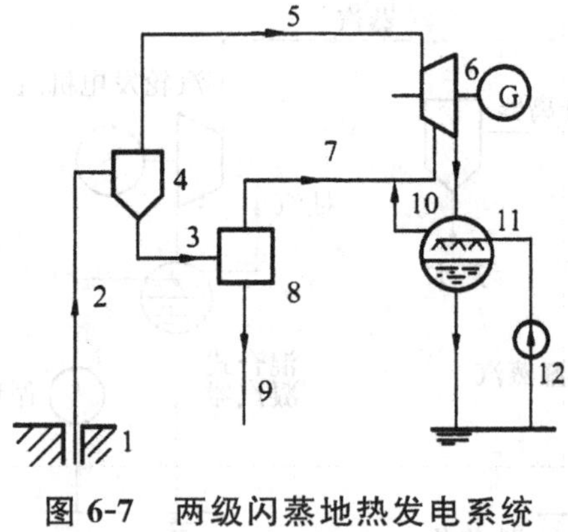

图 6-7　两级闪蒸地热发电系统

1—蒸汽井;2—湿蒸汽;3—热水;4—汽水分离器;
5—一次蒸汽;6—汽轮发电机组;7—二次蒸汽;8—闪蒸器;
9—热水;10—抽气;11—混合式凝汽器;12—循环水泵

(3) 全流地热发电系统。全流地热发电系统是把地热井口的全部流体,包括蒸汽、热水、不凝气体及化学物质等,不经处理直接送进全流动力机械中膨胀做功,而后排放或收集到凝汽器中,这样可以充分利用地热流体的全部能量。该系统由螺杆膨胀器、汽轮发电机组和冷凝器等部分组成。它的单位净输出功率比单级闪蒸法和两级闪蒸法发电系统的单位净输出功率分别提高60%和30%左右。全流地热发电系统如图 6-8 所示。

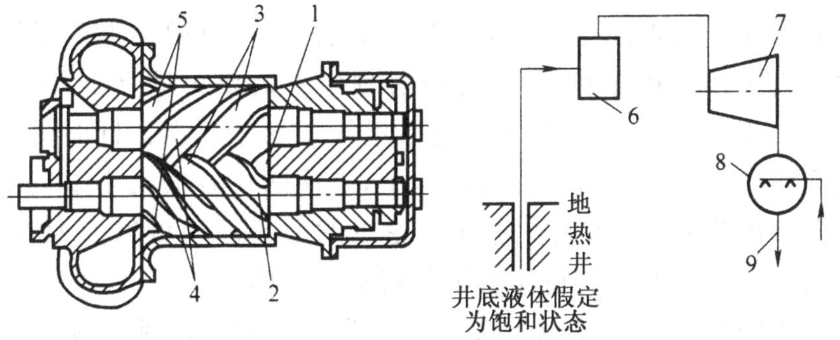


**图 6-8　全流地热发电系统**

1—高压气室;2、3、4—啮合螺旋转子;5—排出口;
6—全流膨胀器;7—汽轮发电机组;8—凝汽器;9—热水排放

采用闪蒸法发电的地热电站基本上是沿用火力发电厂的技术,即将地下热水送入减压设备——扩容器,将产生的低压水蒸气导入汽轮机做功。在热水温度低于 100℃时,全热力系统处于负压状态。这种电站设备简单,易于制造,可以采用混合式热交换器。其缺点是设备尺寸大,容易腐蚀结垢,热效率较低。由于直接以地下热水蒸汽为工质,因而对于地下热水的温度、矿化度以及不凝气体含量等有较高的要求。

## 6.3.2　中间介质(双循环)地热发电系统

中间介质地热发电系统又叫双循环地热发电系统,一般应用于中温地热水,其特点是采用一种低沸点的流体,如正丁烷、异丁烷、氯乙烷、氨和二氧化碳等作为循环工质。由于这些工质多半是易燃易爆的物质，必须形成封闭的循环，以免泄漏到周围的环境中，所以有时也称其为封闭式循环系统，在这种发电方式中，地热水仅作为热源使用，本身并不直接参与热力循环。

实践证明，中间介质地热发电系统的传热温差明显大于闪蒸地热发电系统，这将使地热水热量的损失增加，循环热效率下降。特别是运行较长时间，换热器地热水一侧产生结垢以后，问题将更为严重，必须引起足够的重视。当然，中间介质地热发电系统也有明显的优点。当工质的选用十分合适时，其热力循环系统可以一直工作在正压状态下，运行过程中不需要再抽真空，从而可以减少生产用电，使电站净发电量增加10%～20%。同时由于中间介质地热发电系统工作在正压下，工质的比容大大小于负压下水蒸气的比容，从而蒸汽进入汽轮机的通流面积可以大为缩小，这对低品位大容量的电站来说是特别可贵的。

中间介质地热发电系统又可分为单级双循环地热发电系统（图6-9）、两级双循环地热发电系统（图6-10）和闪蒸与双循环两级串联发电系统（图6-11）等。

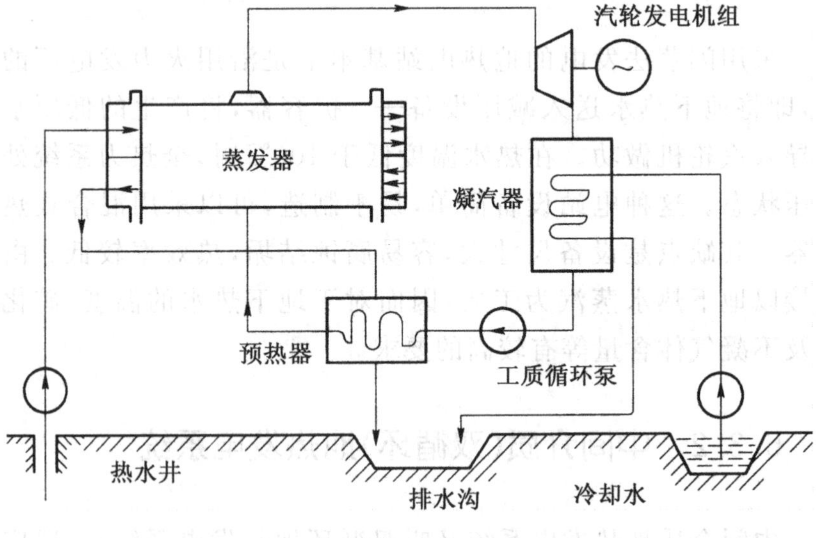


图6-9　单级双循环地热发电系统

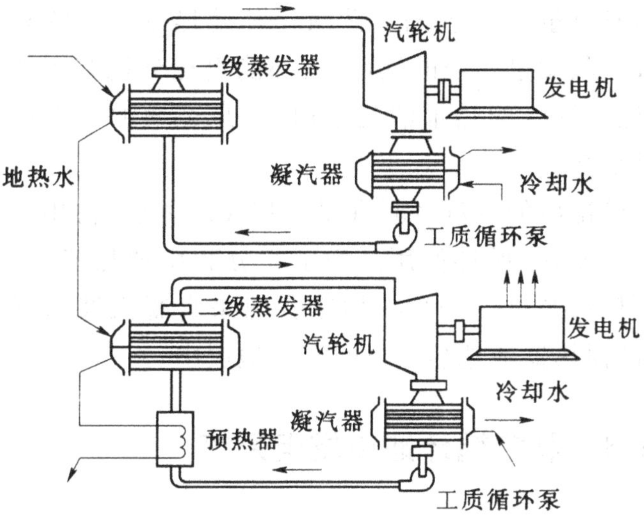


图 6-10　两级双循环地热发电系统

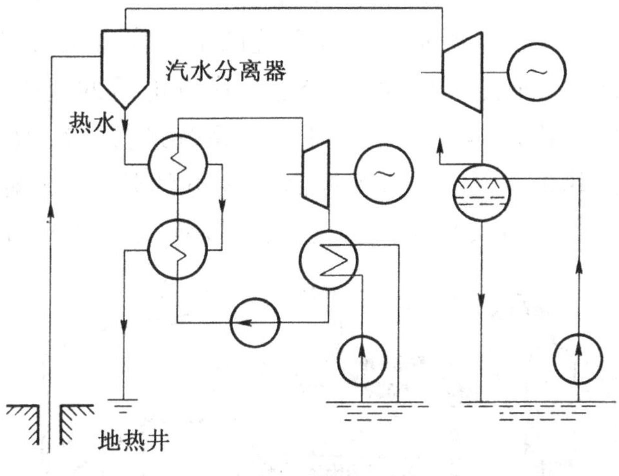


图 6-11　闪蒸与双循环两级串联发电系统

单级双循环发电系统发电后的热排水还有很高的温度，可达 50～60℃，可以再次利用。两级双循环地热发电系统就是利用排水中的热量再次发电的系统。采用两级利用方案，各级蒸发器中的蒸发压力要综合考虑，选择最佳数值。闪蒸与双循环两级串联发电系统就是第一级采用闪蒸发电，然后利用排水中的热量加热低沸点工质再一次发电的系统。如果这些系统中温度与压力数值选择得合理，那么在地下热水的水量和温度一定的情况下，一般可提高发电量20%左右。两级循环地热发电系统和闪蒸与双循环两级串联发电系统的优点是:都能更充分地利用地下热水的热量,降低了发电的热水消耗率;缺点是都增加了设备的投资和运行的复杂性。

汽轮机排出的蒸汽经凝汽器冷却成液体后,再用工质泵送回换热器重新加热,循环使用。为了充分利用地热能,让从换热器排出的地热水经过一个预热器来预热来自凝汽器的低沸点工质液体,经过预热器的地热水再回灌到地层中。

### 6.3.3 联合循环地热发电系统

20世纪90年代中期,以色列奥玛特(Ormat)公司把地热蒸汽发电和地下热水发电系统整合,设计出一种新的联合循环地热发电系统,如图6-12所示。这种系统的最大优点是可以适用于大于150℃的高温地热流体发电,经过一次发电后的流体,在并不低于120℃的工况下,再进入双工质发电系统进行二次做功,这就充分利用了地热流体的热能,既提高了发电的效率,又能将以往经过一次发电后的排放尾水进行再利用,从而大大地节约了资源。

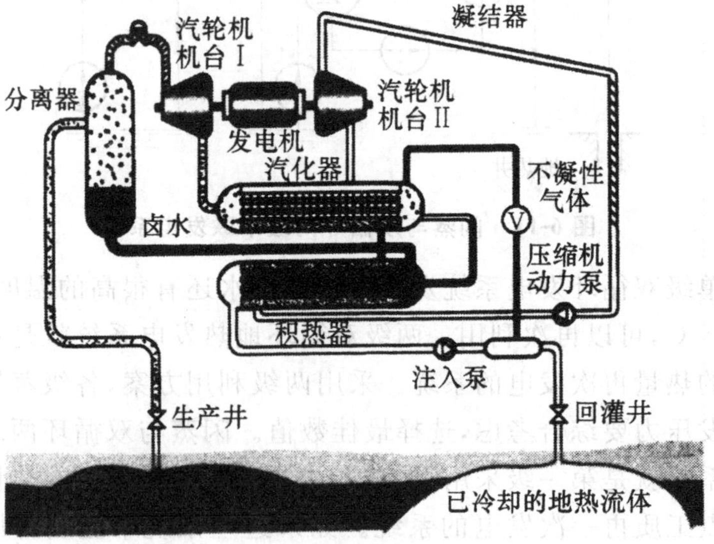


图6-12 联合循环地热发电系统

## 6.4　干热岩地热发电

1970 年，美国洛斯阿拉莫斯国家实验室首先提出利用地下高温岩石发电的设想。1972 年在新墨西哥州北部开凿了两口约 4000m 的深斜井，从一口井将冷水注入干热岩体中，从另一口井取出自岩体加热产生的 240℃蒸汽，用以加热丁烷变成蒸汽推动汽轮机发电。

干热岩地热发电的方法是打两口深井至地壳深处的干热岩层，一口为注水井，另一口为生产井。首先用水压破碎法在井底形成渗透性很好的裂隙带，然后通过注水井将水从地面注入高温岩体中，使其加热后再从生产井抽出地表进行发电。发电后的水再通过注水井回灌至地下形成循环。

干热岩地热发电在许多方面比天然蒸汽或热水发电优越。首先干热岩热能的储量比较大，可以较稳定地供给发电机热量，且使用寿命长。从地表注入地下的清洁水被干热岩加热后，热水的温度高，由于它们在地下停留时间短，来不及溶解岩层中大量的矿物质，因此比一般地热水夹带的杂质少。然而，干热岩发电是一项高新技术，需要运用斜井深钻技术和深层热岩破碎技术，涉及耐高温高压的新材料技术、传热、自动控制和计算机模拟设计等方面，开发难度大、成本高。

2005 年，澳大利亚地球动力公司宣布建造全球首座使用干热岩技术的商用地热电站，他们设计的地热发电系统如图 6-13 所示。

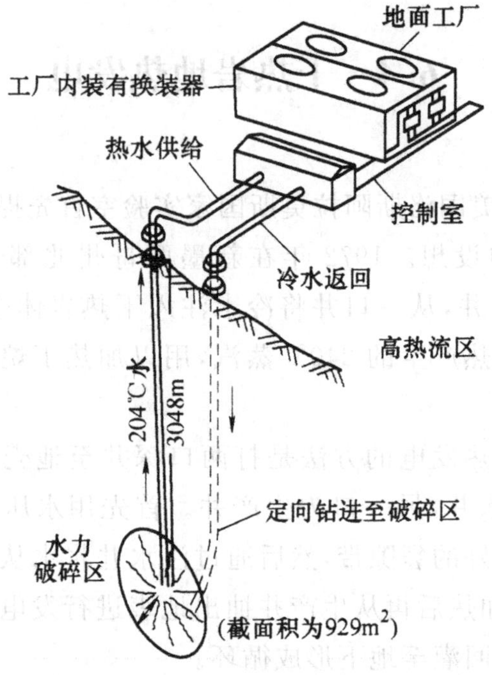


图 6-13　澳大利亚干热岩地热发电系统

# 6.5　地热能利用的制约因素和环境保护

## 6.5.1　地热能利用的制约因素

在目前的市场情况下，只要存在可靠的地热源，地热能就能与小型热力电站或内燃式发电站竞争。这也正是地热资源的开发利用快速发展的原因之一。地热发电市场的发展水平和发展速度在很大程度上取决于以下五个关键因素：

(1) 成本因素。典型的地热能计划的成本包含着多个非常明确的组成部分，已被确认的四个主要成本分量如下：

① 资源分析成本。具体指发现和确定某一地热能资源的成本，主要包括勘探(包括勘探钻井)成本、资源确定成本、储层评价

成本、井田设计成本、储层监测成本、开发井测试成本等。

② 热流生产成本。具体指生产地热流并维持它的产量的成本，主要包括钻井和完井成本、地热资源汲取成本、注入成本、井的维护成本、卤水处理成本、流体输送成本等。

③ 能量转换成本。具体指从地热流中采集适用的能量的成本，主要包括换热循环成本、涡轮发电机成本、热量回注循环成本、液流控制和排放成本、非热产品成本、发电设备维护成本等。

④ 其他作业成本。具体指任何其他的资源应用成本因素，主要包括出租成本、传输成本、环境和安全保护成本、系统优化成本、财务成本等。

(2) 与地热资源相竞争的燃料价格，特别是石油和天然气的价格。燃料价格会对地热能资源的商业应用产生相当大的影响，其影响波及许多方面，如公用部门对电力的购买率到私人投资的积极性以及政府对研究和开发的支持程度。

(3) 对环境代价的考虑。与常规能源技术有关的很多环境代价都未计算在发电成本之内，也就是说它们并没有完全计入这些技术的市场价格中。可再生能源技术在空气污染影响、有害废物产生、水的利用和污染、$CO_2$ 的排放等方面具有常规发电技术不可比拟的明显优点。地热田所在地域通常比较偏远，它们中有的自然风光秀丽，也有的位于沙漠中。但无论哪种情况，几乎都有人反对建设新的地热发电站。

(4) 未来的技术发展速度。通过开展研究，将降低能源的成本，而且也可能降低地热田性能的不确定度，这种不确定度现在仍然制约着地热能的快速发展。

(5) 行政许可。地热能的优点之一是建设周期短，投产快，但是每个地热发电项目都必须经过有关部门的批准才可以投入。

### 6.5.2 地热能利用带来的环境问题

地热是一种应用广泛、易于开发、费用低廉、环境污染小的新型清洁能源。地热资源的开发对改善环境状况、充分利用能源、缓解能源紧张状况、发展循环经济都具有重要意义。同时，地热开发中，也应该注意环境保护，处理好地热利用中带来的问题。就目前的发展状况来看，地热开发对环境的影响主要有如下几种：

(1) 空气污染。在地热田的开发过程中有多种气体和悬浮物排放到大气中，主要是水蒸气，还有 $H_2S$、$CO_2$ 等不凝气体。$H_2S$ 是污染空气的主要气体，它能麻痹人的嗅觉神经，散发出一种臭鸡蛋味，对铜基材料有严重的腐蚀作用。如果让这种气体散逸到空气中，对地热电站的电气装置会产生严重后果。在建造地热电站时，应设置处理 $H_2S$ 的装置来净化排放的气体。

(2) 水污染。大多数地热尾水都是排放到河道或湿地中去，排放水质是否符合标准，是要经过化学分析后确定的。这方面工作还比较薄弱。现在国家虽然有相应的规范和标准，如《农田灌溉水质标准法》和《生活饮用水标准法》，但检查有时不到位，造成环境污染，因此在这些方面还有待加强管理。

(3) 热污染。地热电站的排水往往温度还很高，不仅浪费资源，而且造成环境的热污染，使附近的生物生态受到不良的影响。现行的热污染排放标准是弃水温度不能超过 35℃。防止热污染的最好办法是排水的综合利用，如将电站的排水引入建筑物采暖，为地热温室、越冬鱼池、地热孵化育雏设施加温等。

(4) 噪声污染。噪声主要发生在井口压力很高的高温地热井，或电站闪蒸器的排水口。地热蒸汽井喷放时造成的尖声，往往使人的耳朵受到伤害，对家畜和野生动物也会产生有害作用。消除噪声的办法，是在井口或闪蒸器排水口安装消声器。它常用 2 个有底的圆柱形空筒做成，热流体沿管路以切线方向进入 2 个圆筒，不同旋转方向的热流体在 2 个筒内可以进一步扩容消能。消声器可以是钢圈水泥维护结构或松木结构，为了防止被冲蚀，可在高速热流体冲刷处焊耐磨蚀的合金，内壁涂以环氧树脂。

(5) 诱发地震。地热异常多产于火山、地震带上或附近，特别是地热水通过断裂进入地表，由于地热水的活动，激发断裂的活动，从而引起地震。一般情况由地热水引起的地震规模比较小，但不能大意，必须引起足够的重视。如2006年瑞士巴塞尔发生一系列地震后，专家们认为是该地区地热开采系统所引发的，导致美国加州的类似项目被叫暂停。不过，大多数科学家认为，地热发电站只要远离城区，由地热水开采引发的地震基本不会对人们造成伤害事故。

(6) 地面沉降。大量开采地热流体会造成地层压力或水位下降，从而引起地面下沉和水平移动。美国在盖瑟尔斯地热蒸汽田建造的地热电站，几十年来最大的沉降达14cm。许多观测资料表明，地面沉降与热储压力降之间没有明显的正比关系，地面沉降量最大的地方并不是热储压力降低最多的地方。最近的一些研究表明，最大的沉降是发生在开采的热储层以上的浅部未固结角砾岩地层。在大规模开发地热的地区，必须进行地面沉降的监测。监测范围应扩大到非开采区，最好能扩展到邻近的地质构造稳定地区。防止地面下沉的最有效办法是将开发利用后的地热弃水再回灌到地下，这既有利于保持地下热储层的压力，又可减轻废弃水对地表环境的污染。

## 6.6 地热能发电工程应用中遇到的问题

目前，有三个重大技术难题阻碍了地热发电的发展，这三个技术难题是地热田的回灌、腐蚀和结垢。

### 6.6.1 地热田的回灌

地热水中含有大量的有害矿物质，如硫、汞、砷、氟等，将地热发电后大量的热排水直接排放的话，不仅会影响环境，而且对合理利用地热资源十分不利。地热回灌是把经过利用的地热流体或其他水源通过地热回灌井重新注回热储层段，回灌可以很好地解决地热废水问题，还可以改善或恢复热储的产热能力，保持热储的流体压力，维持地热田的开采条件。同时，回灌又能通过维持热储压力来防止地面沉降。但回灌技术要求复杂，且成本高，至今未能大范围推广使用，如果不能有效解决回灌问题，将会影响地热电站的立项和发展，所以地热回灌是亟需解决的关键问题。

研究表明，回灌存在的问题与水质和井的渗透率有关，当未被充分加热又含有很多杂质的废水灌入后，水中含有的过饱和矿物质会沉淀在热储的岩石缝隙中，从而阻塞水路，减少流体的产量。此外，回灌也涉及热储的裂隙状况，有时回灌会快速迁移，引起生产井温度下降。因此，在设计回灌系统时，回灌井位的选择要考虑维持热储的压力、回灌井和生产井间的走行路径以及流动时间实现最大化，防止生产层水发生快速冷却。由于回灌地下的地热排水不像地表排放可以跟踪观察，其运移效果很难预测，为了选取合适的回灌井址和回灌层位，就必须知道有关热储的水温和渗透率的空间变化。但是，大多数地热田在这方面的资料掌握甚少，这给建立热储模型并进行数值模拟带来了困难。

如果地热流体是在开放系统里利用，则废水在回灌之前一般要先在水塘或水箱之中沉降以除去悬浮状固体物质，有时也可采用过滤装置达到这一目的。为了减少腐蚀性，废水可能还需要进行化学法或物理法脱气，最后才通过回灌井注进并形成地热储。因为较凉、密度较大的地热废水具有较高的重力压头，一般回灌仅靠重力即可实现。对于以液态水为主的地热资源，则流体可以在分离器(闪蒸器)压力下回灌，或者在一次换热器(双工质系统)地热流体压力下回灌。

另外，热储地质对回灌的适应能力问题必须进行仔细研究，热储必须要有一个能够阻止废水向上流动并污染地下水含水层的比较不透水的盖岩层，如果岩层存在破碎带或者断裂，回灌废水就会向上运动并最终导致污染。

## 6.6.2 地热田的腐蚀

地热水中含有各种能导致金属及其他物质腐蚀的组分，其中关键性的物质是氧（$O_2$）、氢离子（$H^+$）、氯离子（$Cl^-$）、硫化氢（$H_2S$）、二氧化碳（$CO_2$）、氨（$NH_3$）和硫酸根（$SO_4^{2-}$）。这些物质中，$O_2$ 是影响最严重的物质，当有 $O_2$ 存在时，金属的腐蚀将大大加剧，$Cl^-$ 的腐蚀作用也相应增大，即使不锈钢也将产生严重的点蚀。$H^+$ 与 $CO_2$ 的存在对钢材有较大的腐蚀作用，而 $H_2S$ 和 $NH_3$ 则对铜和铜基合金产生腐蚀。

引起腐蚀的原因很多，最好能按不同的腐蚀特点有针对性地对症防腐，但这难以完全办到。在地热工程中，常采用的防腐方法有如下几种：

（1）选用耐腐金属或非金属。

（2）在金属表面涂以防腐涂料。

（3）使系统尽量密封，隔绝外界空气的进入。

（4）在介质中加入缓蚀剂。

## 6.6.3 地热田的结垢

由于地热水资源中矿物质含量比较高，在抽到地面做功的过程中，温度和压力会均发生很大的变化，进而影响到各种矿物质的溶解度，结果导致矿物质从水中析出产生沉淀结垢。如在井管内结垢，会影响地热流体的采量，加大管道内的流动阻力进而增加能耗；如换热表面结垢，则会增加传热阻力；垢层不完整处还会造成垢下腐蚀。一般地，常用的防止或清除结垢的措施有如下几种：

（1）用 HCl 和 HF 等溶解水垢，为了防止酸液对管材的腐蚀必须加入缓蚀剂。

（2）采用间接利用地热水的方式，在生产井的出水与机组的循环水之间加一个钛板换热器，可以有效防止做功部件腐蚀和结垢，但造价很高。

(3) 采用深水泵或潜水泵输送井中的流体，使其在系统中保持足够的压力，在流体上升过程和输送过程中不发生气化现象，从而防止碳酸钙沉积。

(4) 选择合适的材料涂衬在管壁内，以防止管壁上结垢。

# 第7章　可再生能源发电中的主要技术及应用

可再生能源发电是一个新兴的高新科技产业，其中涉及许多关键的高新技术，如功率变换技术、电能储存技术等，这些技术的突破，对于发展可再生能源发电至关重要。我国是一个发展中国家，可再生能源的应用起步较晚，相关核心技术还落后于发达国家，只有积极投入研发可再生能源应用技术，才能使得我国的可再生能源发电产业在日趋激烈的市场竞争中立于不败之地。

## 7.1　可再生能源发电中的功率变换技术

在可再生能源发电中，总是存在输出电压、频率以及功率不稳定的问题，故而采取适当的技术手段对电能进行变换与控制，使其电压、频率以及波形等能够满足用电负荷或并网的需要。因此，电力电子功率变换与控制技术被广泛用于可再生能源发电技术中，可以说可再生能源发电技术离不开功率变换与控制技术。就目前的发展状况来看，可再生能源发电中的功率变换技术包括交流-直流整流技术、直流-直流交换技术、直流-交流逆变技术、大功率交流技术等，限于本书篇幅，这里仅就交流-直流整流技术展开详细讨论。

另外，可再生能源发电中的功率变换技术是以功率半导体器件与驱动电路为基础的，功率半导体器件的特性和使用方法、合适的驱动电路、合适的控制方法在这里表现得十分重要，限于本书篇幅，这里无法对这些基础理论展开详细讨论，有兴趣的读者可以参阅相关文献资料。

在所有电能形式转换的电路中，交流-直流(AC-DC)变换电路出现最早，它形式多样，应用也最为广泛。交流-直流的核心功能是将交流电转换为直流电，常称其为整流电路。交流-直流整流电路的分类方式有多种，根据其构成器件的不同可分为三种，分别为不可控、半控、全控整流电路；根据其电路结构的不同可分为两种，分别为桥式电路和零式电路；根据其交流输入相数的不同可分为三种，分别为单相、三相、多相电路；根据其控制方式的不同可分为两种，分别为斩控式、相控式电路；根据其工作范围的不同可分为两种，分别为单象限和多象限电路。

### 7.1.1 单相桥式不可控整流电路

综合分析目前的基本应用情况可以发现，在交—直—交变频器、不间断电源、开关电源等电路基本元器件中，基本上采用不可控整流电路经电容滤波后提供直流电源，供后级的逆变器、斩波器等使用。常见的电路接法有两种，分别是单相桥式和三相桥式。

图 7-1 给出了单相桥式不可控整流电路及其工作波形，其中图 7-1(a)为电路图。通过图 7-1(a)可以看到，该电路由电源变压器、四只整流二极管($VD_1$、$VD_2$、$VD_3$、$VD_4$)和负载电阻 $R$ 组成。由于在电路中 $VD_1$、$VD_2$、$VD_3$、$VD_4$ 被接成电桥形式，故称为桥式整流。

单相桥式不可控整流电路的工作原理为：在 $u_2$ 正半周内，整流二极管 $VD_1$ 与 $VD_4$ 导通，而 $VD_2$ 与 $VD_3$ 则处于截止状态，电流从变压器流出，依次经过 $VD_1$、$R$、$VD_4$ 后再回到变压器，忽略二极管管压降，负载 $R$ 上的电压 $u_R=u_2$；在 $u_2$ 负半周内，$VD_2$ 与 $VD_3$ 导通，$VD_1$ 与 $VD_4$ 则处于截止状态，电流从变压器流出，依

次经过 $VD_3$、$R$、$VD_2$ 后又回到变压器，负载 $R$ 上的电压 $u_R$ 与 $u_2$ 反向。由于负载为电阻元件，流过负载的电流 $i_R$ 与 $u_R$ 的波形相同。图 7-1(b)给出了 $u_2$、$i_R$ 与 $u_R$ 的波形。

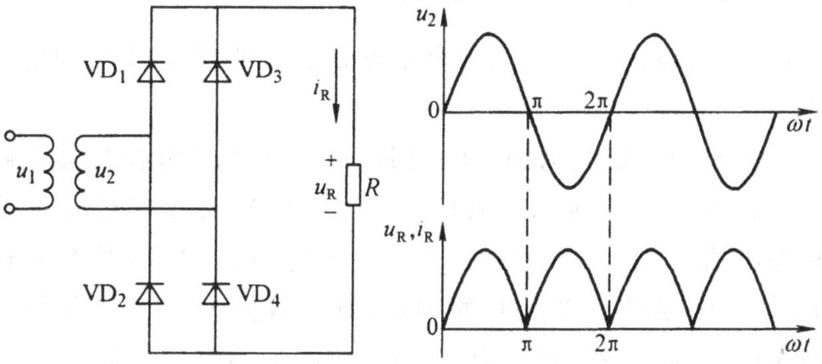


（a）电路图　　（b）$u_2$、$i_R$与$u_R$的波形

**图 7-1　单相桥式不可控整流电路及其工作波形**

通过上述电路的整流作用，在负载 $R$ 上就得到了一个正弦半波，其周期为 π。负载 $R$ 上的电压 $u_R$ 称为整流电压，容易计算得 $u_R$ 的平均值为

$$U_R = \frac{1}{\pi}\int_0^{\pi}\sqrt{2}U_2\sin\omega t\,d(\omega t) = \frac{2\sqrt{2}U_2}{\pi} = 0.9U_2。$$

式中：$U_2$ 为电压 $u_2$ 的有效值。进一步，可求得负载 $R$ 上的直流电流平均值为

$$I_R = \frac{U_R}{R} = \frac{0.9U_2}{R}。$$

在选取电路所用整流二极管时，二极管的反向耐受电压是必须考虑的。显然，电路中四个整流二极管所承受的反向电压最大值均为$\sqrt{2}U_2$。而在电路工作时，二极管 $VD_1$、$VD_4$ 与 $VD_2$、$VD_3$ 轮流导通，故而流过每个二极管的电流平均值只有输出直流电流平均值的一半，即$\frac{0.45U_2}{R}$。

## 7.1.2 单相和三相可控整流电路

### 7.1.2.1 单相半波可控整流电路

在这里，我们分负载为纯电阻型负载和阻感负载两种情况来讨论。

当电路中的负载为纯电阻负载时，单相半波可控整流电路的电路图如图 7-2(a)所示。其中，T 为变压器，在电路中起变换电压和隔离的作用。$u_1$ 为变压器的一次电压瞬时值，其有效值为 $U_1$；$u_2$ 为变压器的二次电压瞬时值，其有效值为 $U_2$。变压器电压比的大小根据需要的直流输出电压 $u_d$ 的平均值 $U_d$ 确定。

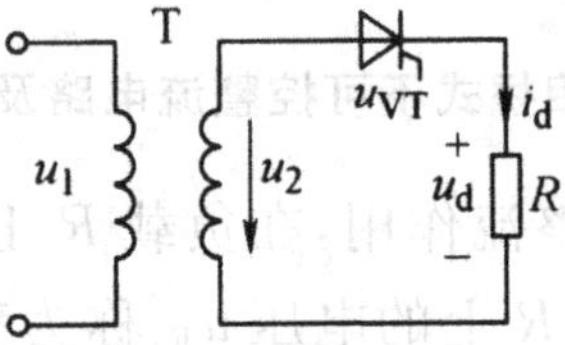


(a) 电路图

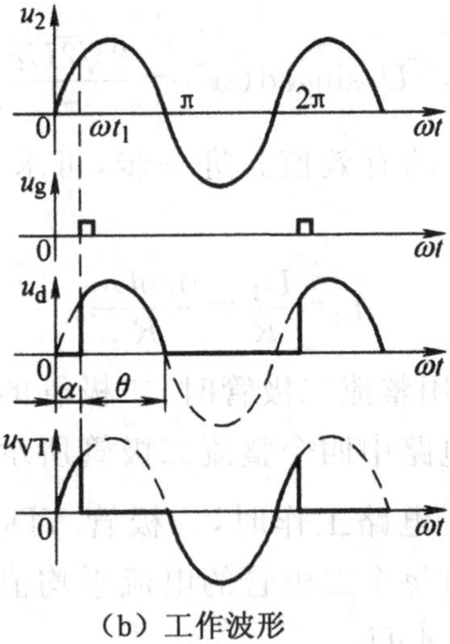


(b) 工作波形

**图 7-2 带纯电阻负载的单相半波可控整流电路图及工作波形**

带纯电阻负载的单相半波可控整流电路的基本工作原理为：当晶闸管 VT 处于截止状态时，电路中无电流，负载电阻两端电压为零，变压器输出的二次电压 $u_2$ 全部加在 VT 两端。如在 $u_2$ 的正半周期内晶闸管 VT 承受正向阳极电压期间的 $\omega t_1$ 时刻给晶闸管 VT 的门极加一个如图 7-2(c)所示的触发脉冲，则晶闸管 VT 进入导通状态。忽略晶闸管导通状态时的压降，则直流输出电压瞬时值 $u_d=u_2$。当 $\omega t=\pi$ 时，$u_2$ 降为零，电路中电流也同时降为零，晶闸管 VT 开始承受反压并进入截止状态，$u_d$ 与 $i_d$ 随之变为零。易知，$u_d$ 与 $i_d$ 的波形相位相同，如图 7-2(d)所示。而晶闸管 VT 两端电压 $u_{VT}$ 的波形则如图 7-2(e)所示。

改变触发时刻，$u_d$ 与 $i_d$ 的波形也随之改变，整流输出电压 $u_d$ 为一种脉动直流电压，其瞬时值时刻发生变化，但极性与原电压保持一致。进一步分析可知，整流输出电压 $u_d$ 的波形只在 $u_2$ 正半周出现，故称为"半波"整流。加上电路中采用了可控器件晶闸管，且交流输入为单相，故该电路称为单相半波可控整流电路。显然，该电路是一种单脉冲整流电路，因为在一个电源周期内，整流输出电压 $u_d$ 的波形只脉动一次。

在电子技术理论中，从晶闸管开始承受正向阳极电压到施加触发脉冲时的电角度称为触发延迟角，用字母 $\alpha$ 表示，人们习惯上也将其称为触发角或者控制角。另外，人们将晶闸管在一个电源周期中处于通态的电角度称为导通角，用字母 $\theta$ 表示，显然有 $\theta=\pi-\alpha$。

根据相关物理理论可知，该电路的直流输出电压在一个电源周期内的平均值为

$$U_d=\frac{1}{2\pi}\int_{\alpha}^{\pi}\sqrt{2}U_2\sin\omega t\,d(\omega t)=\frac{\sqrt{2}U_2}{2\pi}(1+\cos\alpha)$$

$$=0.45U_2\frac{1+\cos\alpha}{2}。$$

分析上式可以发现，调节触发延迟角 $\alpha$ 即可达到调控整流输出电压 $u_d$ 的平均值 $U_d$ 的目的。整流输出电压 $u_d$ 的平均值在 $\alpha=0°$ 时达到最大值 $0.45U_2$，之后随着触发延迟角 $\alpha$ 的增大而减小，当 $\alpha=\pi$ 时，整流输出电压 $u_d$ 变为零。所以，该电路中晶闸管 VT 的触发延迟角 $\alpha$ 的移相范围为 180°。在电子技术理论中，这种通过控制触发脉冲的相位来控制直流输出电压大小的方式称

为相位控制方式，简称相控方式。

接下来，我们进一步讨论带阻感负载的单相半波可控整流电路。在具体应用中，负载往往是既有电阻又有电感的。在电子技术理论中，人们把负载中感抗 $\omega L$ 与电阻 $R$ 相比不能忽略的负载称为阻感负载。如果 $\omega L$ 的作用远大于 $R$，则称这类负载为电感负载，励磁绕组就是典型的电感负载。

物理学研究表明，对于电流的变化，电感有着抗拒作用。流过电感元件的电流变化时，在其两端会产生感应电动势 $L\frac{\mathrm{d}i}{\mathrm{d}t}$。根据楞次定理可知，感应电动势 $L\frac{\mathrm{d}i}{\mathrm{d}t}$的极性是阻止电流变化的，它的存在使得流过电感的电流不能发生突变，这是阻感负载的特点。

如图 7-3(a)所示，给出了带阻感负载的单相半波可控整流电路的电路图。这类电路的工作原理为：当晶闸管 VT 处于截止态时，电路中电流 $i_\mathrm{d}=0$，负载上电压为零，$u_2$ 全部加在晶闸管 VT 两端。在 $\omega t_1$ 时刻，即触发延迟角 $\alpha$ 处，加脉冲触发晶闸管 VT，使其进入导通状态，$u_2$ 加在负载两端，因电路有电感 $L$，使得电路中电流 $i_\mathrm{d}$ 不能突变，电流 $i$ 从零开始增加，其波形如图 7-3(e)所示。同时电感 $L$ 的感应电动势阻止 $i_\mathrm{d}$ 增加。此时，交流电源的作用表现为如下两个方面：

(1) 向负载电阻 $R$ 提供热消耗的能量。

(2) 向负载电感 $L$ 提供吸收的磁场能量。

当 $u_2$ 由正变负过零点时，$i_\mathrm{d}$ 已经处于减小的过程中，但还没到零，因此晶闸管 VT 依然处于通态。此后，负载电感 $L$ 中储存的能量逐渐释放，它的作用也表现为如下两个方面：

(1) 向负载电阻 $R$ 提供热消耗的能量。

(2) 供给变压器二次绕组吸收的能量，从而维持 $i_\mathrm{d}$ 不为零。

在 $\omega t_2$ 时刻，负载电感 $L$ 所储存的能量全部被释放，$i_\mathrm{d}$ 减小到零，晶闸管 VT 关断并立即承受反压。如图 7-3(d)所示，给出了 $u_\mathrm{d}$ 的波形。通过图 7-3(d)可以发现，由于电感的存在延迟了晶闸管 VT 的关断时间，使 $u_\mathrm{d}$ 出现了负的部分，与带电阻负载时相比，其电压平均值 $U_d$ 减小了。如图 7-3(f)所示，给出了晶闸管 VT 两端电压的波形。易知，晶闸管 VT 的反向耐受电压应当大于$\sqrt{2}U_2$。

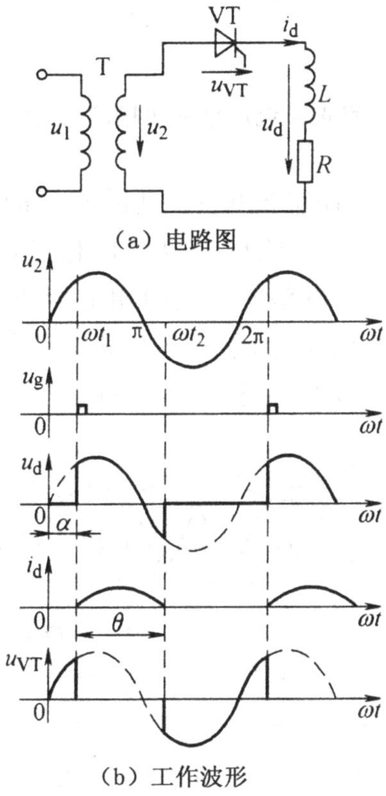


**图 7-3　带阻感负载的单相半波可控整流电路的电路图及工作波形**

### 7.1.2.2　三相可控整流电路

在大容量的风力场，常常采用三相或多相发电机。这里的发动机，必须采用三相整流电路。接下来，我们就三相半波可控整流电路展开讨论。图 7-4 给出了三相半波可控整流电路共阴极接法电阻负载时的电路图。

在图 7-4 所示的电路中，为了得到中性线，变压器二次侧通常接成星形，而一次侧接成三角形，避免三次谐波流入发电机，三个晶闸管分别接入 a、b、c 三相电源，它们的阴极连接在一起。在电子技术理论中，人们称这种电路连接方法为共阴极接法。

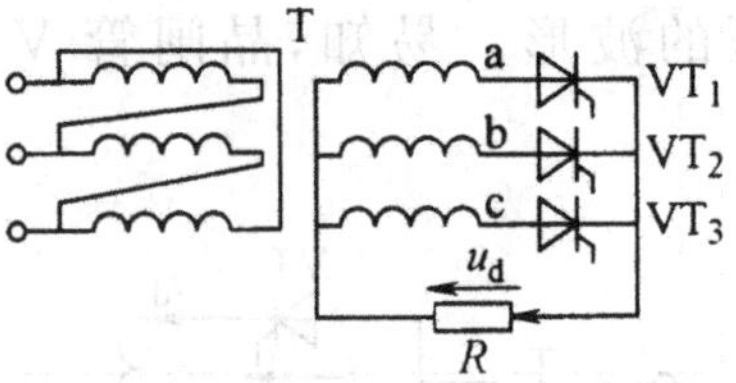


图 7-4　三相半波可控整流电路共阴极接法电阻负载时的电路图

对于三相半波可控整流电路，其晶闸管的触发延迟角 $\alpha=0°$ 时刻具有特殊的意义，一般称为自然换相点，其波形如图 7-5 所示。显然，这一时刻的电路中对应的相电压的值最大的晶闸管处于导通状态，且另外两个晶闸管处于截止状态，而该相的相电压即为电路的输出电压，即所要的整流电压。

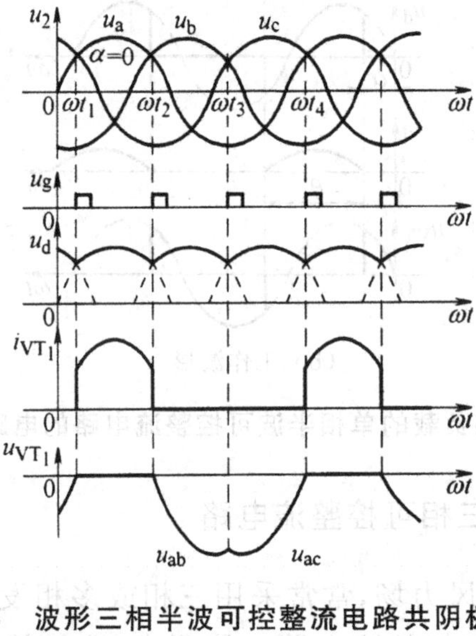


图 7-5　波形三相半波可控整流电路共阴极接法电阻负载且 $\alpha=0°$ 时的波形

在一个完整的周期内，电路中各个器件的工作情况为：在 $\omega t_1 \sim \omega t_2$ 区间段，a 相电压最高，晶闸管 $VT_1$ 处于导通状态，输出整流电压 $u_d$ 即为 $u_a$。由于在整个电路中，$VT_1$、$VT_2$、$VT_3$ 的地位完全相同，所以在一个周期中，a、b、c 三相哪相电压高，对应的晶闸管轮流导通，输出整流电压 $u_d$ 的值就是该相的相电压值，每一晶闸管在一个周期中导通 120°，因为是纯电阻负载，电流相位与电压相位相同，具体变化情况可以从图 7-5 所示的波形中直观地看到。

$\omega t_1$、$\omega t_2$ 和 $\omega t_3$ 均为相电压的交点，人们将这三点称为自然换相点，因为在这三点处均有负载电流从一个晶闸管转移到另一个晶闸管的现象发生。对三相半波可控整流电路而言，自然换相点是各相晶闸管能触发导通的最早时刻，将其作为计算各晶闸管触发延迟角及起点，即 $\alpha=0°$要改变触发延迟角只能在此基础上增加。

进一步分析可知，在图 7-5 所示的波形中，晶闸管 $VT_1$ 两端的电压波形可以分为如下三个部分：

(1) 晶闸管 $VT_1$ 处于导通状态，晶闸管 $VT_1$ 两端的电压为一管压降，接近为零，可以忽略。

(2) 晶闸管 $VT_1$ 处于截止状态，晶闸管 $VT_2$ 进入导通状态，此时 $u_{TV_1}=u_a-u_b$，是一个线电压。

(3) 晶闸管 $VT_1$ 和 $VT_2$ 均处于截止状态，晶闸管 $VT_3$ 进入导通状态，此时 $u_{TV_1}=u_a-u_c$，也是一个线电压。

综上所述，晶闸管 $VT_1$ 两端的电压由一段管压降和两段线电压组成。通过图 7-5 可以看出，当 $\alpha=0°$时，晶闸管承受的两段线电压均为负值，随着 $\alpha$ 的增大，晶闸管承受的电压中正的部分逐渐增多。增大 $\alpha$ 值，将脉冲后移，波形将发生改变。

图 7-6 给出了当 $\alpha=30°$时电路各个关键量的波形，从图中发现，这时的负载电流处于连续和断续的临界状态，各相仍导通 120°。进一步分析可以发现，当 $\alpha>30°$时，整流电压的波形将会出现断续的状态(具体情况读者可自行推敲)。如果 $\alpha$ 角继续增大，整流电压将越来越小，当 $\alpha=150°$时，整流输出电压为零，所以 $\alpha$ 角的移相范围为 150°。

至于如何计算整流电压的平均值，可以分为两种情形讨论：当 $\alpha\leqslant30°$时，显然有 $U_d=1.17U_2\cos\alpha$；当 $\alpha>30°$时，负载电流断

续，有

$$U_d = 0.675U_2\left[1+\cos\left(\frac{\pi}{6}+\alpha\right)\right]。$$

另外，晶闸管耐受电压的选择也是非常重要的，显然应当大于$\sqrt{6}U_2$。

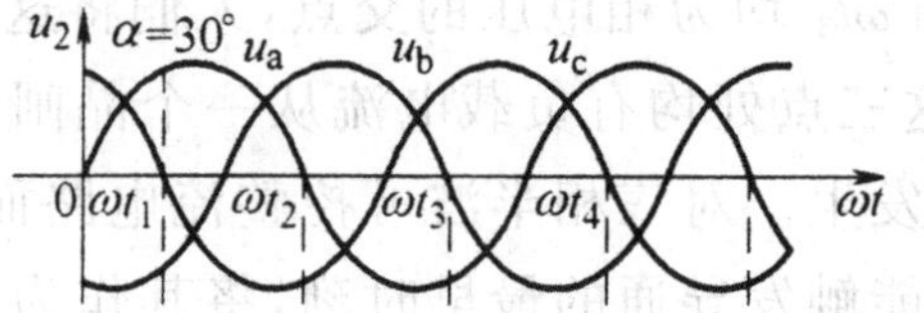


（a）$u_2$的波形

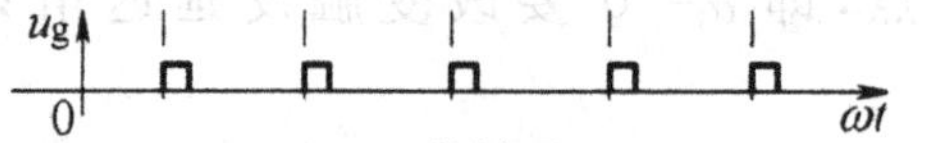


（b）$u_g$的波形

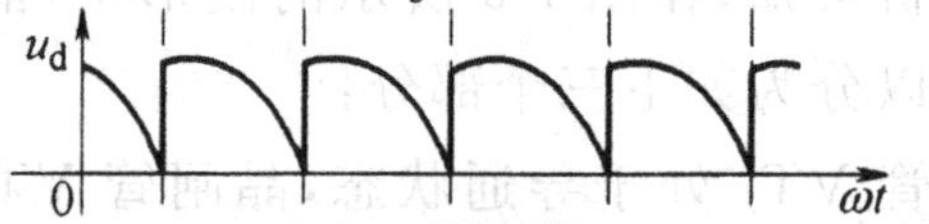


（c）$u_d$的波形

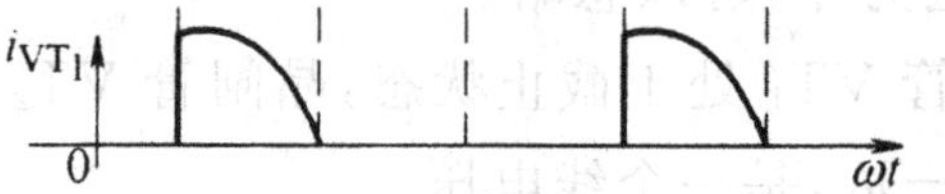


（d）$i_{VT1}$的波形

**图 7-6　三相半波可控整流电路电阻负载 $\alpha$=30°时的波形**

## 7.1.3 PWM 整流电路

### 7.1.3.1 PWM 控制的概念及原理

PWM 控制的思想源于采样控制理论中的面积等效原理，该原理指出，冲量（窄脉冲的面积）相等而形状不同的窄脉冲加在具有惯性的环节上时，其效果基本相同。所谓效果基本相同，具体是指环节输出响应波形基本相同。图 7-7(a)所示的是一个矩形脉冲；图 7-7(b)所示的是一个三角形脉冲；图 7-7(c)所示的是一个正弦半波脉冲。这三个窄脉冲的形状显然不同，但是如果它们的面积（即冲量）都等于 1，那么，当它们分别加在具有惯性的同一环节上时，其输出响应基本相同。

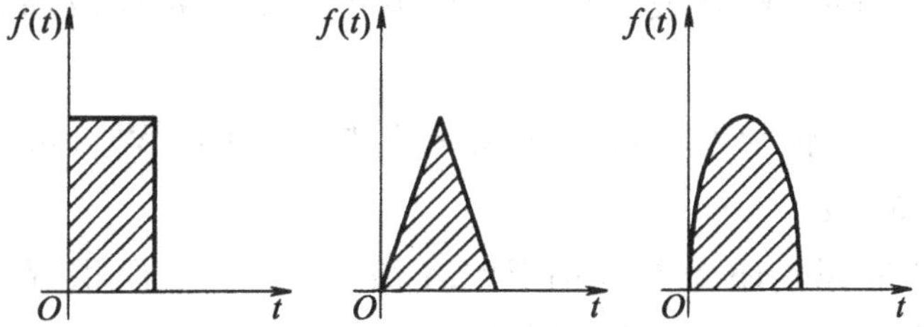


（a）矩形脉冲　（b）三角形脉冲　（c）正弦半波脉冲

**图 7-7　形状不同而冲量相同的各种窄脉冲**

接下来，我们来分析怎样才能用一个宽度为 $\pi$ 正弦半波来代替一系列等幅不等宽的脉冲。如图 7-8(a)所示，给出了一个正弦半波，将其平均分成 $N$ 份，就可以把正弦半波看成是由 $N$ 个彼此相连的脉冲序列所组成的波形。这些脉冲宽度相等，都是 $\frac{\pi}{N}$，然而其幅值是不等的，而且脉冲顶部都是曲线，各脉冲的幅值按正弦规律变化。如果把上述脉冲序列利用相同数量的等幅而不等宽的矩形脉冲代替，使矩形脉冲的中点和相应正弦波部分的中点重合，且使矩形脉冲和相应的正弦波部分面积（冲量）相等，就可以得到一个称之为 PWM 波形的脉冲序列，如图 7-8(b)所示。从图中可以发现，PWM 波形中的各脉冲的幅值相等，而宽度是按正弦规律变化的。利用面积相等原理可以很快验证正弦半波完全等效于 PWM 波形，像这种脉冲的宽度按正弦规律变化而和正弦波等效的 PWM 波形，也称为 SPWM 波形。

（a）正弦半波　（b）PWM波形

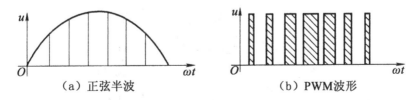

**图 7-8　正弦半波与其等效的 PWM 波形**

根据 PWM 控制的基础理论可知，只要按照同一比例系数改变上述各脉冲的宽度，就可以达到改变等效输出正弦波的幅值的

目的。进一步地,PWM 波形可以分为如下两种:

(1) 等幅 PWM 波。由直流电源产生的 PWM 波通常是等幅 PWM 波。

(2) 不等幅 PWM 波。由交流电源产生的 PWM 波通常是不等幅 PWM 波。

不管是等幅还是不等幅 PWM 波,都是基于面积等效原理进行控制的,因此其本质是相同的。

#### 7.1.3.2 PWM 整流电路的工作原理

根据工作原理的不同,PWM 整流电路可分为两种类型,一种是电压型 PWM 整流电路,另一种是电流型 PWM 整流电路,前者应用较为广泛。在这里,我们仅就电压型 PWM 整流电路展开讨论,这类电路又有单相和三相之分。

首先,我们来讨论单相 PWM 整流电路的工作原理。单相 PWM 整流电路可分为单相半桥 PWM 整流电路和单相全桥 PWM 整流电路两种类型,其电路图分别如图 7-9 和图 7-10 所示。对于单相半桥 PWM 整流电路而言,直流侧电容必须由两个电容串联,其中点和交流电源连接。对于单相全桥 PWM 整流电路而言,直流侧电容只要一个就可以了。交流侧电感 $L_s$ 分为两个部分,一部分为外接电抗器的电感,另一部分为交流电源内部电感,二者都是电路正常工作所必需的。电阻 $R_s$ 也由两部分组成,一部分是外接电抗器中的电阻,另一部分是交流电源的内阻。

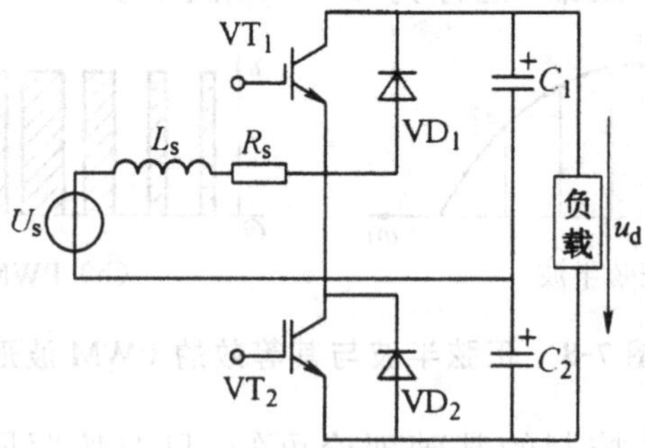


图 7-9 单相半桥 PWM 整流电路

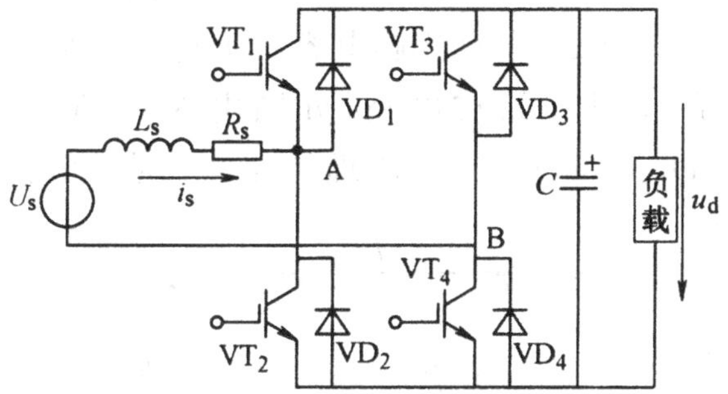


图 7-10　单相全桥 PWM 整流电路

其次，就单相全桥 PWM 整流电路的工作原理展开讨论。按照正弦信号波和三角波的比较方法，对单相全桥 PWM 整流电路（图 7-10）中的 $VT_1$～$VT_4$ 四个晶闸管进行 SPWM 控制，就可以在桥的交流输入端 A、B 产生一个 SPWM 波 $u_{AB}$。显然，$u_{AB}$ 中不含低次谐波，但含有如下两类波：

（1）和正弦波信号同频率且幅值成比例的基波分量。

（2）和三角波载波有关的频率很高的谐波。

根据相关物理理论可知，电感 $L_s$ 具有一定的滤波作用，故而高次谐波电压可以被忽略，因为它只会使交流电流 $i_s$ 产生很小的脉动。所以，当正弦信号波的频率和电源频率相同时，交流电流 $i_s$ 也为与电源频率相同的正弦波。进一步研究可以发现，如果 $u_s$ 保持不变，那么 $u_{AB}$ 中基波分量 $u_{ABf}$ 的幅值及其与 $u_s$ 的相位差就成为 $i_s$ 的幅值和相位的唯一决定因素。要想使 $i_s$ 和 $u_s$ 的相位差满足预定的要求，只需改变 $u_{ABf}$ 的幅值和相位即可达到目的。如图 7-11 所示，给出了 PWM 整流电路运行相量图。通过该图可以看出，$\dot{U}_s$、$\dot{U}_L$、$\dot{U}_R$ 和 $\dot{I}_s$ 分别为 $u_s$、$u_L$、$u_R$ 和 $i_s$ 的相量，$\dot{U}_{AB}$ 为 $u_{AB}$ 的相量。在 PWM 整流电路的运行相量图中，$\dot{U}_{AB}$ 滞后 $\dot{U}_s$ 的相角为 $\delta$，$\dot{I}_s$ 和 $\dot{U}_s$ 同相位，电路工作在整流状态，且功率因数为 1。

当电路工作于整流状态时，如果 $u_s>0$，则电路中含有两个升压斩波电路，分别由 $VT_2$、$VD_4$、$VD_1$、$L_s$ 和 $VT_3$、$VD_1$、$VD_4$、$L_s$ 构成。以包含 $VT_2$ 的升压斩波电路为例，当 $VT_2$ 处于导通状态时，

$u_s$ 通过 $VT_2$、$VD_4$ 向 $L_s$ 储能；当 $VT_2$ 处于截止状态时，$L_s$ 中储存的能量通过 $VD_1$、$VD_4$ 向直流侧电容 $C$ 充电。如果 $u_s<0$，则电路中同样含有两个升压斩波电路，分别由 $VT_1$、$VD_3$、$VD_2$、$L_s$ 和 $VT_4$、$VD_2$、$VD_3$、$L_s$ 构成，工作原理与 $u_s>0$ 时类似。

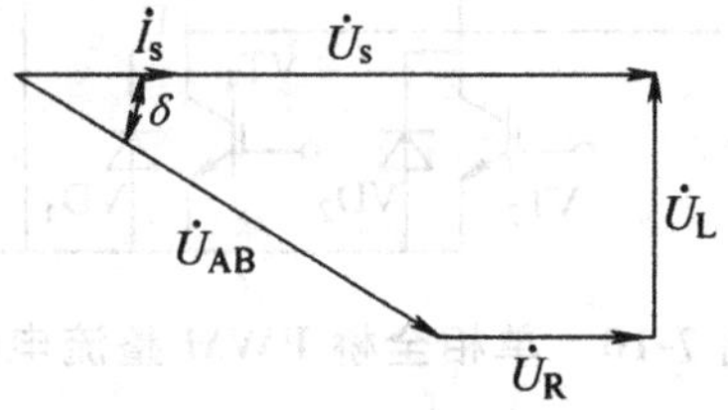


**图 7-11　PWM 整流电路运行相量图**

接下来，我们简要讨论三相 PWM 整流电路的工作原理。在大型风力发电场所用的背靠背逆变电路中或其他背靠背实验电源中，如果功率变换器的容量较大，通常使用三相桥式 PWM 整流电路。图 7-12 给出了三相桥式 PWM 整流电路的电路图。

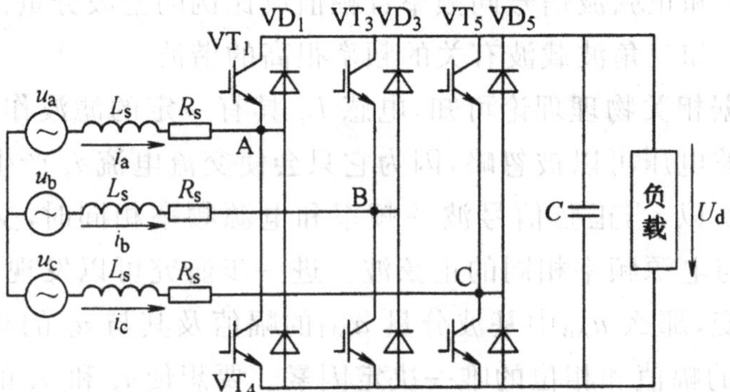


**图 7-12　三相桥式 PWM 整流电路**

就工作原理而言，除了相数增多以外，三相桥式 PWM 整流电路与单相的情形并没有本质的区别。对电路进行三相 SPWM 控制，可在整流电路的交流输入端 A、B、C 得到三相 SPWM 输出电压，各相电压同样可以根据前述 PWM 整流电路运行相量图进行控制，可获得接近单位功率因数的三相正弦电流输入。电路可工作在整流、逆变、无功补偿等状态。

# 7.2　可再生能源发电的电能储存技术

可再生能源发电具有资源广泛、环境危害小、可持续发展等方面的优点，有着十分诱人的发展前景。但是，可再生能源也有着其局限性，如能量密度低、容易受环境影响、间歇性频繁等，尤其是风能、太阳能等最具发展潜力的可再生能源，这方面的缺点尤为突出。为提高电网经济性、安全性和供电可靠性，支持新能源发展，电力储能系统的重要性日益明显。

就目前的发展状况来看，在可再生能源发电中，常用的或潜在的电能储存技术有三大类，即电化学储能技术、机械储能技术和电磁储能技术。

## 7.2.1　电化学储能技术

电化学储能技术是发展历史最悠久的电能存储技术，其主要应用形式是蓄电池。铅酸电池是最早出现的蓄电池，其技术也最为成熟。它可以组成电池组来提高容量，优点是成本低，缺点是电池寿命比较短。常用的铅酸电池分为开口铅酸电池和阀控式密封铅酸电池两种。图 7-13 所示的是阀控式密封铅酸电池的充放电原理。

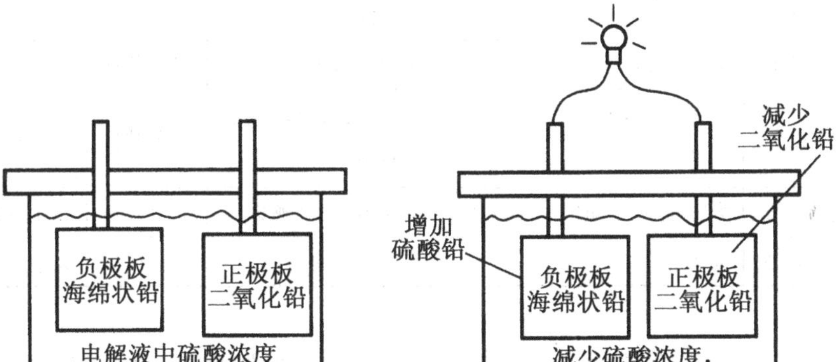


（a）电池充满电状态　　（b）电池放电状态

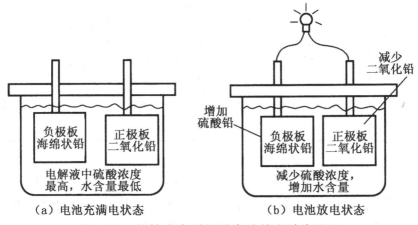

**图 7-13　阀控式密封铅酸电池的充放电原理**

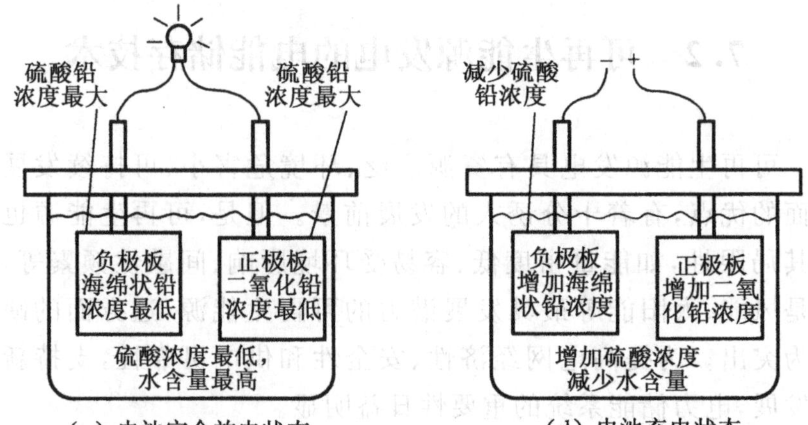


（c）电池完全放电状态　　（d）电池充电状态

**图 7-13　阀控式密封铅酸电池的充放电原理(续)**

铅酸电池在电力系统也已经得到大量应用，如变电站备用电源等。铅酸电池之后各种新型电池相继研发成功，并逐渐应用于电力系统中。目前，已经发展出镍系电池、锂系电池以及液流电池、钠硫电池、锌空电池等类型。成熟的电化学储能技术如铅酸、镍系、锂系已经大量应用。如表 7-1 所示，给出了各种电化学储能技术的比较。

**表 7-1　各种电化学储能技术的比较**

| 储能技术 | 优点 | 缺点 | 功率应用 | 能量应用 |
|---|---|---|---|---|
| 铅酸电池 | 低投资 | 寿命低 | 完全胜任 | 不大实际 |
| 镍镉电池 | 大容量、高效率 | 低能量密度 | 完全胜任 | 合适 |
| 锂电池 | 大容量、高能量密度、高效率 | 高成本，需要特殊充电回路 | 完全胜任 | 经济性差 |
| 钠硫电池 | 大容量、高能量密度、高效率 | 高成本，安全顾虑 | 完全胜任 | 完全胜任 |
| 液流电池 | 大容量 | 低能量密度 | 合适 | 完全胜任 |

目前常用的蓄电池类型有五种，分别为铅酸电池、镍镉电池、镍氢电池、锂离子电池和锂聚合物电池。蓄电池放电时平均电压取决于各类蓄电池的电化学反应，上述五种蓄电池放电时的平均

电压如表 7-2 所示。

**表 7-2　蓄电池放电时的平均电压**

| 蓄电池类型 | 蓄电池电压/V | 说　明 |
| --- | --- | --- |
| 铅酸电池 | 2.0 | 最经济实用 |
| 镍镉电池 | 1.2 | 具有记忆效应 |
| 镍氢电池 | 1.2 | 无镉，寿命长 |
| 锂离子电池 | 3.6 | 安全，没有锂金属 |
| 锂聚合物电池 | 3.6 | 无液态电解液 |

实践证明，电池性能和成本是影响产业发展的关键因素，如果核心技术能够突破，则可以解决可再生能源并网、电动汽车发展等众多现实难题。目前，电化学储能技术有如下两个最新发展趋势值得关注：

（1）新型电化学储能技术有望成为大型储能电站的优选技术，迅速迈入产业化阶段。

（2）V2G 将汽车动力电池组纳入智能电网。

## 7.2.2　机械储能技术

所谓机械储能，具体指的是将电能转换为机械能进行存储的电能存储技术。当需要使用电能的时候，可以利用发电机将机械能重新转换为电能。目前最常用的机械储能技术主要有三种，分别是抽水蓄能、压缩空气储能和飞轮储能。

### 7.2.2.1　抽水蓄能

在电力系统中，用抽水储能电站来大规模解决负荷峰谷差。抽水蓄能在技术上成熟可靠，容量仅受到水库容量的限制。抽水蓄能必须配备上、下游两个水库，低谷时段利用电力系统中多余的电能把下水库的水抽到上水库内，以势能的方式蓄能。抽水储能的释放时间可以从几个小时到几天，现在抽水储能电站的能量转换效率已经提高到了75%以上。抽水储能是目前电力系统中应用最为广泛的一种储能技术，工业国家抽水蓄能装机占比在5%～10%。

#### 7.2.2.2 压缩空气储能

压缩空气储能的常见应用形式是压缩空气储能电站(CAES)，它本质上是一种调峰用压缩空气燃气轮机发电厂，主要利用电网负荷低谷时的剩余电力驱动空气压缩机组，将空气高压压入密封的储气室中，如报废矿井、山洞、过期油气井等，在电网负荷高峰期释放压缩空气推动汽轮机发电。其燃料消耗可减少到原燃气轮机组的1/3，建设投资和发电成本低于抽水蓄能电站，安全系数高，寿命长。缺点是能量密度低，并受岩层等地形条件的限制较大。压缩空气储能发电已有成熟的运行经验，如1978年德国亨托夫投运的290MW的压缩空气储能电站、美国正在建设世界上容量最大的2700MW(9×300MW)压缩空气储能电站。总体而言，压缩空气储能目前尚处于产业化初期，技术及经济性有待观察。

#### 7.2.2.3 飞轮储能

飞轮储能利用电动机带动飞轮高速旋转，将电能转化成机械能储存起来，在需要时飞轮带动发电机发电。早在20世纪70年代，美国能源部和美国航空航天局就开始资助飞轮储能系统的应用研究，此后，英国、法国、德国、日本等工业化国家也相继投入大量的人力、物力进行飞轮储能技术的研究。在美国，风险投资的大量介入，使飞轮储能技术获得了快速发展并成功应用，2000年左右，现代飞轮储能电源商业化产品开始推广。我国对飞轮储能技术的研究起步较晚，20世纪90年代中期开始，一些高校和研究院所相继对飞轮储能进行了研究，相对欧美等西方发达国家来说，我国对飞轮储能技术的核心部分的研究要落后很多。

飞轮储能是目前最有发展前途的储能技术之一，其主要源于如下三个技术点的突破：

(1) 磁悬浮技术的发展，使磁悬浮轴承成为可能，这样可以让摩擦阻力减到很小，能很好地实现储能供能。

(2) 高强度材料的出现，使飞轮能以更高的速度旋转，储存更多的能量。

(3) 电力电子技术的进步，使能量转换、频率控制能满足电力系统稳定安全运行的要求。

飞轮储能的优点是效率可达 90% 以上，循环使用寿命长，无噪声，无污染，维护简单，可连续工作；其缺点是能量密度比较低，保证系统安全性方面的费用很高，在小型场合还无法体现其优势。随着新材料的应用和能量密度的提高，其下游应用逐渐成长，处于产业化初期。目前，机械式飞轮系统已形成系列产品，如 Active Power 公司 CleanSource 系列、Pentadyne 公司 AvSS 系列、Beacon Power 公司的 25MW 系列。

如表 7-3 所示，给出了各种机械储能技术的比较。

**表 7-3　各种机械储能技术的比较**

| 储能技术 | 优　点 | 缺　点 | 功率应用 | 能量应用 |
|---|---|---|---|---|
| 抽水蓄能 | 大容量、低成本 | 场地要求特殊 | 不可行 | 完全胜任 |
| 压缩空气储能 | 大容量、低成本 | 场地要求特殊、需要燃气 | 不可行 | 完全胜任 |
| 飞轮储能 | 大容量 | 低能量密度 | 完全胜任 | 经济性差 |

## 7.2.3　电磁储能技术

电磁储能是一种新兴的高新科技，其主要形式有两种，一种是超导磁体储能，另一种是超级电容器储能。

### 7.2.3.1　超导磁体储能

超导磁体储能(SMES)系统是利用超导体制成的线圈，将电网供电励磁产生的磁场能量储存起来，在需要的时候再将储存的电能释放回电网，功率输送时无须能源形式的转换。超导磁体储能具有响应速度快、转换效率高、比容量大等特点。超导储能主要受到运行环境的影响，即使是高温超导体也需要运行在液氮的温度下，目前技术还有待突破。超导磁体储能可以充分满足输配电网电压支撑、功率补偿、频率调节、提高系统稳定性和功率输送能力的要求，实现与电力系统的实时大容量能量交换和功率补偿。超导磁体储能在美国、日本、欧洲一些国家和地区的电力系统中已得到初步应用，在维持电网稳定、提高输电能力和用户电能质量等方面开始发挥作用。

#### 7.2.3.2 超级电容器储能

超级电容器又叫双电层电容器或法拉电容，它通常为电化学电容，不仅具有电容器的性质，还具有蓄电池的性质。超级电容器根据电化学双电层理论研制而成，电容器充电时，和蓄电池一样，电荷以离子的形式存储，因此单个电容器电压只有几伏。由于储能的过程不发生化学反应，因此这种储能过程是可逆的。大量的科学实验表明，超级电容器可以反复充放电数十万次，使用寿命相对可观。充电时处于理想极化状态的电极表面将吸引周围电解质溶液中的异性离子，使其附于电极表面，形成双电荷层，构成双电层电容。超级电容器紧密的电荷层间距比普通电容器电荷层距离要小得多，因而具有比普通电容器更大的容量。超级电容器储能系统的容量范围宽（从几十千瓦到几百兆瓦），放电时间跨度大（从毫秒级到小时级）。

如表 7-4 所示，给出了两种电磁储能技术的比较。

**表 7-4 两种电磁储能技术的比较**

| 储能技术 | 优 点 | 缺 点 | 功率应用 | 能量应用 |
|---|---|---|---|---|
| 超导磁体储能 | 大容量 | 高成本，低能量密度 | 完全胜任 | 不经济 |
| 超级电容器储能 | 长寿命，高效率 | 低能量密度 | 完全胜任 | 合适 |

# 参考文献


[1] 华东建筑集团股份有限公司.可再生能源建筑一体化利用关键技术研究[M].上海:同济大学出版社,2018.

[2] 宋安东.可再生能源的微生物转化技术[M].北京:科学出版社,2009.

[3] 刘荣厚.可再生能源工程[M].北京:科学出版社,2015.

[4] 中国科学院,美国国家工程院,等.可再生能源发电:中美两国面临的机遇和挑战[M].北京:科学出版社,2017.

[5] 时璟丽.电力体制改革形势下的可再生能源电价机制研究[M].北京:中国经济出版社,2017.

[6] 刘建国.可再生能源导论[M].北京:中国轻工业出版社,2017.

[7] 黄素逸,龙妍,林一歆.新能源发电技术[M].北京:中国电力出版社,2017.

[8] 黄素逸,林一歆.能源与节能技术[M].3版.北京:中国电力出版社,2016.

[9] 程明,张建忠,王念春.可再生能源发电技术[M].北京:机械工业出版社,2012.

[10] 冯飞,张蕾.新能源技术及应用概论[M].2版.北京:化学工业出版社,2016.

[11] 高秀清,胡霞,屈殿银.新能源应用技术[M].北京:化学工业出版社,2011.

[12] 国家可再生能源中心.中国可再生能源产业发展报告2017[R].北京:中国经济出版社,2018.

[13] 何一鸣，钱显毅，刘春龙. 可再生能源及其发电技术[M]. 北京：北京交通大学出版社，2013.

[14] 侯雪. 新能源技术[M]. 北京：机械工业出版社，2013.

[15] 黄素逸，杜一庆，明廷臻. 新能源技术[M]. 北京：中国电力出版社，2011.

[16] 黄素逸. 能源科学导论[M]. 北京：中国电力出版社，2012.

[17] 靳晓明. 中国新能源发展报告[R]. 武汉：华中科技大学出版社，2011.

[18] 李传统. 新能源与可再生能源技术[M]. 2 版. 南京：东南大学出版社，2012.

[19] 黄素逸，高伟. 能源概论[M]. 2 版. 北京：高等教育出版社，2013.

[20] 李春来，杨小库. 太阳能与风能发电并网技术[M]. 北京：中国水利水电出版社，2011.

[21] 梁柏强. 生物质能产业与生物质能源发展战略[M]. 北京：北京工业大学出版社，2013.

[22] 刘洪恩，刘晓艳. 新能源概论[M]. 北京：化学工业出版社，2013.

[23] 刘泉. 新能源技术及应用[M]. 北京：化学工业出版社，2015.

[24] 罗运俊. 太阳能利用技术[M]. 2 版. 北京：化学工业出版社，2014.

[25] 莫松平，陈颖. 新能源技术现状与应用前景[M]. 广州：广东经济出版社，2015.

[26] 黄素逸，黄树红. 太阳能热发电原理与技术[M]. 北京：中国电力出版社，2012.

[27] 钱伯章. 风能技术及应用[M]. 北京：科学出版社，2010.

[28] 钱显毅，钱显忠. 新能源与发电技术[M]. 西安：西安电子科技大学出版社，2015.

[29] 任小勇,冯黎成.新能源概论[M].北京:中国水利水电出版社,2016.

[30] 孙云莲,杨成月,胡雯.新能源及分布式发电技术[M].2版.北京:中国电力出版社,2015.

[31] 孙冠群,孟庆海.可再生能源发电[M].北京:机械工业出版社,2015.

[32] 田宜水.生物质发电[M].北京:化学工业出版社,2010.

[33] 汪光裕.光伏发电与并网技术[M].北京:中国电力出版社,2010.

[34] 王革华,艾德生.新能源概论[M].2版.北京:化学工业出版社,2012.

[35] 王君一,徐任学.太阳能利用技术[M].北京:金盾出版社,2012.

[36] 王亚荣.风力发电技术[M].北京:中国电力出版社,2012.

[37] 王志娟.太阳能光伏技术[M].杭州:浙江科学技术出版社,2009.

[38] 王子琦,张水喜.可再生能源发电技术与应用瓶颈[M].北京:中国水利水电出版社,2013.

[39] 吴其胜.新能源材料[M].上海:华东理工大学出版社,2012.

[40] 吴涛.风电并网及运行技术[M].北京:中国电力出版社,2013.

[41] 吴占松,马润田,赵满成.生物质能利用技术[M].北京:化学工业出版社,2010.

[42] 肖钢.低碳经济与氢能开发[M].湖北:武汉理工大学出版社,2011.

[43] 谢建,李永泉.太阳能热利用工程技术[M].北京:化学工业出版社,2011.

[44] 徐大平,柳亦兵,吕跃刚.风力发电原理[M].北京:机械

工业出版社,2011.

[45] 杨圣春,李庆. 新能源与可再生能源利用技术[M]. 北京:中国电力出版社,2016.

[46] 杨天华. 新能源概论[M]. 北京:化学工业出版社,2013.

[47] 姚兴佳. 风力发电机组原理与应用[M]. 北京:机械工业出版社,2016.

[48] 姚兴佳,刘国喜,朱家玲,等. 可再生能源及其发电技术[M]. 北京:科学出版社,2010.

[49] 于国强,孙为民,崔积华. 新能源发电技术[M]. 北京:中国电力出版社,2009.

[50] 于永合. 生物质能电厂开发、建设及运营[M]. 湖北:武汉大学出版社,2012.

[51] 余卫平,李明高. 现代车辆新能源节能减排技术[M]. 北京:机械工业出版社,2013.

[52] 尹忠东,朱永强. 可再生能源发电技术[M]. 北京:中国水利水电出版社,2010.

[53] 翟秀静,刘奎仁,韩庆. 新能源技术[M]. 2 版. 北京:化学工业出版社,2010.

[54] 张建华,黄伟. 微电网运行、控制与保护技术[M]. 北京:中国电力出版社,2010.

[55] 张军. 地热能、余热能与热泵技术[M]. 北京:化学工业出版社,2014.

[56] 张晓东,杜云贵,郑永刚. 核能及新能源发电技术[M]. 北京:中国电力出版社,2008.

[57] 张兴,曹仁贤. 太阳能光伏并网发电及其逆变控制[M]. 北京:机械工业出版社,2011.

[58] 张志英,赵萍,李银风. 风能与风力发电技术[M]. 北京:化学工业出版社,2010.

[59] 赵波. 微电网优化配置关键技术及应用[M]. 北京:科学出版社,2015.

[60] 赵书安. 太阳能光伏发电及应用技术[M]. 南京:东南大学出版社,2011.

[61] 周锦,李倩. 新能源技术[M]. 北京:中国石化出版社,2011.

[62] 周双喜. 风力发电与电力系统[M]. 北京:中国电力出版社,2011.

[63] 周建强,孙为民,李玉娜. 可再生能源利用技术[M]. 北京:中国电力出版社,2015.

[64] 朱永强. 新能源与分布式发电技术[M]. 2 版. 北京:北京大学出版社,2016.